中等职业教育课程改革国家规划新教材
配套教学用书

电子技能与实训

（第2版）

DIANZI JINENG YU SHIXUN

主编

陈雅萍

中等职业教育课程改革国家规划新教材
配套教学用书

高等教育出版社·北京

内容提要

本书是中等职业教育课程改革国家规划新教材配套教学用书《电子技能与实训》的第 2 版，依据教育部颁布的"中等职业学校电子技术基础与技能教学大纲"，并参照有关的国家职业技能标准和行业职业技能鉴定规范，结合近几年中等职业教育的教学实际情况修订而成。

本书主要内容包括电子技能基础、手工焊接与拆焊技术、趣味声光电路、直流稳压电路、振荡电路、放大电路等 7 个单元。单元中每个实训项目以多个小任务的形式展开，主要包括认识电路、元器件的识别与检测、电路制作（或搭接）与调试、电路测试与分析等小任务，帮助学生"先会后懂，分步实施"。书中内容通俗易懂，图文并茂，起点低，可操作性强，并有很强的趣味性。

本书配有学习卡资源，请登录 Abook 网站 http://abook.hep.com.cn/sve 获取相关资源。详细说明见本书"郑重声明"页。本书部分配套学习资源（包括动画、视频等）可通过扫描书中二维码进行查看，随时随地获取学习内容，享受立体化阅读体验。

本书可作为中等职业学校以及技工类学校电工电子类相关专业教材，也可作为从事电子生产和维修工作人员的培训和自学用书。

图书在版编目（CIP）数据

电子技能与实训/陈雅萍主编. --2 版. --北京：
高等教育出版社,2022.8
ISBN 978 - 7 - 04 - 056875 - 2

Ⅰ.①电… Ⅱ.①陈… Ⅲ.①电子技术-中等专业学校-教材 Ⅳ.①TN

中国版本图书馆 CIP 数据核字（2021）第 176096 号

策划编辑	李　刚	责任编辑	李　刚	封面设计	姜　磊	版式设计　王艳红
责任校对	窦丽娜	责任印制	朱　琦			

出版发行	高等教育出版社	网　　址	http://www.hep.edu.cn	
社　　址	北京市西城区德外大街 4 号		http://www.hep.com.cn	
邮政编码	100120	网上订购	http://www.hepmall.com.cn	
印　　刷	三河市华骏印务包装有限公司		http://www.hepmall.com	
开　　本	889mm×1194mm　1/16		http://www.hepmall.cn	
印　　张	19	版　　次	2007 年 8 月第 1 版	
字　　数	390 千字		2022 年 8 月第 2 版	
购书热线	010-58581118	印　　次	2022 年 8 月第 1 次印刷	
咨询电话	400-810-0598	定　　价	39.00 元	

本书如有缺页、倒页、脱页等质量问题，请到所购图书销售部门联系调换
版权所有　侵权必究
物 料 号　56875-00

前　言

　　本书是中等职业教育课程改革国家规划新教材配套教学用书《电子技能与实训》的第 2 版,依据教育部颁布的"中等职业学校电子技术基础与技能教学大纲",并参照有关的国家职业技能标准和行业职业技能鉴定规范,结合近几年中等职业教育的教学实际情况修订而成。

　　本书是学习电子技术的基础教材,主要内容包括电子技能基础、手工焊接与拆焊技术、趣味声光电路、直流稳压电路、振荡电路、放大电路等 7 个单元。单元中每个实训项目以多个小任务的形式展开,主要包括认识电路、元器件的识别与检测、电路制作(或搭接)与调试、电路测试与分析等小任务,帮助学生"先会后懂,分步实施"。书中内容通俗易懂,图文并茂,起点低,可操作性强,并有很强的趣味性。

　　本书编排的最大特点是采用**项目式教学法**,即以"实训项目"为核心重构理论知识和实践知识,让学生先做,在真实的情境中,在动手做的过程中感知、体验和领悟相关知识,从而提高学习兴趣,掌握相关的操作技能和专业知识,充分体现"以学生为主体"的教学思想。

　　本书在编写过程中还力求突出以下特点:

　　1. 突出项目内容的趣味性和实用性。本书每个项目的选择不单单考虑知识结构问题,还充分考虑激发学生学习兴趣的问题,项目的选择与设计常常集声光于一体,并兼顾一定的实用性。

　　2. 突出项目的层次性。单元之间、项目之间既相对独立又有一定的梯度,编排的顺序从基础到一般,从简单到复杂,从元器件到单元电路再到综合电路,层次分明。

　　3. 突出基本电子仪器仪表的使用。万用表和示波器的使用贯穿始终,每个项目后都附有功能电路的测试表,让学生通过一个个具体的测试操作任务,熟练掌握基本电子仪器仪表的正确使用方法。

　　4. 突出基本电子元器件的识读和检测,突出功能电路的调试和测试。每个实训项目根据教学的需要又分成若干个小任务,其中元器件的识读和检测、功能电路的调试和测试是必不可少的任务,也是学习电子技能的重要环节。

　　5. 突出对实践知识和理论知识的有效整合。每个实训项目的安排,除了具体的实践操作外,还通过知识链接和测试分析的方式对制作的项目进行相关的理论分析,注重实践与理论的有效整合。让学生"先会后懂",真正实现实践和理论的双丰收。

　　通过本课程的大量训练,学生可达到相关工种初级技能水平,并为进一步进入专业实训和相关工种中级技能培训打下扎实的基础。

本次修订删除陈旧内容,增加了新技术、新工艺、新规范,例如数字式万用表替代了指针式万用表,用数字示波器替换了模拟示波器。在"互联网+"教学模式不断深入发展的背景下,本次修订整合了各种类型的数字化教学资源,以适应新的教学需求。

本书配有学习卡资源,请登录 Abook 网站 http://abook.hep.com.cn/sve 获取相关资源。详细说明见本书"郑重声明"页。本书部分配套学习资源(包括动画、视频等)可通过扫描书中二维码进行查看,随时随地获取学习内容,享受立体化阅读体验。

本书由余姚技师学院特级教师陈雅萍主编,书中电路原理图由余姚技师学院魏丽娜老师绘制;宁波飞图自动技术有限公司、余姚市蟠龙智能科技有限公司为本书的修订提供了典型案例的素材,在此谨表示衷心的感谢。

由于编者水平有限,书中错误和不妥之处在所难免,恳请读者批评指正,读者意见反馈邮箱:zz_dzyj@ pub. hep. cn。

教学建议学时表如下所示,任课教师可根据具体的情况进行适当调整。

单元	课 程 内 容		学 时 数	
单元一 电子技能基础	实训项目一　正确使用万用表	3	16	
	实训项目二　简易电位器调光电路	3		
	实训项目三　电容器充放电延时电路	3		
	实训项目四　三极管直流放大电路	4		
	实训项目五　简易光控电路	3		
单元二 手工焊接与拆焊技术	实训项目六　手工焊接技能	4	14	
	实训项目七　元器件引脚成形加工	3		
	实训项目八　印制电路板元器件的插装与焊接	5		
	实训项目九　拆焊技能	2		
单元三 趣味声光电路	实训项目十　玩具发声电路	4	16	
	实训项目十一　声控闪光灯	4		
	实训项目十二　发光二极管电平指示电路	4		
	实训项目十三　叮咚门铃	4		
单元四 直流稳压电源	实训项目十四　正确使用数字示波器	4	20	
	实训项目十五　整流滤波电路	4		
	实训项目十六　稳压二极管并联型稳压电路	4		
	实训项目十七　三极管串联型稳压电路	4		
	实训项目十八　三端集成稳压电路	4		

单元	课 程 内 容		学 时 数	
单元五 振荡电路	实训项目十九　三极管多谐振荡器	4		16
	实训项目二十　555 多谐振荡器	4		
	实训项目二十一　*RC* 移相式正弦波振荡器	4		
	实训项目二十二　*RC* 桥式正弦波振荡器	4		
单元六 放大电路	实训项目二十三　分压式偏置放大电路	4		16
	实训项目二十四　集成运算放大器	4		
	实训项目二十五　OTL 功率放大电路(分立元件)	4		
	实训项目二十六　OCL 集成功率放大电路	4		
单元七 综合实训	实训项目二十七　简易函数波形发生器	5		10
	实训项目二十八　光控流水灯电路	5		
总学时数			108	

编　者

2021 年 6 月

目　录

电子技能基础

本单元教学目标

技能目标：

- 学会使用数字式万用表正确测量电阻、直流电压与直流电流的方法与步骤。
- 掌握色环电阻器、电位器、电解电容器、光敏电阻器、发光二极管、三极管等常用元器件的识别与检测技能。
- 学会简单电路的搭接、调试、测试及故障排除方法。

知识目标：

- 掌握数字式万用表的性能、使用及维护方法。
- 熟悉色环电阻器、电位器、电解电容器、光敏电阻器等常用元器件的外形、符号及性能。
- 熟悉发光二极管、三极管等常用半导体器件的外形、符号及性能。

实训项目一　正确使用万用表

万用表是一种用途广泛的电气测量仪表,主要分为指针式万用表和数字式万用表。指针式万用表历史悠久,数字式万用表是新型的数字仪表,在使用方法上与指针式万用表有许多相似之处,但又有自身的特点和优势。数字式万用表使用方便,测量结果显示简洁、直观,数据易于存储传输,应用越来越广泛。本书中涉及的万用表,如果不特殊说明,均为数字式万用表。

任务一　认识万用表面板

数字式万用表型号较多,下面以 VC890D 型数字式万用表为例学习万用表的使用方法。VC890D 型数字式万用表性能稳定,可靠性高,使用电池驱动,可用来测量直流电压和交流电压、直流电流和交流电流、电阻、电容、二极管参数、三极管参数等,还可以用来测试电路的通断。

VC890D 型数字式万用表的面板如图 1-1-1 所示。其中,液晶显示器用于显示测量值;发光二极管用于通断检测时报警;量程开关用于改变测量挡位、量程;HOLD 键用于锁定测量数据。

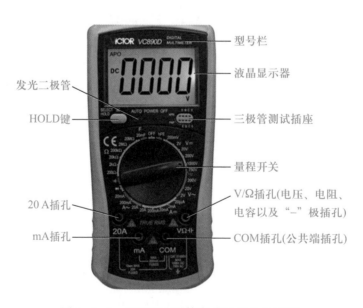

图 1-1-1　VC890D 型数字式万用表的面板

万用表基本测量的操作方法如表 1-1-1 所示。

表 1-1-1　万用表基本测量的操作方法

项目	操作方法	图示
测量直流电压	1. 将黑表笔插入 COM 插孔,红表笔插入 V/Ω 插孔 2. 将量程开关转至直流电压挡的合适量程 3. 将红黑表笔跨接在被测电路上,两表笔之间的电压与极性显示在液晶显示器上	
测量交流电压有效值	1. 将黑表笔插入 COM 插孔,红表笔插入 V/Ω 插孔 2. 将量程开关转至交流电压挡的合适量程 3. 将红黑表笔跨接在被测电路上,两表笔之间的交流电压有效值显示在液晶显示器上	
测量直流电流	1. 将黑表笔插入 COM 插孔,红表笔插入 mA 插孔(最大测量值为 200 mA)或 20 A 插孔(最大测量值为 20 A) 2. 将量程开关转至直流电流挡的合适量程 3. 将红黑表笔串联接入被测电路中,被测电流值及红表笔处的电流极性显示在液晶显示器上	
测量交流电流有效值	1. 将黑表笔插入 COM 插孔,红表笔插入 mA 插孔(最大测量值为 200 mA)或 20 A 插孔(最大测量值为 20 A) 2. 将量程开关转至交流电流挡的合适量程 3. 将红黑表笔串联接入被测电路中,被测电流有效值显示在液晶显示器上	
测量电阻	1. 将黑表笔插入 COM 插孔,红表笔插入 V/Ω 插孔 2. 将量程开关转至电阻挡的合适量程 3. 将红黑表笔跨接在被测电阻上,电阻的阻值显示在液晶显示器上	
测量电容	1. 将黑表笔插入 COM 插孔,红表笔插入 V/Ω 插孔 2. 将量程开关转至电容挡(20 mF) 3. 根据电容极性接入被测电容(红表笔接"+"极),被测电容的容量显示在液晶显示器上	

项目	操作方法	图示
测试二极管	1. 将黑表笔插入 COM 插孔,红表笔插入 V/Ω 插孔 2. 将量程开关转至二极管测试挡 3. 将红黑表笔连接待测二极管(红表笔接二极管"+"极),二极管正向压降的近似值显示在液晶显示器上	
测试电路通断	1. 将黑表笔插入 COM 插孔,红表笔插入 V/Ω 插孔 2. 将量程开关转至通断测试挡(即二极管测试挡) 3. 将红黑表笔连接到待测线路的两点,如果两点之间阻值低于 30 Ω,表明该两点之间连通,则内置蜂鸣器发出报警声	与测试二极管图示相同
测量三极管放大倍数(h_{FE})	1. 将量程开关转至 h_{FE} 挡 2. 确定所测三极管的类型(NPN 型或 PNP 型) 3. 将发射极、基极、集电极分别插入三极管测试插座上相应的插孔 4. 被测三极管放大倍数(h_{FE})显示在液晶显示器上	

注意

① 在测量电压、电流、电阻时,应该预估被测值,选择适当量程,如果液晶显示器显示"OL",表明已超过量程范围,必须将量程开关转至较高量程。

② 在测量电阻以及测量电容前,要确认被测电路所有电源已关断,所有电容都已完全放电,避免损坏万用表。

③ 测量大电容时,如果出现严重漏电或击穿电容情况,将显示某些不稳定数值。

任务二　搭接小电路

我们通过一个简单有趣的发光二极管应用电路来学习数字式万用表的具体操作和使用方法。

1. 电路工作原理

图 1-1-2 所示为发光二极管应用电路原理图。

该电路由发光二极管、限流电阻及 3 V 直流电源组成。接通电源后,电路就能正常工作,发光二极管发光。

2. 电路元器件识别

发光二极管应用电路元器件清单及功能如表 1-1-2 所示。

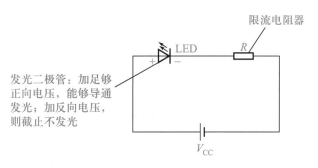

图 1-1-2　发光二极管应用电路原理图

表 1-1-2　发光二极管应用电路元器件清单及功能

符号	名称	实物图	规格	功能
LED	发光二极管		红色,ϕ10 mm	发光
R	色环电阻器		100 Ω	限流
PCB	面包板		SYB-120	接插元器件
V_{CC}	1 号电池		1.5 V/2 节	供电
	电池夹		专用	连接电池
	鳄鱼夹		一对	连接电源
	连接导线		专用	连接电路

发光二极管有两个引脚,在使用中应注意正负极性。一般长引脚为正极,短引脚为负极,如图 1-1-3 所示。另外,从管壳内的电极也可判断其正、负极性,内部电极较宽较大的一个为负极,而较窄较小的一个为正极。

3. 搭接电路

根据电路原理图在面包板上搭接电路,参见图 1-1-4 所示发光二极管应用电路实物搭接图。

首先,弄清实验用面包板的结构与特点,面包板上哪

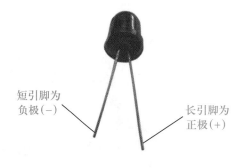

图 1-1-3　发光二极管正负极性识别

些孔之间是连通的,哪些孔之间是不连通的,以便于成功搭接电路。具体可参见本实训项目中的知识链接一。然后,在面包板相应的孔内以串联的方式依次连接色环电阻器和发光二极管,电路检查无误后,接通电源,发光二极管点亮。若切断电源,则发光二极管熄灭。

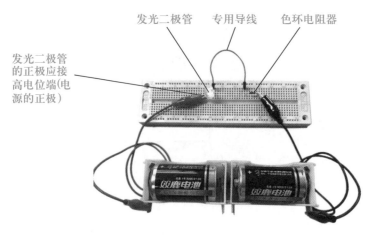

发光二极管　专用导线　色环电阻器

发光二极管
的正极应接
高电位端(电
源的正极)

图 1-1-4　发光二极管应用电路实物搭接图

注意

发光二极管的正负极性:发光二极管的正极应接高电位端(电源的正极),若接反,则发光二极管不亮。

4. 电路的通断测试

若接通电源后,电路存在故障,发光二极管不亮。在确保元器件都正常情况下,可对电路进行通断测试。具体操作方法详见任务一。

任务三　万用表测直流电压与电流

1. 测量直流电压

(1)测量电源两端电压(如图1-1-5所示)

步骤1　将黑表笔插入COM插孔,红表笔插入V/Ω插孔。

步骤2　选择直流电压20 V挡。

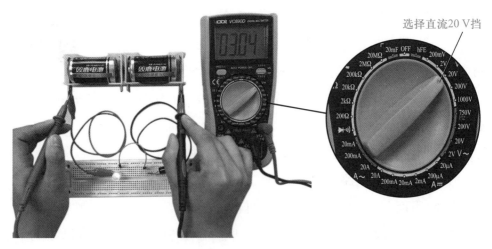

选择直流20 V挡

图 1-1-5　万用表测量电源两端电压

步骤3　接通电路,将万用表并接在电源两端。红表笔接高电位端(电源正极),黑表笔接低电位端(电源负极)。

步骤4　观察并记录读数。将测量数据记入表1-1-3。

(2)测量电阻两端电压(如图1-1-6所示)

步骤1　将黑表笔插入COM插孔,红表笔插入V/Ω插孔。

步骤2　选择直流电压2V挡。

步骤3　接通电路,将万用表并接在电阻两端。红表笔接高电位端,黑表笔接低电位端。

步骤4　观察并记录读数。将测量数据记入表1-1-3。

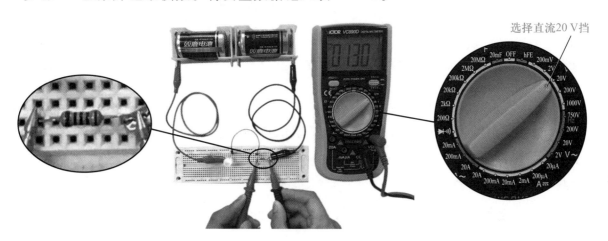

图1-1-6　万用表测量电阻两端电压

(3)测量发光二极管两端电压

测量方法与步骤同上,但是要注意将红表笔接发光二极管正极端,黑表笔接发光二极管负极端,将测量数据记入表1-1-3。

操作要领

挡位量程先选好,表笔并接电路两端,红笔要接高电位,黑笔接在低电端,换挡之前请断电。

2. 测量直流电流

步骤1　选择直流电流20 mA挡。

步骤2　切断电源,断开电路,将万用表串接在电路中。红表笔接高电位端,黑表笔接低电位端,如图1-1-7所示。

步骤3　接通电路,观察并记录读数。将测量数据记入表1-1-3。

万用表测量
直流电流

操作要领

量程开关选择电流挡,表笔串接在电路中,正负极性要正确,挡位由大换到小,换好挡位后再测量。

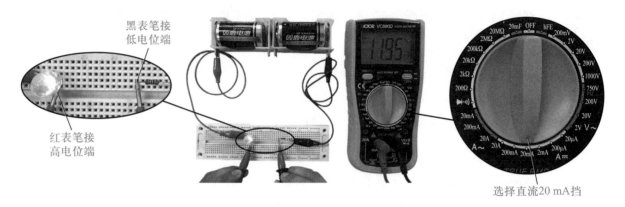

黑表笔接
低电位端

红表笔接
高电位端

选择直流20 mA挡

图 1-1-7　万用表测量直流电流

任务四　万用表测电阻与发光二极管

1. 测量电阻器的阻值（如图 1-1-8 所示）

切断电路,将电阻器从面包板上取下,测量阻值步骤如下:

步骤 1　将黑表笔插入 COM 插孔,红表笔插入 V/Ω 插孔。

步骤 2　选择 200 Ω 挡。

步骤 3　将电阻器接在红黑表笔之间,观察并记录读数。将测量数据记入表 1-1-3。

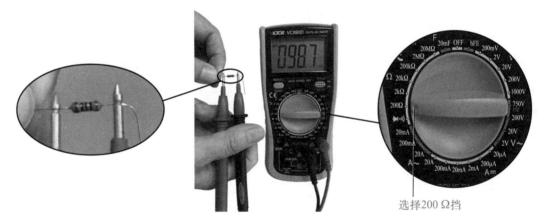

选择200 Ω挡

图 1-1-8　万用表测量电阻器的阻值

2. 测试发光二极管

（1）测量发光二极管正向压降（如图 1-1-9 所示）

步骤 1　将黑表笔插入 COM 插孔,红表笔插入 V/Ω 插孔。

步骤 2　将量程开关转至二极管测试挡。

步骤 3　将红表笔接发光二极管的负极,黑表笔接发光二极管的正极。

步骤 4　观察并记录读数。将测量数据记入表 1-1-3。

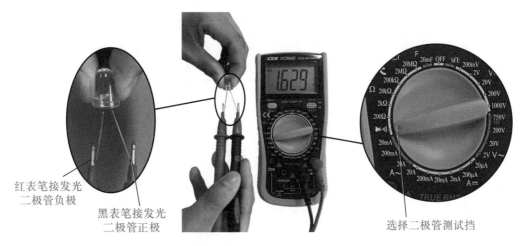

红表笔接发光
二极管负极

黑表笔接发光
二极管正极

选择二极管测试挡

图 1-1-9　万用表测量发光二极管正向压降

注意

测量发光二极管正向压降时,发光二极管会发光。

(2) 发光二极管的反向测试(如图 1-1-10 所示)

将红表笔接发光二极管的负极,黑表笔接发光二极管的正极,发光二极管不发光,同时万用表显示"OL"。将测量数据记入表 1-1-3。

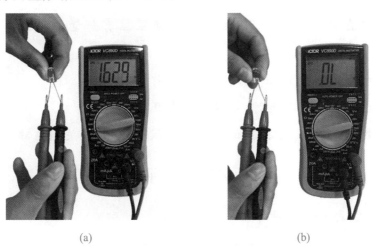

(a)　　　　　　　　　　　　　　　　　(b)

图 1-1-10　发光二极管的反向测试

表 1-1-3　发光二极管应用电路测试技训表

测量项目		万用表 挡位和量程	测量值	测量时注意 事项及现象
电压	电源两端电压			
	电阻两端电压			
	发光二极管两端电压			

测量项目		万用表 挡位和量程	测量值	测量时注意 事项及现象
电流	直流电流			
电阻	电阻器的阻值			
发光二极管	发光二极管正向压降			
	发光二极管反向测试			

操作要领

测电阻时要断开电源再测量,手不宜接触电阻,防止并接人体电阻改变测量精度。

万用表使用注意事项

① 禁止超过量程测量。

② 在测量高于直流 36 V、交流 25 V 电压前,要检查表笔是否可靠接触、是否正确连接、是否绝缘良好等,以避免发生触电事故。

③ 更换功能和量程时,表笔应离开测试点。

④ 选择正确的功能和量程,谨防误操作,万用表虽然有全量程保护功能,但为了安全起见,仍要多加注意。

⑤ 在电池装好和后盖盖紧前,不要进行测量工作。

⑥ 在万用表处于测量电阻状态时,不要测量电压值。

⑦ 在更换电池或熔断器前,应将测试表笔从测试点移开,并关闭电源开关。

◆ **实训项目评价**

实训项目评价表如表 1-1-4 所示。

表 1-1-4　实训项目评价表

班级		姓名		学号		总得分	
项目	考核内容		配分	评分标准			得分
元器件 识别与检测	1. 色环电阻器的识别与检测 2. 发光二极管正负极性的判别、管压降的测试、质量检测		20 分	1. 不认识色环电阻器,扣 1~5 分 2. 不能正确判别发光二极管极性,扣 1~5 分 3. 不会检测发光二极管正向压降和质量,扣 5~10 分			

项目	考核内容	配分	评分标准	得分
电路搭接与调试	1. 在面包板上搭接电路 2. 电路工作正常 3. 线路通断检测	15分	1. 不能正确搭接电路,扣 5~10 分 2. 不能正确调试,扣 1~5 分	
电路测试	1. 正确使用万用表测量色环电阻器和发光二极管正向压降 2. 正确使用万用表测量电路中的电流 3. 正确使用万用表测量电源、发光二极管和电阻两端电压	60分	1. 不能正确使用万用表测量电阻,扣 5~20 分 2. 不能正确使用万用表测量电压,扣 5~20 分 3. 不能正确使用万用表测量电流,扣 10~20 分	
安全文明操作	1. 工作台上工具摆放整齐 2. 严格遵守安全文明操作规程	5分	1. 工作台表面不整洁,扣 1~2 分 2. 违反安全文明操作规程,酌情扣 1~5 分	
合计		100 分		
教师签名:				

> ➢ 知识链接一 面 包 板

面包板是一种非常实用的实验用电路板,它不需要进行元器件的焊接,只需直接将元器件插入小孔内进行搭接后就可以完成电路的连接,使用非常方便、快捷,如图 1-1-11 所示。

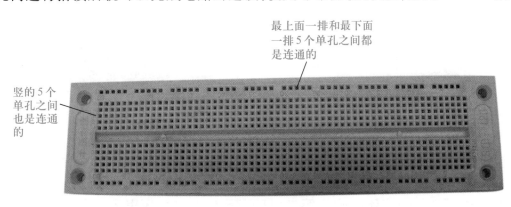

竖的 5 个单孔之间也是连通的

最上面一排和最下面一排 5 个单孔之间都是连通的

图 1-1-11 面包板

➤ 知识链接二　色环电阻器

色环电阻器是目前市场上最常见、使用最广泛的电阻器,它采用色标法标示电阻值。色标法是用不同颜色的色环或点在电阻器表面标出标称阻值和允许误差的方法。色环的意义如表1-1-5所示。

表 1-1-5　色环表示的意义

颜色	有效数字	倍率	允许误差	颜色	有效数字	倍率	允许误差
黑	0	10^0	—	紫	7	10^7	±0.1%
棕	1	10^1	±1%	灰	8	10^8	—
红	2	10^2	±2%	白	9	10^9	—
橙	3	10^3	—	金	—	10^{-1}	±5%
黄	4	10^4	—	银	—	10^{-2}	±10%
绿	5	10^5	±0.5%	无色	—	—	±20%
蓝	6	10^6	±0.25%				

色标法分为四色环电阻器和五色环电阻器两种。

1. 四色环电阻器

普通电阻器用四条色环表示阻值和允许误差,其中前三条表示阻值,最后一条表示允许误差(通常为金色或银色),如图1-1-12所示。

四色环电阻器阻值=第一、二色环数值组成的两位数×第三色环的倍率(10^n)。

【例】　电阻器上的色环依次为棕、黑、棕、金,如图1-1-13所示。

图 1-1-12　四色环电阻器表示说明

图 1-1-13　四色环电阻器

查表1-1-5可知第一棕环表示1,第二黑环表示0,第三棕环表示1,第四金环表示±5%的允许误差。

利用上式可求得,1与0组成10,乘以10^1即100,从而识别出该电阻器的阻值和允许误差分别为100 Ω和±5%。

2. 五色环电阻器

精密电阻器用五条色环表示标称阻值和允许误差,其中,前四条表示阻值,最后一条表示允许误差(通常最后一条与前面四条之间距离较大),如图1-1-14所示。

五色环电阻器阻值=第一、二、三色环数值组成的3位数×第四环倍率(10^n)

【例】 电阻器上的色环依次为黄、紫、黑、棕、棕,如图1-1-15所示。

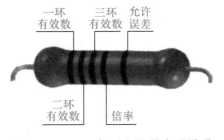

图1-1-14 五色环电阻器表示说明

图1-1-15 五色环电阻器

查表1-1-5可知第一黄环表示4,第二紫环表示7,第三黑环表示0,第四棕环表示1,第五棕环表示±1%的允许误差。

利用上式可求得,4、7、0组成470乘以10^1,即4 700,从而识别出该电阻器的阻值和允许误差分别为4.7 kΩ和±1%。

▷ **知识链接三 发光二极管**

发光二极管是一种把电能转换成光能的半导体器件,当它通过一定的电流时就会发光。它具有体积小、工作电压低、工作电流小等特点,广泛用于各类电器及仪器仪表中。它分为可见光发光二极管和不可见光发光二极管,有单色发光二极管、双色发光二极管和三色发光二极管等几种。目前常用的单色发光二极管有红、绿、黄三种颜色,为全塑封装。

1. 外形及符号

发光二极管的外形及符号如图1-1-16所示。

2. 检测

发光二极管内部是一个PN结,具有单向导电性,可用数字式万用表对其进行正反向测试。正向测试:将量程开关转至二极管测试挡,红表笔接发光二极管的负极,黑表笔接发光二极管的正极,万用表显示的是发光二极管的正向压降,同时发光二极管会发光;反向测试:红表笔接发光二极管的正极,黑表笔接发光二极管的负极,万用表显示"OL"。其检测方法如图1-1-9和图1-1-10所示。

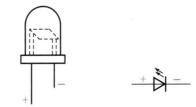

(a) 发光二极管外形　　(b) 发光二极管符号

图1-1-16 发光二极管的外形及符号

3. 工作特性

发光二极管的工作电流是一个重要参数。工作电流太小,发光二极管无法点亮;太大则容易损坏发光二极管。因此,发光二极管工作时,必须串联一个阻值合适的限流电阻。其工作电流为 3~10 mA,正向工作电压比普通二极管高,为 1.2~2.5 V。

选用发光二极管时,只要工作电压稳定,任何类型的发光二极管均可选用,使用时需要注意不能让发光二极管的亮度太高(即工作电流太大),否则容易影响发光二极管使用寿命。

◇ 知识拓展　电　阻　器

电子电路中最常用到的元器件就是电阻器。它不仅可以单独使用,还可以和其他元器件一起构成各种功能电路,起稳定或调节电流、电压的作用。

1. 常见电阻器的种类

电阻器按结构形式可分为固定电阻器和可调电阻器两大类:

① 固定电阻器的阻值是固定不变的,阻值大小就是它的标称阻值。其种类有碳膜电阻器、金属膜电阻器、合成膜电阻器和线绕电阻器等。

② 可调电阻器的阻值可以在小于标称值的范围内变化,又称为电位器或滑动电阻器。

③ 常见电阻器的图形符号如图1-1-17所示。

2. 电阻器的主要参数

电阻器的主要参数有标称阻值、允许误差和额定功率。

（1）电阻器的标称阻值

固定电阻器　　可调电阻器

图 1-1-17　常见电阻器的符号

电阻器的标称阻值是指在电阻器表面所标示的阻值。

① 标称阻值系列

电阻器的标称阻值一般有多个系列,常用的有 E24、E12、E6 三个系列。

- E24:1.0;1.1;1.2;1.3;1.5;1.6;1.8;2.0;2.2;2.4;2.7;3.0;3.3;3.6;3.9;4.3;4.7; 5.1;5.6;6.2;6.8;7.5;8.2;9.1。

- E12:1.0;1.2;1.5;1.8;2.2;2.7;3.3;3.9;4.7;5.6;6.8;8.2。

- E6:1.0;1.5;2.2;3.3;4.7;6.8。

电阻器的标称阻值应为系列数值的 10^n 倍,其中 n 为正整数、负整数或零。

② 标称阻值表示法

标称阻值常见的表示法有直标法和色标法。

- 直标法:在电阻的表面直接用数字和单位符号标出标称阻值,其允许误差直接用百分数表示,如图 1-1-18 所示。直标法的优点是直观,但体积小的电阻器不能采用这种表示法。

- 色标法:用不同色环标示阻值及允许误差,具有标示清晰并从各个角度都容易看清的优点。其表示方法参见前面知识链接二。

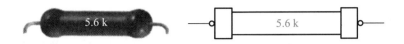

图 1-1-18　电阻器的直标法

（2）电阻器的允许误差

电阻器的实际阻值并不完全与标称阻值相符，存在一定误差。允许误差在色环电阻器中也用色环表示，具体表示方法也可参见前面知识链接二。

（3）电阻器的额定功率

有电流流过时，电阻器便会发热，而功率太高会引起温度过高，电阻器将会烧毁。额定功率是指电阻器能够正常工作的功率值，选择电阻器时，不但要选择合适的标称阻值，而且还要正确选择电阻器的额定功率。

在电路图中，不加额定功率标注的电阻器通常为 1/8 W。如果电路对电阻器的额定功率有特殊要求，就按图 1-1-19 所示进行标注，或用文字说明。在实际应用中，不同额定功率电阻器的体积是不同的，一般来说，电阻器的额定功率越大体积就越大，如图 1-1-20 所示。

| 0.125 W | 0.25 W | 0.5 W | 3 W |

注：大于 1 W 用数字表示

图 1-1-19　电阻器功率标法

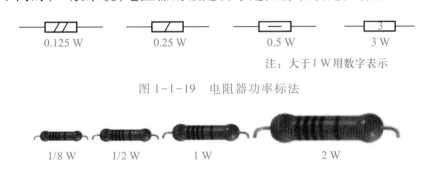

1/8 W　　1/2 W　　1 W　　　　2 W

图 1-1-20　不同额定功率电阻器的体积实物对比

技　能　训　练

1. 色环电阻器的识读与检测

根据教师提供的 10 只色环电阻器（其中四色环、五色环各 5 只），识别其标称阻值和允许误差并用万用表进行检测，分别将识别与检测结果填入表 1-1-6。

表 1-1-6　色环电阻器的识读与检测

编号	色环	标称阻值	允许误差	检测阻值	编号	色环	标称阻值	允许误差	检测阻值
1					6				
2					7				
3					8				
4					9				
5					10				

2. 发光二极管的识别与检测

根据教师提供的 5 只发光二极管（红、黄、绿等各种颜色），对其进行正、反向测试，将测量结果填入表 1-1-7。

表 1-1-7　发光二极管的识别与检测

编号	正向测试		反向测试		检测结果（质量好坏）
	挡位	压降	挡位	显示	
1					
2					
3					
4					
5					

3. 说一说用数字式万用表测量电阻、电压和电流的方法与步骤，及使用时的注意事项。

实训项目二　简易电位器调光电路

任务一　认识电路

1. 电路工作原理

图 1-2-1 所示为简易电位器调光电路原理图。

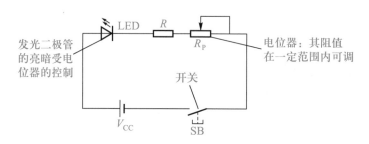

图 1-2-1　简易电位器调光电路原理图

　　该电路与实训项目一中的发光二极管应用电路相比，在原有电路基础上增加了开关和电位器。开关主要用来控制电路的通与断，电位器主要通过改变其阻值的大小来改变电路中电流的大小，发光二极管的亮暗受电位器的控制，从而实现电路的调光功能。

2. 实物搭接图

图 1-2-2 所示为简易电位器调光电路实物搭接图。

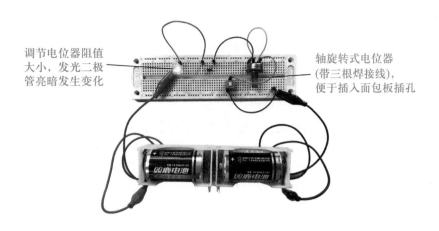

调节电位器阻值
大小，发光二极
管亮暗发生变化

轴旋转式电位器
(带三根焊接线)，
便于插入面包板插孔

图 1-2-2　简易电位器调光电路实物搭接图

电位器采用轴旋转式电位器,也可采用其他类型的电位器,具体可参见本实训项目中的知识链接一。

任务二　元器件的识别与检测

1. 电路元器件的识别

简易电位器调光电路用到的元器件并不多,制作前可对照表 1-2-1 逐一进行识别。

表 1-2-1　简易电位器调光电路元器件识别与检测表

符号	名称	实物图	规格	检测结果	
LED	发光二极管		红色,ϕ10 mm	正向压降:	
				反向测试:	
R	色环电阻器		100 Ω	实测值:	
R_P	电位器		20 kΩ	实测值:	
				质量:	
SB	按钮开关		自锁	动合端与动断端:	
				质量:	
V_CC	1 号电池	—	1.5 V/2 节		
—	面包板		SYB-120		

2. 电路元器件的检测

对照表 1-2-1 逐一进行检测,同时把检测结果填入表 1-2-1。

（1）色环电阻器、发光二极管的识读与检测（方法可参考前面相关内容）

色环电阻器:主要会识读其标称阻值并用万用表测量其实际阻值。

发光二极管:会识别其正负极性,会用万用表检测其质量的好坏。

（2）电位器的检测

检测电位器时,首先要看转轴转动是否平滑、开关是否灵活（带开关电位器）。

① 万用表选择 200 kΩ 挡。

② 先按图 1-2-3 所示方法测"1""3"两端,其读数应为电位器的标称阻值。

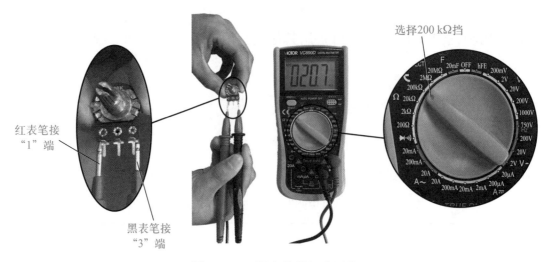

图 1-2-3　测电位器标称阻值

③ 然后,同样用万用表的电阻挡测"1""2"或"3""2"两端的阻值,如图 1-2-4 所示。将电位器的转轴逆时针旋转,阻值逐渐减小;若将电位器的转轴顺时针旋转,阻值应逐渐增大,直至接近电位器的标称阻值。

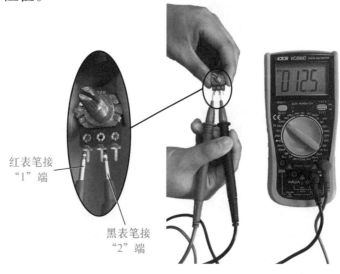

图 1-2-4　测电位器阻值变化

（3）按钮开关的检测

按钮开关在使用之前,应用万用表进行检测,识别其动合端与动断端。动合端是指按钮开关常态时开路的两个端,若用万用表测量其两端的通断,显示为"OL"。检测方法如图 1-2-5 所示。

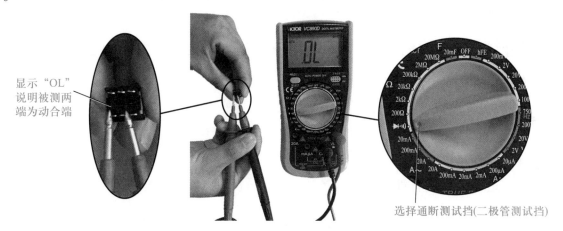

显示"OL"说明被测两端为动合端

选择通断测试挡(二极管测试挡)

图 1-2-5　万用表检测按钮开关的动合端

动断端是指按钮开关常态时通路的两个端,若用万用表测量其两端的通断,内置蜂鸣器发声。检测方法如图 1-2-6 所示。

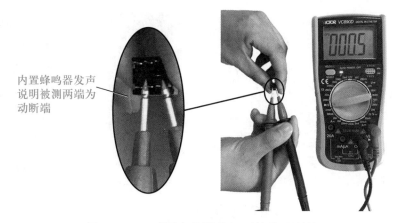

内置蜂鸣器发声说明被测两端为动断端

图 1-2-6　万用表检测按钮开关的动断端

任务三　电路搭接与调试

1. 搭接电路

根据图 1-2-1 所示电路原理图在面包板上搭接电路,参见图 1-2-2 所示简易电位器调光电路实物搭接图。

在面包板相应的孔内以串联的方式依次连接电阻、发光二极管、带焊接线的电位器、按钮开关,直到所有元器件连接完毕。

注意

发光二极管的正负极性;电位器中间抽头的接法;按钮开关的动合端与动断端。

2. 电路调试

电路检查无误后,接上电源,按下按钮开关,调节电位器阻值的大小,如果红色发光二极管亮暗发生变化,电路工作正常。

存在故障:整个电路可能有未连通之处;发光二极管极性可能接反;电位器三个引出端连接可能存在问题等。

任务四　电路测试与分析

1. 测试

电路工作正常后可进行如下测试:

(1) 测试 1

万用表测电压(测试步骤可参考前面相关内容)。调节电位器使发光二极管正常发光,用万用表分别测量发光二极管、限流电阻器、电位器及电源两端的电压。图 1-2-7 所示为万用表测发光二极管两端电压。

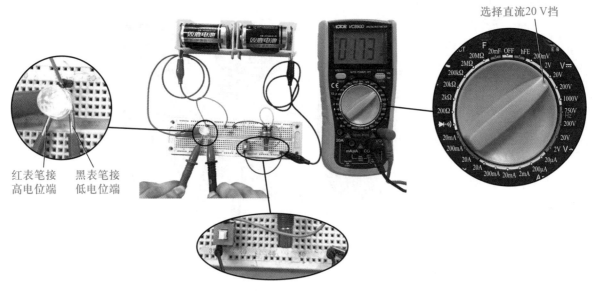

红表笔接高电位端　　黑表笔接低电位端　　选择直流20 V挡

图 1-2-7　万用表测发光二极管两端电压

(2) 测试 2

万用表测电流(测试步骤可参考前面相关内容)。万用表串接在电路中,调节电位器使发光二极管亮暗发生变化,观察电流的变化情况,并分析发光二极管亮暗与电流大小之间的关系。图 1-2-8 所示为万用表测电路中的电流。

测试结果填入表 1-2-2。

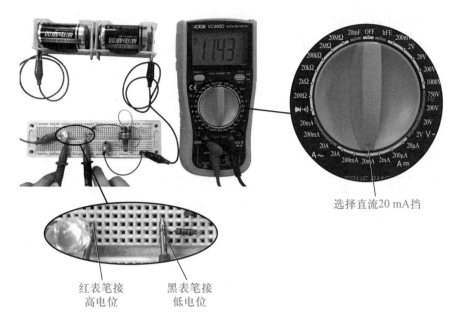

选择直流20 mA挡

红表笔接
高电位

黑表笔接
低电位

图 1-2-8　万用表测电路中的电流

表 1-2-2　简易电位器调光电路测试技训表

测量项目		万用表 挡位或量程	测量值
电压	发光二极管两端电压		
	限流电阻两端电压		
	电位器两端电压		
	电源两端电压		
电流	发光二极管正常发光时电路中的电流		
	电位器阻值为最小时电路中的电流		
	电位器阻值为最大时电路中的电流		

2. 分析

（1）分析 1

电源两端电压 U 与发光二极管两端电压 U_{LED}、限流电阻器两端电压 U_R、电位器两端电压 U_{RP} 三者之间的关系？

理论上分析应该满足 $U = U_{LED} + U_R + U_{RP}$，即串联电路中，电路的总电压等于各分电压之和，但通过对实际测量值进行分析，会发现它们并不完全相等，这主要因为存在测量误差。

（2）分析 2

发光二极管正常发光时的电流？

在电路的测试过程中，仔细观察会发现发光二极管正常发光时所需的电流不是一个固定值,而是一个范围 3~10 mA。但不同发光二极管的范围略有不同。若通过发光二极管的电流太小,发光二极管不能正常发光;若太大,则使用过程中将会被损坏,不能正常工作。

◆ **实训项目评价**

实训项目评价表如表 1-2-3 所示。

表 1-2-3 实训项目评价表

班级		姓名		学号		总得分	
项目	考核内容		配分	评分标准			得分
元器件识别与检测	1. 电位器的识别与检测 2. 按钮开关的识别与检测		20 分	1. 不能正确识别与检测电位器,扣 5~10 分 2. 不能正确识别与检测按钮开关,扣 5~10 分			
电路搭接与调试	1. 在面包板上正确搭接电路 2. 电路工作正常		15 分	1. 不能正确搭接电路,扣 5~10 分 2. 不能正确调试,扣 1~5 分			
电路测试	1. 正确使用万用表测各元器件两端电压 2. 正确使用万用表测电路中的电流		60 分	1. 不能正确使用万用表测电压,扣 5~20 分 2. 不能正确使用万用表测电流,扣 5~20 分			
安全文明操作	1. 工作台上工具摆放整齐 2. 严格遵守安全文明操作规程		5 分	1. 工作台表面不整洁,扣 1~2 分 2. 违反安全文明操作规程,酌情扣 1~5 分			
合计			100 分				
教师签名:							

➤ **知识链接一 电 位 器**

1. 作用与类型

电位器是通过旋转轴或滑动臂来调节阻值的可变电阻器。图 1-2-9 所示为电位器的应用原理;图(a)中,电位器用作分压器,输出电压 u_0 与输入电压 u_I 的关系为 $u_0 = (R_X/R)u_I$;图(b)中,电位器用作变阻器,其阻值变化范围为 $0~R$。

电位器按材料分,有线绕电位器、合成电位器和薄膜电位器三大类,每一类又有若干品种。按调节方式分,有轴旋转式、直滑式等。按结构分,有单联、多联、带开关和抽头电位器等。

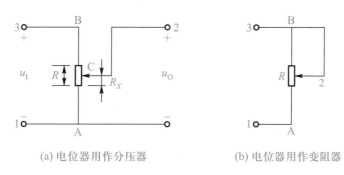

(a) 电位器用作分压器　　　　　　　(b) 电位器用作变阻器

图 1-2-9　电位器的应用原理

电位器用作变阻器时,其阻值与调节位置的变化关系有直线式(X)、指数式(Z)和对数式(D)三种,如图 1-2-10 所示。

① 直线式,其阻值随旋转角度或移动位置呈线性变化,适用于分压、调压场合。

② 指数式,其阻值随旋转角度或移动位置呈指数变化,适用于音量调节电路。

③ 对数式,其阻值随旋转角度或移动位置呈对数变化,适用于音调控制电路等。

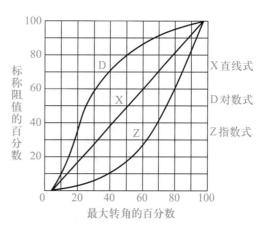

图 1-2-10　电位器旋转角度或
移动位置与阻值变化的关系

2. 检测

检测电位器时,首先要看转轴转动是否平滑、开关是否灵活(带开关电位器)。然后,选择好万用表电阻挡的量程,按图 1-2-11(a)所示方法测"1""3"两端,其读数应为电位器的标称阻值。同样用万用表的电阻挡测"1""2"或"3""2"两端,如图 1-2-11(b)所示。将电位器的转轴逆时针旋转,阻值逐渐减小;若将电位器的转轴顺时针旋转,阻值应逐渐增大,直至接近电位器的标称阻值。在检测过程中,如果万用表显示的阻值变化有断续或跳动现象,说明该电位器存在活动触点接触不良和阻值变化不匀问题。

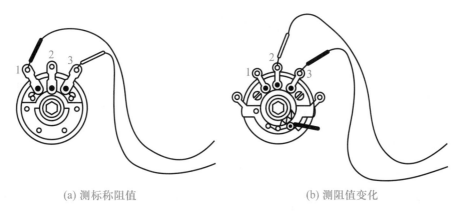

(a) 测标称阻值　　　　　　　　　　(b) 测阻值变化

图 1-2-11　电位器的检测

➤ 知识链接二　常用开关

1. 类型

常用开关有按钮开关、拨动开关、扳手开关、波段开关、琴键开关等,如图 1-2-12 所示。这些开关都属于机械式开关。每一种开关又有很多类别,如按钮开关就有自锁按钮开关和点动按钮开关;又如波段开关,按所用材料来分,有瓷质、纸胶板、玻璃丝板开关;在结构上又有不同位数、刀数、层数的开关。

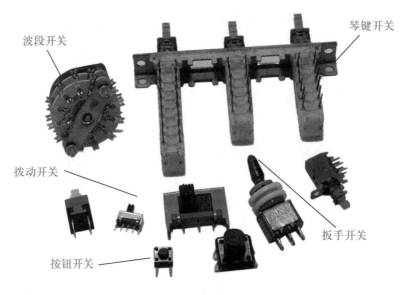

波段开关

琴键开关

拨动开关

扳手开关

按钮开关

图 1-2-12　常用开关实物图

2. 检测

按钮或拨动开关在使用之前,应用万用表进行检测,识别其动合端与动断端。动合端是指开关常态时开路的两个端,若用万用表的通断测试挡测量其两端,应为"OL";动断端是指开关常态时通路的两个端,若用万用表的通断测试挡测量其两端,内置蜂鸣器发声。

技 能 训 练

1. 常用开关的识别与检测

教师提供各种类型的开关若干只,要求用万用表检测并区分其动合端与动断端,并说明开关的类型,将识别、检测结果填入表 1-2-4。

2. 电位器的识别与检测

教师提供各种类型的电位器若干只,要求用万用表测量:电位器两固定端之间的标称阻值;电位器中间滑动片与固定端间的阻值,旋转或移动电位器把柄,观察阻值变化情况,将识别、检测结果填入表 1-2-5。

表 1-2-4 开关的识别与检测

编号	类型	动合端与动断端的对数	检测结果 （质量好坏）
1			
2			
3			
4			
5			

表 1-2-5 电位器的识别与检测

编号	标称阻值	阻值变化范围	检测结果 （质量好坏）
1			
2			
3			
4			
5			

3. 色环电阻器的识读与检测

根据表 1-2-6 进行色环电阻器的识读与检测。

表 1-2-6 色环电阻器的识读与检测

由色环写出具体阻值并检测				由具体阻值写出色环并检测			
色环	阻值	允许误差	检测阻值	标称阻值	色环	允许误差	检测阻值
棕黑黑金				0.5 Ω			
红黄黑金				1 Ω			
橙橙黑金				36 Ω			
黄紫橙金				220 Ω			
灰红红金				1 kΩ			
白棕黄金				2.7 kΩ			
黄紫棕金				5.6 kΩ			
橙黑棕金				39 kΩ			

实训项目三　电容器充放电延时电路

任务一　认识电路

1. 电路工作原理

图 1-3-1 所示为电容器充放电延时电路原理图。

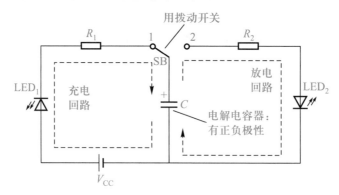

图 1-3-1　电容器充放电延时电路原理图

该电路由电解电容器 C、发光二极管 LED_1 与 LED_2、限流电阻 R_1 与 R_2、拨动开关 SB 及电源 V_{CC} 组成。

接通电源,开关 SB 拨向 1 端,电源将通过发光二极管 LED_1、电阻器 R_1 对电容器进行充电,充电回路中有电流通过,一段时间后,电容器充电结束,电路中的电流为零。看到的现象:发光二极管 LED_1 突然亮一下然后渐渐熄灭。

开关 SB 由 1 端拨向 2 端,已充电的电容器将通过 R_2、LED_2 进行放电,放电回路中有放电电流通过,一段时间后,放电结束,电路中无电流。同样我们将看到发光二极管 LED_2 突然亮一下然后渐渐熄灭。

电容器具有充电和放电的功能。

2. 实物搭接图

图 1-3-2 所示为电容器充放电延时电路实物搭接图。

任务二　元器件的识别与检测

1. 电路元器件的识别

电容器充放电延时电路的元器件不多,制作前可对照表 1-3-1 逐一进行识别。

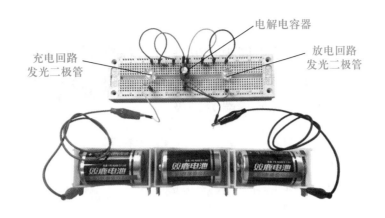

图 1-3-2 电容器充放电延时电路实物搭接图

2. 电路元器件的检测

对照表 1-3-1 逐一进行检测,并把检测结果填入表 1-3-1。

(1)色环电阻器、发光二极管、开关的识读与检测(方法可参考前面相关内容)

① 色环电阻器:主要会识读其标称阻值并用万用表测量其实际阻值。

表 1-3-1 电容器充放电延时电路元器件识别与检测表

符号	名称	实物图	规格	检测结果	
LED$_1$、LED$_2$	发光二极管		红色,ϕ10 mm	正向压降:	
				反向测试:	
R_1、R_2	色环电阻器		100 Ω	实测值	R_1:
					R_2:
SB	拨动开关		—	动合、动断端检测:	
				质量:	
C	电解电容器		2 200 μF	正负极性:	
				质量:	
V_{CC}	1 号电池	—	1.5 V/3 节		
—	面包板		SYB-120		

② 发光二极管:会识别其正负极性,会用万用表对其进行正反向测试。

③ 拨动开关:主要检测其质量及动合端与动断端。

(2)电解电容器的检测

电解电容器有正负极性,在使用之前,应能正确识别其正负极性并对其质量进行检测。

① 正负极性的识别：电解电容器有两个引脚，在使用中应注意正负极性。一般长引脚为正极，短引脚为负极。另外，从电容器的外壳也可判断其正、负极性，标有"－"号的一端为负极，另一端为正极，如图 1-3-3 所示。

长引脚为正极(+)

短引脚为负极(-)

图 1-3-3　电容器正负极性的识别

② 质量检测：可用万用表测量其实际容量，并判断其质量的好坏，如图 1-3-4 所示。测量步骤如下：

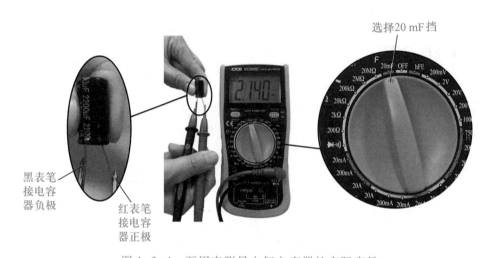

选择20 mF挡

黑表笔接电容器负极

红表笔接电容器正极

图 1-3-4　万用表测量电解电容器的实际容量

步骤 1　将黑表笔插入 COM 插孔，红表笔插入 V/Ω 插孔。

步骤 2　将量程开关转至电容挡(20 mF)，在红、黑表笔之间接入被测电容器(注意红表笔接电容器的正极)，稳定后被测电容器的容量显示在液晶显示器上。

如果测量出电容器的实际容量在允许误差范围内，则该电容器的质量是好的；反之，其实际容量在允许误差范围外，则该电容器的质量存在问题。

任务三　电路搭接与调试

1. 搭接电路

根据图 1-3-1 所示电路原理图在面包板上搭接电路。具体可参见图 1-3-2 所示电容器充放电延时电路实物搭接图。

在面包板相应的孔内依次连接限流电阻器、发光二极管、拨动开关、电容器及电源，直到所有元器件连接完毕。

注意

电解电容器的正负极性；拨动开关的动合端与动断端；发光二极管的正负极性。

2. 电路调试

（1）电容器充电过程

电路经检查无误后，接通电源。当拨动开关 SB 拨向 1 端时，构成电容器充电回路，如图 1-3-5 所示。

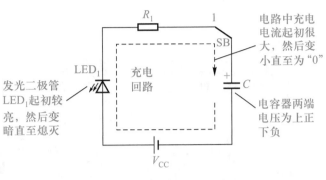

图 1-3-5　电容器充电过程

电源通过电阻 R_1、发光二极管 LED_1 对电容器进行充电，起初，发光二极管 LED_1 较亮，然后变暗直至熄灭，说明电路中的充电电流在从大到小发生变化，直至为"0"。

（2）电容器放电过程

当拨动开关 SB 由 1 端拨向 2 端时，构成电容器放电回路，如图 1-3-6 所示。

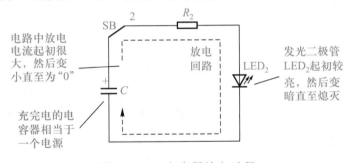

图 1-3-6　电容器放电过程

此时电容器可看成一个等效电源，并通过电阻 R_2 进行放电。同样可以观察到：起初，发光二极管 LED_2 较亮，然后变暗直至熄灭，说明电路中的放电电流也在从大到小进行变化，直至为"0"。

存在故障：整个电路可能有未连通之处；发光二极管极性可能接反；电容器极性可能接反。

电容器在电路和电器中应用的基本原理是电容器具有充电和放电的功能，因此，弄清充放电原理及规律，对于今后认识和掌握相关电路、电器原理具有十分重要的意义。

任务四　电路测试与分析

1. 测试

电路正常工作后可进行如下测试：

（1）测试 1

使用万用表电流挡测充电电流和放电电流(测试步骤可参考前面相关内容)。

① 测充电电流

首先把万用表串接在充电电路中,接上电源,把拨动开关拨向 1 端,观察万用表测量值的变化情况,并分析发光二极管亮暗与充电电流大小之间的关系,如图 1-3-7 所示。

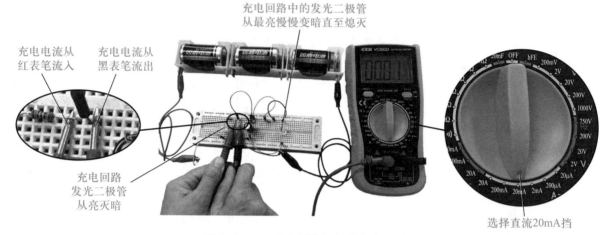

图 1-3-7　万用表测电容器充电电流

② 测放电电流

充电完毕,把万用表串接在放电电路中,然后拨动开关由 1 端拨向 2 端,观察万用表测量值的变化情况,并分析发光二极管亮暗与放电电流大小之间的关系,如图 1-3-8 所示。

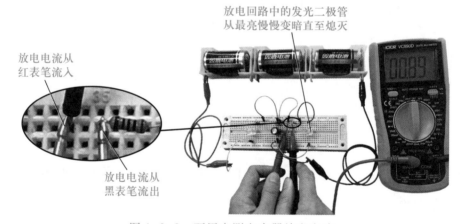

图 1-3-8　万用表测电容器放电电流

(2)测试 2

使用万用表电压挡测充电与放电时电容器两端电压的变化情况(测试步骤可参考前面相关内容)。

把万用表并接在电容器两端,重复以上过程。仔细观察万用表测量值的变化情况,并分析发光二极管亮暗与电容器两端电压之间的关系,如图 1-3-9 所示。

把测试结果填入表 1-3-2。

图 1-3-9　电容器充放电时两端电压变化情况

表 1-3-2　电容器充放电延时电路测试技训表

测试项目	电路中电流的 变化范围	电容器两端电压 的变化范围	电阻两端电压 的变化范围	电源电压
电容器充电过程				
电容器放电过程				

2. 分析

（1）分析 1

电容器在充电过程中,电路中的电流、电容器两端电压的变化情况?

电容器在充电过程中,充电回路中电流会由大到小,直至为"0",而电容器上的电压却由小到大,并经过一定时间,电容器两端电压近似等于电源电压。这是因为当拨动开关 SB 拨向1 端瞬间,电源正极与电容器正极板之间存在着较大的电位差,所以,开始充电电流较大,发光二极管 LED_1 较亮。随着充电的进行,电容器上的电压逐渐上升,两者电位差随之减小,充电电流也就越来越小。当两者电位差等于零时,充电电流为"0",充电即告结束。此时 $u_C \approx V_{CC}$,如图 1-3-10 所示。

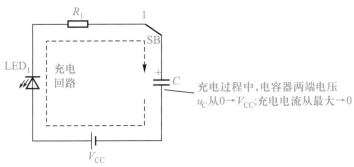

图 1-3-10　电容器充电过程中各参数变化情况

（2）分析 2

电容器在放电过程中,电路中的电流、电容器两端电压的变化情况?

电容器在放电过程中,放电电流也会由大到小,直至为"0",而电容器上的电压也由大到小,并经过一定时间,电容器两端电压等于"0"。这是因为当拨动开关 SB 由 1 端拨向 2 端时,电容器负极板上的负电荷不断移出并与正极板的正电荷不断中和,电路中有放电电流,开始较大,发光二极管 LED$_2$ 较亮,但随着正负电荷不断中和,放电电流也由大到小,直至为"0",电容器上的电压也随着放电而下降,直至两极板电荷完全中和,u_c 为"0",如图 1-3-11 所示。这时电容器充电时储存的电场能量全部释放出来,并由电阻 R_2 转化为热能。

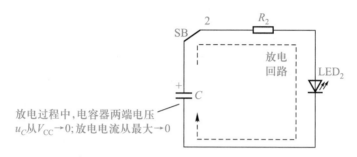

图 1-3-11　电容器放电过程中各参数变化情况

◆ **实训项目评价**

实训项目评价表如表 1-3-3 所示。

表 1-3-3　实训项目评价表

班级		姓名		学号		总得分	
项目	考核内容		配分	评分标准			得分
元器件识别与检测	1. 拨动开关的识别与检测 2. 电解电容器的识别与检测		20分	1. 不能正确识别与检测拨动开关,扣5~10分 2. 不能正确识别与检测电解电容器,扣5~10分			
电路搭接与调试	1. 在面包板上正确搭接电路 2. 电路工作正常		20分	1. 不能正确搭接电路,扣5~10分 2. 不能正确调试,扣1~5分			
电路测试	1. 正确使用万用表测各元器件两端电压 2. 正确使用万用表测电路中的电流		50分	1. 不能正确使用万用表测电压,扣5~30分 2. 不能正确使用万用表测电流,扣5~20分			

项目	考核内容	配分	评分标准	得分
安全文明操作	1. 工作台上工具摆放整齐 2. 严格遵守安全文明操作规程	10 分	1. 工作台表面不整洁,扣 1~5 分 2. 违反安全文明操作规程,酌情扣 1~5 分	
合计		100 分		

教师签名:

➤ **知识链接一　电容器的种类与命名**

1. 种类

电容器的种类很多,图 1-3-12 所示为常用电容器的外形和电路图形符号。

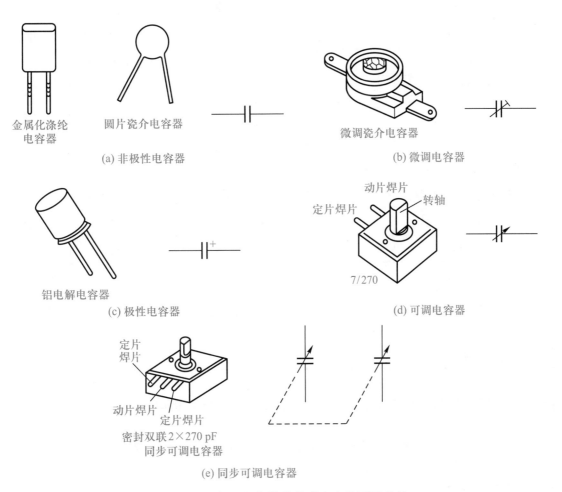

图 1-3-12　常用电容器的外形和电路图形符号

33

2. 命名

国产电容器的型号一般由以下 4 部分组成,数字和字母代表介质材料和分类的意义如表 1-3-4 所示。

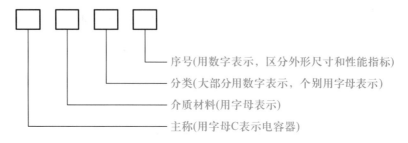

序号(用数字表示,区分外形尺寸和性能指标)
分类(大部分用数字表示,个别用字母表示)
介质材料(用字母表示)
主称(用字母C表示电容器)

表 1-3-4 电容器型号中数字和字母代表介质材料和分类的意义

介质材料		分类				
			意义			
符号	意义	符号	瓷介电容器	云母电容器	电解电容器	有机电容器
C	高频陶瓷	1	圆形	非密封	箔式	非密封
T	低频陶瓷	2	管形	非密封	箔式	非密封
Y	云母	3	叠片	密封	烧结粉非固体	密封
Z	纸	4	独石	密封	烧结粉固体	密封
J	金属化纸	5	穿心			穿心
I	玻璃釉	6	支柱等			
L	涤纶薄膜	7			无极性	
B	聚苯乙烯等非极性薄膜	8	高压	高压		高压
O	玻璃膜	9			特殊	非密封
Q	漆膜	10			卧式	卧式
H	纸膜复合	11			立式	立式
D	铝电解	12				无感式
A	钽电解	G	高功率			
N	铌电解	W	微调			

【例】 CCW1 为圆形高频陶瓷微调电容器;CD11 为立式铝电解电容器。

➤ 知识链接二 电容器的主要参数与标注方法

1. 电容器的主要参数

(1) 容量

电容器储存电荷的能力称为电容量,简称容量,容量的基本单位是 F(法),F 这一单位太

大,常用单位为 μF(微法)、nF(纳法)和 pF(皮法)。其单位之间的换算关系如下:

$$1\ F = 10^3\ mF = 10^6\ \mu F = 10^{12}\ pF$$

(2)标称容量和允许误差

电容器的外壳表面上标出的容量值称为电容器的标称容量。标称容量也分许多系列,常用的是 E6、E12、E24 系列,这 3 个系列的设置方式同电阻器。

电容器的允许误差也与电阻器相同,常用电容器的允许误差有 ±2%、±5%、±10%、±20% 等几种,通常标称容量越小,允许误差越小。

(3)额定电压(耐压)

额定电压是指在规定温度范围内,可以连续加在电容器上而不损坏电容器的最大直流电压或交流电压的有效值,又称耐压。这是一个重要参数,如果电路故障造成加在电容器上的工作电压大于额定电压时,电容器将被击穿。常用的固定电容器额定电压有 10 V、16 V、25 V、50 V、100 V、2 500 V 等。

2. 电容器参数的标注方法

(1)直标法

电容器参数直标法示例如图 1-3-13 所示。

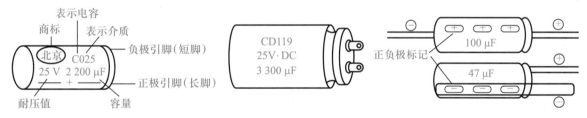

图 1-3-13　电容器参数直标法示例

(2)文字符号法

使用文字符号法标注参数时,容量整数部分写在容量单位符号的前面,容量的小数部分写在容量单位符号的后面。允许误差用文字符号 D(±0.5%)、F(±1%)、G(±2%)、J(±5%)、K(±10%)、M(±20%)表示。电容器参数文字符号法示例如图 1-3-14 所示。

(3)数码法

采用数码法标注参数时,一般用 3 位数字表示容量的大小,其单位为 pF,其中第一、二位为有效数字,第三位表示倍率,即有效值后"零"的个数。允许误差用 3 位数字后面的字母表示,方法与文字符号法相同。电容器参数数码法示例如图 1-3-15 所示。

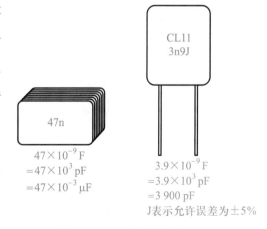

图 1-3-14　电容器参数文字
符号法示例

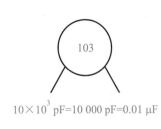
10×10^3 pF=10 000 pF=0.01 μF

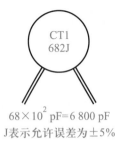
68×10^2 pF=6 800 pF
J表示允许误差为±5%

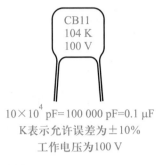
10×10^4 pF=100 000 pF=0.1 μF
K表示允许误差为±10%
工作电压为100 V

图 1-3-15　电容器参数数码法示例

➤ 知识链接三　电容器的简易检测

电容器常见故障有:击穿短路、断路、漏电或容量变化等。通常情况下,可以用万用表来判别电容器的好坏,并对其故障进行定性分析。

1. 用电容挡直接检测

某些数字式万用表具有测量电容的功能,量程包括 2 000 pF、20 nF、200 nF、2 μF、20 μF以及 200 mF。测量时可将已放电的电容器两引脚直接插入面板上的 Cx 插孔(没有该插孔可改用红黑表笔),显示稳定后就可读取测量值。

注意

有些型号的数字式万用表在测量 50 pF 以下的小容量电容器时误差较大,20 pF 以下电容器的测量值几乎没有参考价值。此时可采用串联法测量小容量电容器。方法是:先找一只220 pF 左右的电容器,用数字式万用表测出其实际容量 C_1,然后把待测小容量电容器与之并联测出其总容量 C_2,则两者之差 $(C_2 - C_1)$ 即为待测小容量电容器的容量。

2. 用电阻挡检测

如果万用表没有电容挡,可以利用电阻挡观察电容器的充电过程。将万用表拨至电阻挡合适的量程,红表笔和黑表笔分别接触被测电容器的两引脚,这时显示值将从"000"开始逐渐增加,直至显示溢出符号"OL"。若始终显示"000",说明电容器内部短路;若始终显示溢出符号"OL",则可能是电容器内部极间开路,也可能是所选择的电阻挡量程不合适。检测电解电容器时需要注意,红表笔接电容器正极引脚,黑表笔接电容器负极引脚。此方法适用于检测0.1 μF~几千微法的大容量电容器。

注意

① 测量之前必须将被测电容的两个引脚短路放电,然后再测量,以免损坏仪表。

② 在测量大容量电容器时,读数需要数秒时间才能趋于稳定,应待液晶显示器上所显示的数字稳定以后再读取被测电容器的容量值。

◇ 知识拓展 　电容器的特性

电容器是一种储能元件。充电的过程就是极板上电荷不断积累的过程,当电容器充满电时,相当一个等效电源。但这一等效电源随着放电的进行,原来积累的电荷不断向外释放,电压减小,最后为零。

电容器充电与放电的快慢,取决于充电和放电回路中的电阻值 R 与电容量 C 的乘积 RC,而与电压大小无关。改变 RC 的大小,可以改变充放电的快慢。

电容器能够隔直流通交流。电容器接通直流电源时,仅仅在刚接通的短暂时间内发生充电过程,只有短暂的电流,充电结束后,$u_C \approx V_{CC}$,电路中电流为零,电路处于开路状态,相当电容器把直流隔断,这就说电容器具有阻隔直流电的作用,简称"隔直流"。

电容器接通交流电源时(交流电压的最大值不允许超过电容器的额定电压),由于交流电压的大小和方向不断交替变化,致使电容器反复进行充放电,其结果是在电路中出现连续变化的交流电流,这就说电容器具有通过交流电的作用,简称"通交流"。

技 能 训 练

1. 电容器的识别

对提供的 10 只各种类型电容器进行识别,并把识别结果填入表 1-3-5。

表 1-3-5　电容器的识别

编号	名称	标称容量	耐压	有无极性	编号	名称	标称容量	耐压	有无极性
1					6				
2					7				
3					8				
4					9				
5					10				

2. 电容器的检测

测量电容器的容量,分析检测结果,进一步判断电容器性能。根据检测情况填写表1-3-6。

表 1-3-6　电容器的检测

编号	电容器种类和容量	万用表挡位	测量值	测量中的问题	是否合格
1	陶瓷 0.1 μF				
2	纸介 1 μF				
3	涤纶 3.3 μF				
4	电解 100 μF				
5	电解 1 000 μF				

实训项目四　三极管直流放大电路

任务一　认识电路

1. 电路工作原理

图 1-4-1 所示为三极管直流放大电路原理图。

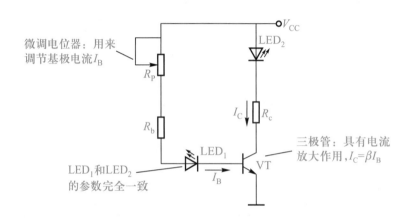

图 1-4-1　三极管直流放大电路原理图

该电路由三极管 VT、电位器 R_P、电阻 R_b 和 R_c，以及发光二极管 LED$_1$ 和 LED$_2$ 组成。R_P、R_b 为基极偏置电阻，R_c 为集电极电阻。调节电位器 R_P 的值可以改变电路中基极电流 I_B 的大小，并使三极管处于放大工作状态。当三极管处于放大工作状态时，集电极电流 I_C 是基极电流 I_B 的 β 倍，即 $I_C = \beta I_B$。因此，在同一状态下，通过发光二极管 LED$_2$ 的电流比通过 LED$_1$ 的电流大 β 倍，LED$_2$ 比 LED$_1$ 亮。

2. 实物搭接图

图 1-4-2 所示为三极管直流放大电路实物搭接图。

接通电源，调节电位器 R_P，使发光二极管 LED$_1$ 不亮，LED$_2$ 处于微亮状态。继续减小 R_P 的值（逆时针旋转），将会发现发光二极管 LED$_1$ 慢慢从不亮到微亮状态，而发光二极管 LED$_2$ 从微亮逐渐变亮，这一过程和现象说明：减小 R_P 的值，基极电流 I_B 和集电极电流 I_C 都在增大，但集电极电流 I_C 比基极电流 I_B 大，且受 I_B 的控制。这就是三极管的电流放大作用。

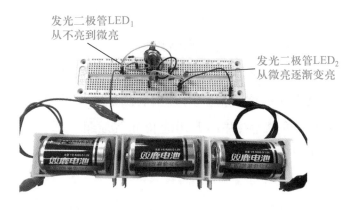

发光二极管LED₁
从不亮到微亮

发光二极管LED₂
从微亮逐渐变亮

图 1-4-2 三极管直流放大电路实物搭接图

任务二 元器件的识别与检测

1. 电路元器件的识别

三极管直流放大电路的元器件并不多,但制作前必须对照图表 1-4-1 逐一进行识别。

表 1-4-1 三极管直流放大电路元器件识别与检测表

符号	名称	实物图	规格	检测结果
LED_1、LED_2	发光二极管		红色,$\phi 10$ mm	正向压降:
				反向测试:
R_b	色环电阻器		10 kΩ	实测值:
R_c	色环电阻器		220 Ω	实测值:
R_P	电位器		500 kΩ	实测值:
				质量:
VT	三极管		9014	类型:
				引脚排列:
				质量(放大倍数):
V_{CC}	1 号电池	—	1.5 V/3 节	
—	面包板		SYB-120	

2. 电路元器件的检测

对照表 1-4-1 逐一进行检测,同时把检测结果填入表 1-4-1。

(1)电阻器、发光二极管、电位器识读与检测(方法可参考前面相关内容)

① 色环电阻器:主要识读其标称阻值并用万用表测量其实际阻值。

② 发光二极管:识别其正负极性,并用万用表检测其质量。

③ 电位器:主要检测其标称阻值与质量。

(2)三极管的识别与检测

三极管一般有三个极(引脚),分别为基极 b、集电极 c 和发射极 e。按其内部结构的不同分为 NPN 型和 PNP 型两种,图 1-4-3 所示为两种类型三极管的电路图形符号。

① 认识三极管引脚排列。本实训项目中的三极管 9014 为 NPN 型三极管,其引脚排列如图 1-4-4 所示。

图 1-4-3 两种类型三极管电路图形符号

图 1-4-4 三极管 9014 引脚排列

② 用万用表判别三极管类型和引脚排列。

• 判定基极 b。具体的测量方法是:万用表置于二极管测试挡,然后任意假定一个引脚是基极 b,并用红表笔与假定的基极 b 相接,用黑表笔分别与另外两个引脚相接,如图 1-4-5 所示。

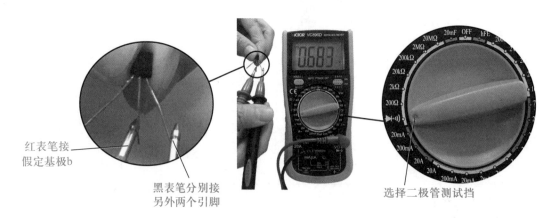

图 1-4-5 判别三极管类型与基极 b

如果两次测得电压值均很小,即为 PN 结正向压降,则红表笔所接的就是基极 b,且管子为 NPN 型;如果两次测得不是 PN 结正向压降,则表明假设的引脚不是真正的基极 b,则需将红表笔所接的引脚调换一下,再按上述方法测试。若为 PNP 型管则应用黑表笔与假设的"基极 b"相接,用红表笔接另外两个引脚。如果两次测得均为 PN 结正向压降,黑表笔所接为基极 b,且可确定为 PNP 型管。

• 判定集电极 c 和发射极 e。当基极 b 确定后,可接着判别集电极 c 和发射极 e。若是 NPN 型管,可将万用表的红表笔接一待定引脚,在待定引脚与基极 b 之间接一 10 kΩ 电阻,黑表笔接另一待定引脚,测得电压较小时,红表笔接触的就是集电极 c。若是 PNP 型管,将黑表笔接一待定引脚,在待定引脚和基极 b 之间接一 10 kΩ 电阻,红表笔接另一待定引脚,测得电压较小时,黑表笔接触的就是集电极 c,如图 1-4-6 所示。

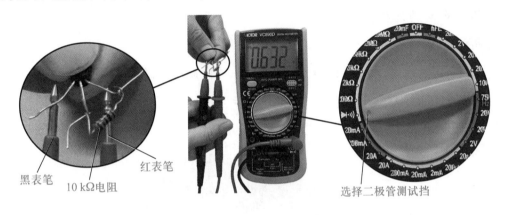

图 1-4-6　判别三极管集电极 c 和发射极 e

③ 判别三极管质量和测量放大倍数。将万用表的量程开关置于 h_{FE} 挡,确定所测三极管的类型(NPN 型或 PNP 型),将发射极 e、基极 b、集电极 c 分别插入三极管测试插座上相应的插孔,被测三极管的放大倍数显示在液晶显示器上,如图 1-4-7 所示。若管子放大能力很差或者已损坏,则放大倍数就会有异样。

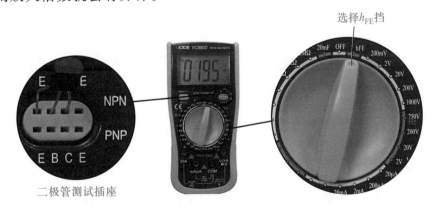

图 1-4-7　三极管放大倍数的测定

任务三　电路搭接与调试

1. 搭接电路

根据图 1-4-1 所示电路原理图在面包板上搭接电路。具体可参见图 1-4-2 所示三极管直流放大电路实物搭接图。

在面包板相应的孔内依次连接三极管、发光二极管、电阻器、电位器及电源，直到所有元器件连接完毕。

注意

① 三极管的基极 b、发射极 e、集电极 c 的排列顺序。

② 发光二极管的正负极性。

③ 电位器三个端的连接。

2. 电路调试

接通电源，调节电位器 R_P，阻值从大到小（逆时针旋转），发光二极管 LED_1 由不亮到微亮，发光二极管 LED_2 由微亮逐渐变亮，到一定值后，发光二极管 LED_1 逐渐变亮，而 LED_2 的亮度已处于饱和，说明电路工作正常，如图 1-4-8 所示。

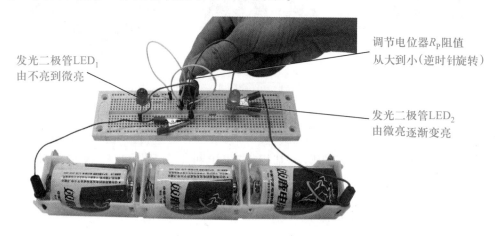

图 1-4-8　三极管直流放大电路调试图

故障原因：整个电路可能有未连通之处；发光二极管极性可能接反；电位器的三个端可能接错；三极管的三个引脚排列可能判断有误。

任务四　电路测试与分析

1. 测试

电路工作正常后，为了观察三极管各极电流的情况及它们之间的关系，可进行如下测试：

在图 1-4-1 所示电路的基础上串接好三个电流表，如图 1-4-9 所示，其中一个微安表，两个毫安表。调节电位器 R_P 可改变基极电流 I_B，用微安表可测得基极电流 I_B 的大小，用两个毫安表可以分别测得相应的 I_C 和 I_E 的大小,根据表 1-4-2 的要求进行测量,并将测量结果填入表 1-4-2。

注意

微安表和毫安表接入电路时,正确的接法是电流都必须从红表笔流入,黑表笔流出,即正极流入负极流出。

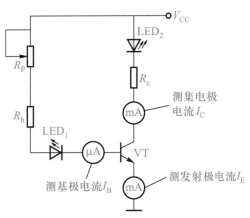

图 1-4-9　三极管直流放大电路测试图

表 1-4-2　三极管各极电流测试技训表

$I_B/\mu A$	0	20	40	60	80	100
I_C/mA						
I_E/mA						

2. 分析

（1）分析 1

从实验数据可以得出以下两个重要的结论。

① 三极管各极电流分配关系满足

$$\boxed{I_E = I_B + I_C}$$

即发射极电流等于集电极电流与基极电流之和。由于基极电流 I_B 很小,因而

$$\boxed{I_C \approx I_E}$$

② 三极管具有电流放大作用

在图 1-4-9 所示的电路中,基极与发射极是信号输入端,集电极与发射极是信号输出端,因此发射极是输入、输出回路的公共端,这种放大电路称为共发射极放大电路。将输入电流 I_B 与输出电流 I_C 之比称为共发射极直流电流放大系数 $\overline{\beta}$,定义式为

$$\boxed{\overline{\beta} = I_C / I_B}$$

三极管各极的
电流分配关系

实验数据表明：$I_{C1}/I_{B1} \approx I_{C2}/I_{B2} \approx I_{C3}/I_{B3} \approx I_{C4}/I_{B4} \approx \bar{\beta}$。$\bar{\beta}$ 值一般在几十至几百范围内，因管子不同而有差异。

输入电流的变化量 ΔI_B 与输出电流产生的相应变化量 ΔI_C 之比称为共发射极交流电流放大系数 β，定义式为

$$\beta = \Delta I_C / \Delta I_B$$

一般情况下，同一只管子的 β 值略大于 $\bar{\beta}$，但两者很接近，在应用时可相互代替。β 值也在几十至几百之间，这说明，当 I_B 有一微小变化，就能引起 I_C 较大的变化，这种现象称为三极管的电流放大作用。在实际分析中，通常有 $I_C = \beta I_B$。

（2）分析 2

从实验现象可以分析三极管的三种工作状态。

三极管有三种工作状态：截止、放大、饱和。在实验中可以发现：一开始，电位器阻值为最大，发光二极管 LED_1 不亮，微安表读数很小，接近"0"，发光二极管 LED_2 也不亮，毫安表读数也接近"0"，此时三极管处于截止状态。继续减小电位器 R_P 的阻值，增大基极电流 I_B，发现发光二极管 LED_1 从不亮到微亮，发光二极管 LED_2 从微亮逐渐变亮，此时，三极管处于放大状态。继续减小电位器 R_P 的阻值，增大基极电流 I_B 到一定值时，会发现发光二极管 LED_1 在逐渐变亮，而发光二极管 LED_2 不再变亮，此时，三极管处于饱和状态。

① 截止状态。当 $I_B = 0$ 时，$I_C \approx 0$，此时三极管处于截止状态，相当于三极管内部各极开路，如图 1-4-10（a）所示。

② 放大状态。最主要的特点是 I_C 受 I_B 控制，$I_C = \beta I_B$，具有电流放大作用。另一特点是具有恒流特性，即 I_B 一定时，I_C 不随 U_{CE} 变化而变化，即保持恒定，如图 1-4-10（b）所示。

③ 饱和状态。当 I_B 增大到一定值后，I_C 已不再受 I_B 控制。此时，三极管进入饱和区，三极管饱和时的 U_{CE} 值称为饱和压降，记作 U_{CES}，小功率硅管约为 0.3 V，锗管约为 0.1 V，均接近 0，此时管子的集电极-发射极间呈现低电阻，相当于开关闭合，如图 1-4-10（c）所示。

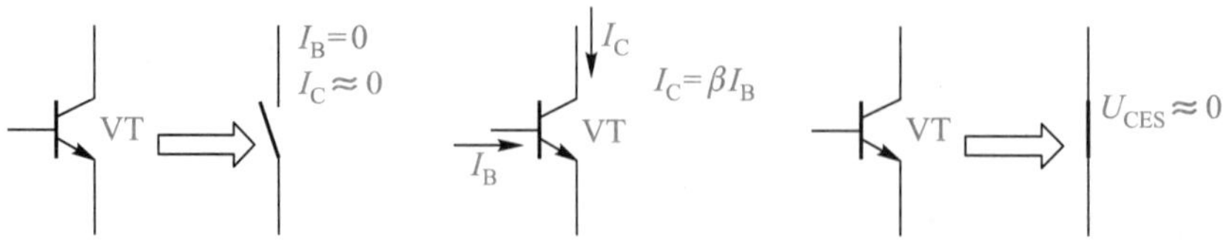

(a) 截止状态　　　　　(b) 放大状态　　　　　(c) 饱和状态

图 1-4-10　三极管的三种工作状态等效示意图

从上述分析可以看出，三极管工作在饱和区与截止区时，具有"开关"特性，可应用于脉冲数字电路中；三极管工作在放大区时可应用在模拟电路中起"放大"作用。所以三极管具有"开关"和"放大"两大功能。

◆ **实训项目评价**

实训项目评价如表 1-4-3 所示。

表 1-4-3 实训项目评价表

班级		姓名		学号		总得分	
项目	考核内容		配分	评分标准			得分
元器件 识别与检测	1. 电位器的识别与检测 2. 电阻器和发光二极管的识别与检测 3. 三极管的识别与检测		30分	1. 不能正确识别与检测电位器,扣1~5分 2. 不能正确识别与检测电阻器和发光二极管,扣5~10分 3. 不能正确识别与检测三极管,扣5~10分			
电路 搭接与调试	1. 在面包板上正确搭接电路 2. 电路工作正常		30分	1. 不能正确搭接电路,扣5~20分 2. 不能正确调试,扣1~10分			
电路测试	正确使用万用表测三极管各极电流		30分	不能正确使用万用表测三极管各极电流,扣10~30分			
安全文明 操作	1. 工作台上工具摆放整齐 2. 严格遵守安全文明操作规程		10分	1. 工作台表面不整洁,扣1~5分 2. 违反安全文明操作规程,酌情扣1~5分			
合计			100分				
教师签名:							

➤ **知识链接一 三极管的外形、分类与命名**

1. 外形

三极管有三个引脚,图 1-4-11 所示为常见三极管封装外形。功率大小不同的三极管的体积和封装形式也不同,近年来生产的小、中功率管多采用硅酮塑料封装和金属封装;大功率三极管采用金属封装,通常作成扁平形状并有螺钉安装孔,有的大功率管制成螺栓形状,这样能使三极管的外壳和散热器连在一体,便于散热。

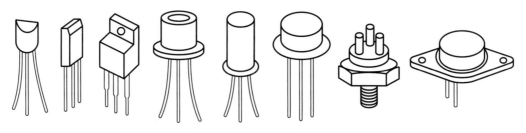

(a) 硅酮塑料封装   (b) 金属封装小功率管   (c) 金属封装大功率管

图 1-4-11　常见三极管封装外形

2. 分类

三极管的核心是两个互相联系的 PN 结。其内部结构分为发射区、基区、集电区，由 3 个区引出的电极分别为发射极 e、基极 b、集电极 c。按 PN 结的不同组合方式，三极管分为 PNP 型和 NPN 型两种，如图 1-4-12 所示。

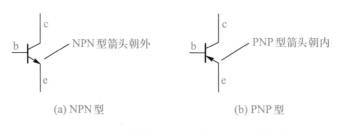

(a) NPN 型   (b) PNP 型

图 1-4-12　两种类型三极管电路图形符号

两种三极管的电路图形符号是有区别的：PNP 型管的发射极箭头朝内，NPN 型管的发射极箭头朝外。三极管的文字符号是 VT。

三极管的种类很多，从器件的材料方面划分，可以分为锗三极管、硅三极管；从器件性能方面划分，可分为低频小功率三极管、低频大功率三极管、高频小功率三极管、高频大功率三极管；从 PN 结类型来划分，可分为 PNP 型和 NPN 型三极管。

3. 命名方法

三极管的型号命名方法不尽相同，一般由 5 部分组成。部分三极管器件的命名方法如表 1-4-4 所示。

表 1-4-4　部分三极管器件的命名方法

	一	二	三	四	五
	序号意义	字母意义	字母意义	字母意义	字母意义
中国	3：三极管	A：PNP 型锗材料 B：NPN 型锗材料 C：PNP 型硅材料 D：NPN 型硅材料	X：低频小功率管 G：高频小功率管 D：低频大功率管 A：高频大功率管	—	—

	一	二		三		四	五
	序号意义	字母意义		字母意义		字母意义	字母意义
日本	3:三极管	S		A:PNP 高频 B:PNP 低频 C:NPN 高频 D:NPN 低频		登记序号	对原型号的 改进
韩国	9011	9012	9013	9014	9015	9016	9018
	NPN	PNP	NPN	NPN	PNP	NPN	NPN
	高放	功放	功放	低放	低放	超高频	超高频

➤ **知识链接二　三极管的识别与检测**

1. 三极管引脚的排列方式和识别方法

三极管引脚的排列方式因其封装形式的不同而不同。一般而言,三极管引脚的排列方式有一定的规律,可以通过引脚排列特征识别三极管的 3 个引脚。表 1-4-5 所示为部分三极管引脚的排列方式。

表 1-4-5　部分三极管引脚的排列方式

封装形式	外形	引脚位置	排列特征说明
塑料封装			面对切角面,引脚向下,从左至右依次为发射极 e、基极 b、集电极 c
			平面朝向自己,引脚向下,从左至右依次为发射极 e、基极 b、集电极 c

封装形式	外形	引脚位置	排列特征说明
塑料封装	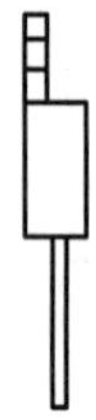	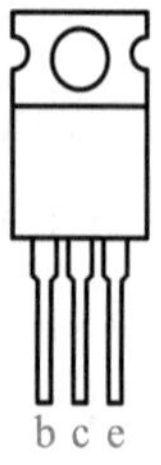 bce	面对管子正面(型号打印面),散热片为管背面,引脚向下,从左至右依次为基极 b、集电极 c、发射极 e
金属封装	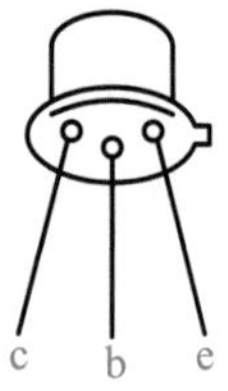 c b e	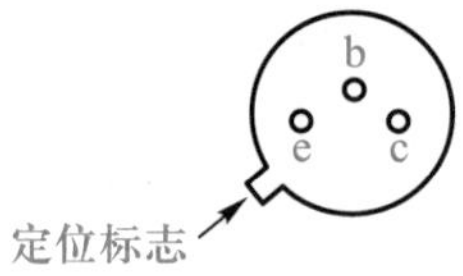 定位标志 b e c	面对管底,由定位标志起,按顺时针方向,引脚依次为发射极 e、基极 b、集电极 c
	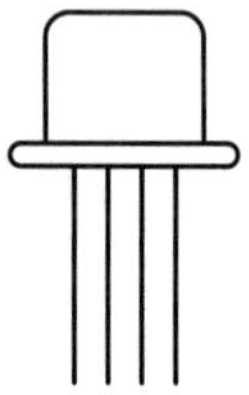	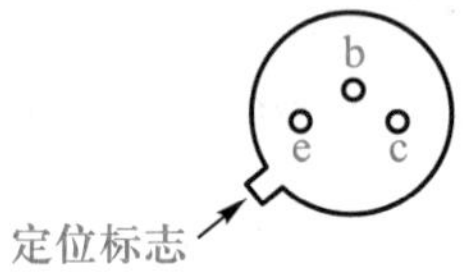 定位标志 b e c	面对管底,由定位标志起,按顺时针方向,引脚依次为发射极 e、基极 b、集电极 c
	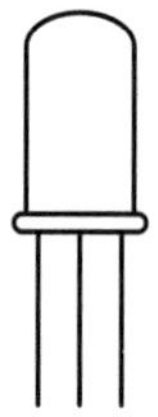	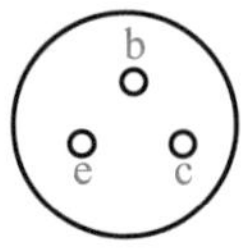 b e c	面对管底,使带引脚的半圆位于上方,从左至右,按顺时针方向,引脚依次为发射极 e、基极 b、集电极 c
	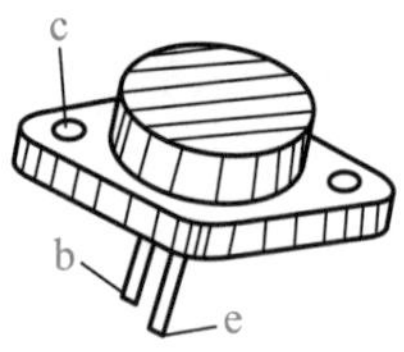 c b e	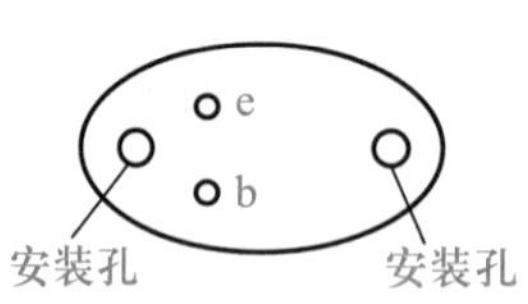 e b 安装孔 安装孔	面对管底,使引脚均位于左侧,下面的引脚是基极 b,上面的引脚为发射极 e,管壳是集电极 c,管壳上两个安装孔用来固定三极管

注意

① 三极管引脚排列有很多形式,使用者若不知其引脚排列时,应查阅产品手册或相关资料,不可主观臆断,更不可只凭经验判断。

② 使用三极管时一定要先检测三极管的引脚排列,避免装错返工。

2. 用万用表检测中、小功率三极管方法

如果不知道三极管的型号及引脚排列,一般可按下列方法进行检测判断。

（1）判定基极

将三极管看成两个背靠背的 PN 结，按照判别二极管极性的方法可以判断出一个引脚为公共正极或公共负极，即基极 b。具体的测量方法是：万用表置于二极管测试挡，然后任意假定一个引脚是基极 b，并用红表笔与假定的基极 b 相接，用黑表笔分别与另外两个引脚相接，如图 1-4-13（a）所示。如果两次测得电压值均很小，即为 PN 结正向压降，则红表笔所接的就是基极 b，且管子为 NPN 型；如果两次测得不是 PN 结正向压降，则表明假设的引脚不是真正的基极 b，则需将红表笔所接的引脚调换一下，再按上述方法测试。若为 PNP 管则应用黑表笔与假设的"基极 b"相接，用红表笔接另外两个引脚。如果两次测得均为 PN 结正向压降，黑表笔所接为基极 b，且可确定为 PNP 管。

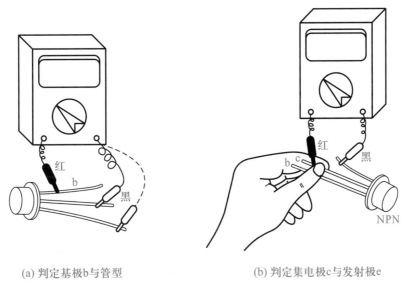

(a) 判定基极b与管型　　　　　　　(b) 判定集电极c与发射极e

图 1-4-13　判定三极管引脚

（2）判定集电极 c 和发射极 e

当基极 b 确定后，可接着判定集电极 c 和发射极 e。对于 NPN 型管，可将万用表的红表笔接一待定引脚，在待定引脚和基极 b 之间接一 10 kΩ 电阻，黑表笔接另一待定引脚，测得电压较小时，红表笔所接的就是集电极 c，如图 1-4-13（b）所示。对于 PNP 型三极管，将黑表笔接一待定引脚，在待定引脚和基极 b 之间接一 10 kΩ 电阻，红表笔接另一待定引脚，测得电压较小时，黑表笔接触的就是集电极 c。

（3）检测三极管质量

将万用表的量程开关置于三极管测试挡，确定所测三极管类型（NPN 型或 PNP 型），将发射极 e、基极 b、集电极 c 分别插入三极管测试插座上相应的插孔，被测三极管的电流放大倍数显示在液晶显示器上。若管子放大能力很差或者已损坏，则放大倍数就会有异样。

◇ 知识拓展　三极管工作电压与状态的判定

1. 三极管的工作电压

要使三极管能够正常放大信号,必须给管子的发射结加正向电压,集电结加反向电压。由于三极管有 NPN 和 PNP 型两类,这两类三极管极性不同,所以工作时外加的电源电压极性也不同。NPN 型三极管工作时电源接线如图 1-4-14 所示,电源 V_{CC} 通过偏置电阻 R_b 为发射结提供正向偏压,R_c 为集电极电阻,为管子的集电极提供电压。要求 R_c 的阻值小于 R_b 的阻值,因此集电极电位高于基极电位,即集电结处于反向偏置。

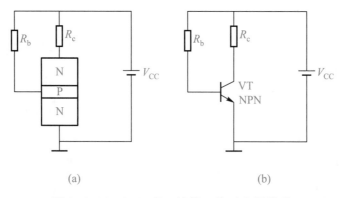

图 1-4-14　NPN 型三极管工作时电源接线

对于 PNP 型三极管,同样要求发射结加正向偏压,集电结加反向偏压,但因它的半导体电极性不同,所以 PNP 型三极管接电源时极性与 NPN 型三极管相反,如图 1-4-15 所示。

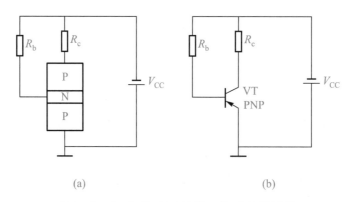

图 1-4-15　PNP 型三极管工作时电源接线

三极管三种工作状态各有特点:

① 放大状态:发射结正偏,集电结反偏。

② 截止状态:发射结和集电结均反偏。

③ 饱和状态:发射结和集电结均正偏。

2. 判定三极管工作状态

通过测量三极管引脚电位(对地的电压)可以判断出管子的工作状态。

对于 NPN 管,若测得 $V_C>V_B>V_E$,则该管满足放大状态的偏置;对 PNP 管,$V_C<V_B<V_E$,为放大状态。若测得三极管的集电极 c 电位 V_C 接近电源电压 V_{CC},则表明管子处于截止状态。若测得三极管的集电极 c 电位 V_C 接近于零(硅管为 0.3 V 左右,锗管为 0.1 V 左右),则表明管子处于饱和状态。

3. 判断三极管的材料、类型及引脚

通过分析处于放大状态三极管引脚对地电压(即电位),可判断三极管的材料、类型及引脚。处于放大状态的三极管,不管是 NPN 型还是 PNP 型,其基极 b 与发射极 e 之间的电压,若是硅管,约为 0.7 V,若是锗管,约为 0.3 V。

(1)判断材料和集电极 c

如果任意两个引脚之间的电压约为 0.7 V(硅管)或 0.3 V(锗管),则可判断此两个引脚要么是基极 b,要么是发射极 e,那么剩下的引脚肯定是集电极 c。

(2)判断类型和引脚

如果集电极 c 电位是三个引脚中最大的,那么该管为 NPN 型,若是最小的,那么该管为 PNP 型。如果是 NPN 型管,则基极 b 电位肯定高于发射极 e 电位;如果是 PNP 型管,则基极 b 电位肯定低于发射极 e 电位。从而可方便地判断出基极 b 和发射极 e。

技 能 训 练

1. 用万用表判别三极管类型、引脚及质量

任选 PNP 型、NPN 型三极管 10 只,由学生用万用表判别各管的管型及引脚,同时检测其质量,并把判别和检测结果填入表 1-4-6。

2. 用万用表测量三极管 β 值

任选 PNP 型、NPN 型三极管 10 只,由学生用万用表"h_{FE}"挡,测量各管的 β 值,并把测量结果填入表 1-4-6。

表 1-4-6　三极管判别和检测技训表

三极管类型、引脚排列及质量	编号	1	2	3	4	5	6	7	8	9	10
	类型及各引脚排列										
	质量										
β 值测量	编号	1	2	3	4	5	6	7	8	9	10
	β 值										
判别和检测中出现的问题											

3. 判断三极管的引脚、类型及材料

已知处于放大状态三极管的各极电位,判断各管的引脚、类型及材料,将结果填入表1-4-7。

表1-4-7 判断三极管引脚、类型及材料技训表

编号	引脚1 电位/V	引脚2 电位/V	引脚3 电位/V	引脚	类型	材料
1	0.7	6	0			
2	10.75	10.3	10			
3	0.3	-6	0			
4	-1.3	-6	-1			
5	1	6	0.3			

实训项目五 简易光控电路

任务一 认识电路

1. 电路工作原理

图1-5-1所示为简易光控电路原理图。

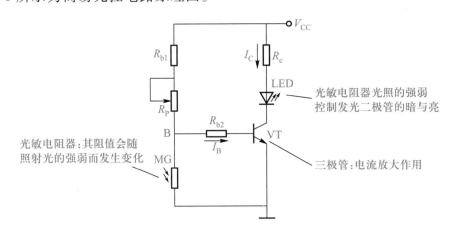

图1-5-1 简易光控电路原理图

该电路由三极管 VT,电位器 R_P,光敏电阻器 MG,电阻器 R_{b1}、R_{b2}、R_c,以及发光二极管 LED 组成。光敏电阻器的阻值会随着照射光线的强弱而发生变化,从而改变三极管中的基极电流 I_B,那么通过发光二极管的集电极电流 I_C 也跟着发生变化,结果,发光二极管的亮暗发生变化。由于通过光敏电阻器光照的强弱控制发光二极管的亮与暗,因此该电路称为简易光控

电路。

2. 实物搭接图

图 1-5-2 所示为简易光控电路实物搭接图。

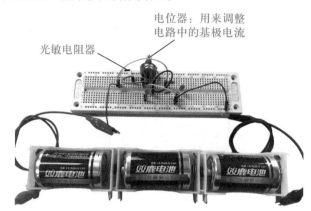

图 1-5-2　简易光控电路实物搭接图

接通电源,调节电位器 R_p,使发光二极管 LED 处于微亮状态,然后用手或黑纸片慢慢遮住光敏电阻器,将发现发光二极管 LED 慢慢变亮。即用光敏电阻器的光敏特性控制发光二极管的暗与亮,从而实现电路的光控功能。

任务二　元器件的识别与检测

1. 电路元器件的识别

制作前对照图 1-5-1 和表 1-5-1 逐一识别元器件。

表 1-5-1　简易光控电路元器件识别与检测表

符号	名称	实物图	规格	检测结果
LED	发光二极管		红色,ϕ10 mm	正向压降:
				反向测试:
R_{b1}	色环电阻器		1 kΩ	实测值:
R_{b2}	色环电阻器		100 Ω	实测值:
R_c	色环电阻器		220 Ω	实测值:
R_p	电位器		50 kΩ	实测值:
				质量:

53

符号	名称	实物图	规格	检测结果
VT	三极管		9013	类型： 引脚排列： 质量及放大倍数：
MG	光敏电阻器		普通	亮电阻： 暗电阻： 质量：
V_{cc}	1号电池	—	1.5 V/3节	4.5 V
—	面包板		SYB-120	

2. 电路元器件的检测

对照表 1-5-1 逐一检测元器件，同时把检测结果填入表 1-5-1。

（1）色环电阻器、发光二极管、电位器、三极管的识读与检测（方法可参考前面相关内容）

① 色环电阻器：主要会识读其标称阻值并用万用表测量其实际阻值。

② 发光二极管：会识别其正负极性，会用万用表测量其正反向电阻。

③ 电位器：主要检测其标称阻值与质量。

④ 三极管：主要识别其类型、引脚排列及检测放大倍数与质量。

（2）光敏电阻器的检测

光敏电阻器是一种阻值随外界光照强弱（明暗）变化而变化的元件，光照越强阻值越小，光照越弱阻值越大，并且它与普通电阻器一样也没有正负极性，一般情况下，其亮电阻为几千欧到几十千欧，有的甚至在 1 kΩ 以下，暗电阻可达几兆欧。

① 测量亮电阻：用万用表 2 kΩ 挡测量在光照条件下光敏电阻的阻值，如图 1-5-3 所示。

② 测量暗电阻：用一只手或黑纸片遮住光敏电阻器的受光面，然后再用万用表 2 MΩ 挡，测量光敏电阻器的阻值，如图 1-5-4 所示。

③ 检测质量：观察万用表显示值在光敏电阻器的受光面被遮住前后的变化情况，若阻值变化明显，则光敏电阻器性能良好；若阻值变化不明显，则将光敏电阻器的受光面靠近电灯，以增加光照强度，同时再观察万用表测得的阻值变化情况，如果阻值变化明显，则光敏电阻器灵敏度较低；如果阻值变化不明显，则说明光敏电阻器已失效。

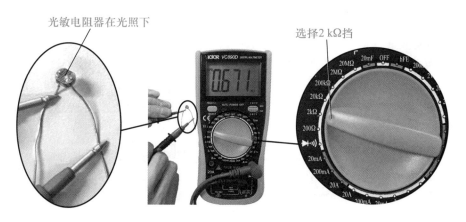

图 1-5-3 测量光敏电阻器的亮电阻

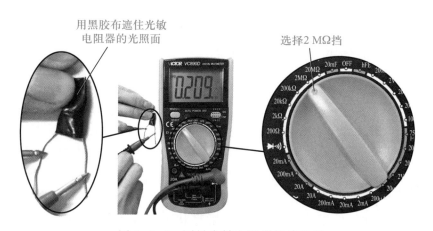

图 1-5-4 测量光敏电阻器的暗电阻

任务三 电路搭接与调试

1. 搭接电路

根据图 1-5-1 所示电路原理图在面包板上搭接电路。具体可参见图 1-5-2 所示简易光控电路实物搭接图。

在面包板相应的孔内依次连接三极管、发光二极管、电阻器、电位器、光敏电阻器及电源，直到所有元器件连接完毕。

注意

三极管基极 b、发射极 e、集电极 c 的排列；发光二极管的正负极性；电位器三端之间的连接。

2. 电路调试

接通电源，调节电位器 R_p 的阻值，使发光二极管正好处于微亮状态，如图 1-5-5 所示。

用黑纸片或手指反复做遮住光敏电阻器的受光面后移开的动作，将发现：当用黑纸片或手指慢慢遮住光敏电阻器的受光面时，发光二极管慢慢变亮；当黑纸片或手指慢慢移开光敏电阻器的受光面时，发光二极管又慢慢变暗，即电路实现光控功能，如图 1-5-6 所示。

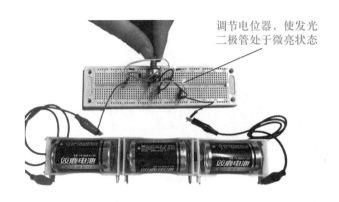

调节电位器,使发光
二极管处于微亮状态

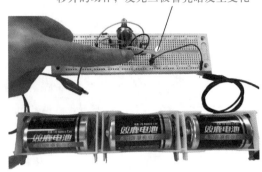

用手指反复做遮住光敏电阻器的受光面后
移开的动作,发光二极管亮暗发生变化

图 1-5-5 简易光控电路调试   图 1-5-6 简易光控电路实现光控功能

故障原因:整个电路可能有未连通之处;发光二极管极性可能接反;电位器的三端可能接错;三极管的三个引脚可能接错。

任务四 电路测试与分析

1. 测试

电路正常工作后,可进行如下测试:

(1)测量电路初始状态各参数

调节电位器 R_P 的阻值,使发光二极管处于微亮状态。用万用表分别测量三极管的基极电位 V_B、光敏电阻器两端的电压 U_{MG}、基极电流 I_B 和集电极电流 I_C。图 1-5-7 所示为测量三极管的基极电位 V_B 示意图。

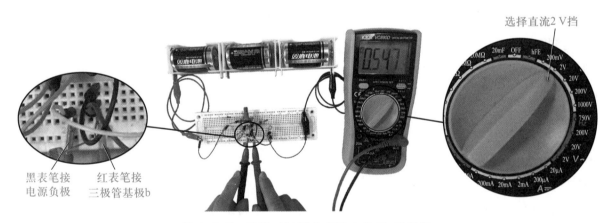

选择直流2 V挡

黑表笔接
电源负极

红表笔接
三极管基极b

图 1-5-7 测量三极管的基极电位 V_B 示意图

(2)测量电路动态下的各参数

按照图 1-5-3 和图 1-5-4 将万用表串接到电路中,然后用黑纸片或手指慢慢遮住、移开光敏电阻器的受光面,仔细观察两表的读数及变化情况。

(3)测光敏电阻器的受光面完全不受光照时各参数

用黑纸片或手指完全挡住光照,使光敏电阻器的受光面完全不受光照。再用万用表测量三极管的基极电位 V_B、光敏电阻器两端的电压 U_{MG}、基极电流 I_B 和集电极电流 I_C。图 1-5-8 所示为不受光照时测量光敏电阻器两端电压 U_{MG} 示意图。

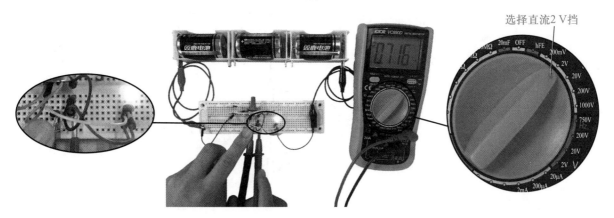

图 1-5-8　不受光照时测量光敏电阻器两端电压 U_{MG} 示意图

将测试结果填入表 1-5-2。

表 1-5-2　简易光控电路测试技训表

测试项目	三极管 VT 的基极电位 V_B	光敏电阻器两端电压 U_{MG}	基极电流 I_B	集电极电流 I_C	发光二极管情况
电路初始状态(光敏电阻器的受光面受到光照时)					
光敏电阻器的受光面完全不受光照时电路状态					
用黑纸片或手指慢慢挡住光照时电路状态					

2. 分析

(1) 分析光敏电阻器的受光面光照与无光照时,基极电流 I_B、集电极电流 I_C 及发光二极管情况

光敏电阻器的受光面受光照射时,其亮电阻较小,则图 1-5-9 所示电路中的 B 点电位就较低,基极电流 I_B 相对较小,经过三极管放大后,集电极电流 I_C 也相对较小,发光二极管微亮;

当光敏电阻器的受光面不受光照射时,其暗电阻较大,可达几百千欧,此时,电路中的 B 点电位较高,导致基极电流 I_B 相对较大,经三极管放大后,集电极电流 I_C 也相对较大,发光二极管呈明亮状态。

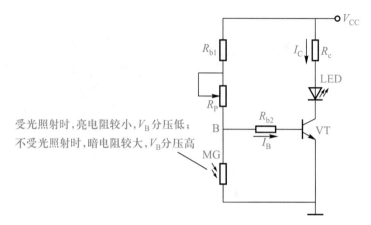

图 1-5-9　简易光控电路分析图

（2）分析电路中电位器 R_P 的主要作用

调节电位器 R_P 为一合适值,可起到如下三个作用:光敏电阻器的受光面不论受光照还是不受光照时,三极管 VT 始终处于放大工作状态;光敏电阻器的受光面受光照时,发光二极管可处于微亮状态;使实验现象更加直观、明显。因此,在电路的调试过程中,必须把电位器 R_P 调节到合适位置。

◆ **实训项目评价**

实训项目评价表如表 1-5-3 所示。

表 1-5-3　实训项目评价表

班级		姓名		学号		总得分	
项目	考核内容		配分	评分标准		得分	
元器件识别与检测	1. 电位器的识别与检测 2. 电阻器和发光二极管的识别与检测 3. 三极管的识别与检测 4. 光敏电阻器的识别与检测		30 分	1. 不能正确识别与检测电位器、电阻器和发光二极管,扣 5~10 分 2. 不能正确识别与检测三极管,扣 5~10 分 3. 不能正确识别与检测光敏电阻器,扣 5~10 分			
电路搭接与调试	1. 在面包板上正确搭接电路 2. 电路工作正常		30 分	1. 不能正确搭接电路,扣 5~20 分 2. 不能正确调试,扣 1~10 分			

项目	考核内容	配分	评分标准	得分
电路测试	正确使用万用表测量三极管各极电流	30分	不能正确使用万用表测量三极管各极电流,扣10~30分	
安全文明操作	1. 工作台上工具摆放整齐 2. 严格遵守安全文明操作规程	10分	1. 工作台表面不整洁,扣1~5分 2. 违反安全文明操作规程,酌情扣1~5分	
合计		100分		
教师签名:				

> 知识链接一　光敏电阻器的结构与特点

1. 特点

光敏电阻器是一种利用光敏感材料的内光电效应制成的光电元件。它具有精度高、体积小、性能稳定、价格低等特点,被广泛应用于自动化技术中,作为开关式光电信号传感元件。光敏电阻器的工作原理简单,它由一块两边带有金属电极的光电半导体组成,电极和半导体之间呈欧姆接触,使用时在它的两电极上施加直流或交流工作电压。在无光照射时,光敏电阻器呈高阻态,回路中仅有微弱的暗电流通过;在有光照射时,光敏材料吸收光能,使电阻率变小,光敏电阻器呈低阻态,回路中有较强的亮电流,光照越强,阻值越小,亮电流越大,当光照停止时,光敏电阻器又恢复高阻态。

2. 外形结构与图形符号

光敏电阻器的外形结构及电路图形符号如图1-5-10所示。

选用光敏电阻器时,应根据实际应用电路的需要来选择暗阻、亮阻合适的光敏电阻器。通常应选择阻值变化大的,暗阻与亮阻相差越大越好,且额定功率应大于实际耗散功率,时间常数应较小。

(a) 外形结构　　(b) 电路图形符号

图1-5-10　光敏电阻器的外形
结构及电路图形符号

> 知识链接二　光敏电阻器的检测

光敏电阻器的阻值随外界光照强弱(明暗)变化而变化,光照越强阻值越小,光照越弱阻值越大,并且它与普通电阻器一样也没有正负极性,一般情况下,其亮电阻为几千欧甚至1 kΩ

以下,暗电阻可达几兆欧以上,因此可以用万用表合适的电阻挡(200 kΩ)测量在不同的光照下光敏电阻器的阻值变化情况来判断其性能好坏,具体方法如下:

步骤 1   将万用表置于 200 kΩ 挡。

步骤 2   用鳄鱼夹代替表笔分别夹住光敏电阻器的两个引脚。

步骤 3   用一只手或黑纸片反复做遮住光敏电阻器的受光面然后移开的动作。

步骤 4   观察万用表显示的阻值在光敏电阻器的受光面被遮住前后的变化情况,若阻值变化明显,则光敏电阻器性能良好;若阻值变化不明显,则将光敏电阻器的受光面靠近电灯,以增加光照强度,同时再观察万用表测得的阻值变化情况,如果阻值变化明显,则光敏电阻器灵敏度较低;如果阻值变化仍不明显,则说明光敏电阻器已失效。

◇ 知识拓展   热敏电阻器

1. 特点

热敏电阻器也称为半导体热敏电阻器,是由金属氧化物的粉末按一定的比例混合烧结而成的一种新型半导体测温元件。由于它具有灵敏度高、精度高、制造工艺简单、体积小、用途广泛等特点而被广泛采用。热敏电阻器的工作原理很简单,即当温度变化时,热敏电阻器的有关参数将发生变化,从而变成电量输出。

2. 外形与分类

热敏电阻器的外形及电路图形符号如图 1-5-11 所示。

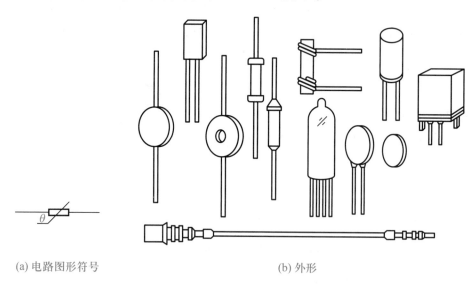

(a) 电路图形符号   (b) 外形

图 1-5-11   热敏电阻器的外形及电路图形符号

热敏电阻器按其对温度的不同反应可分为负温度系数热敏电阻(NTC)、正温度系数热敏电阻(PTC)及临界温度系数电阻(CRT)三类。选用热敏电阻器时,应选标称阻值与实际应用电路的需求相一致及额定功率大于实际耗散功率,且温度系数较大的热敏电阻器。

3. 检测

由于热敏电阻器对温度的敏感性高,所以不宜用万用表来测量它的阻值,因为万用表的工作电流较大,电流流过热敏电阻器会使其发热而使阻值发生变化,因此用万用表只能检测热敏电阻器的好坏,检测方法如图 1-5-12 所示。

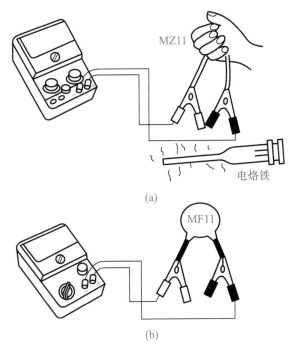

图 1-5-12　热敏电阻器检测方法

步骤 1　把万用表的电阻挡调至适当挡位(视热敏电阻器标称阻值来确定挡位)。

步骤 2　用鳄鱼夹代替表笔分别夹住热敏电阻器的两个引脚。

步骤 3　用手握住热敏电阻器或用烧热的电烙铁靠近热敏电阻器对其加热。

步骤 4　观察万用表显示的阻值在热敏电阻器加热前后的变化情况,若阻值无明显变化,则热敏电阻器已失效;若阻值变化明显,则热敏电阻器可以使用。

技 能 训 练

1. 用万用表检测光敏电阻器的亮、暗电阻

任选各种类型的光敏电阻器 5 只,由学生用万用表测量其亮、暗电阻,并把检测结果填入表 1-5-4。

2. 用万用表判别光敏电阻器的质量

在测量光敏电阻器亮、暗电阻的过程中判别其质量的好坏,并把判别结果填入表 1-5-4。

表 1-5-4　光敏电阻器检测、判别技训表

编号	亮电阻	暗电阻	质量好坏	检测中出现的问题
1				
2				
3				
4				
5				

3. 用万用表判别热敏电阻器的质量

任选各种类型的热敏电阻器 4 只,由学生用万用表检测并判别其质量,判别结果填入表 1-5-5。

表 1-5-5　热敏电阻器检测技训表

编号	类型	质量	检测中出现的问题
1			
2			
3			
4			

手工焊接与拆焊技术

本单元教学目标

技能目标：

- 掌握内热式电烙铁的检测、维护及正确使用方法。
- 学会对常用元器件引脚按工艺要求进行成形加工。
- 学会在印制电路板上按工艺要求对元器件进行插装与焊接。
- 学会在印制电路板上按工艺要求对元器件进行拆焊。

知识目标：

- 了解内热式电烙铁的结构和特点。
- 熟悉常用的三步和五步手工焊接法的方法和步骤。
- 掌握常用元器件的引脚成形加工方法。
- 掌握在印制电路板上进行元器件的插装、焊接以及拆焊的工艺要求与正确方法。

实训项目六　手工焊接技能

任务一　认识电烙铁

电烙铁是手工焊接的基本工具,它的作用是把适当的热量传送到焊接部位,以便只熔化焊料而不熔化元件,使焊料和被焊金属连接起来。正确使用电烙铁是电子装接工必须具备的技能之一。

常用的电烙铁种类有外热式、内热式和恒温焊台。电子设备装配与维修中常用的焊接工具是内热式电烙铁和恒温焊台,所以本实训项目重点介绍内热式电烙铁和恒温焊台。

一、内热式电烙铁

1. 内热式电烙铁的结构

内热式电烙铁的发热器件(发热芯)装置于烙铁头内部,故称为内热式电烙铁,常用的规格有 20 W、35 W、50 W 等,其外形与结构如图 2-6-1 所示。它的结构比较简单,由烙铁头、金属套管、手柄、发热芯以及导线等组成。

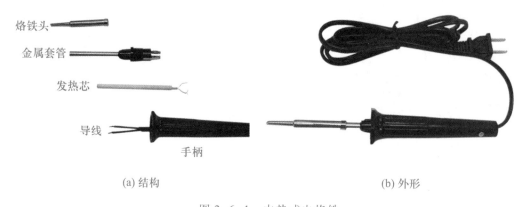

（a）结构　　　　　　　　　　　　　　　　　（b）外形

图 2-6-1　内热式电烙铁

注意

对于初学者来说,焊接小功率的阻容元件、晶体管、集成电路、印制电路板的焊盘或塑料导线时,选用 20 W 的内热式电烙铁最好。

2. 内热式电烙铁使用注意事项

① 烙铁头要保持清洁。

② 工作时电烙铁要放在特制的烙铁架上,以免烫坏其他物品而造成安全隐患,常用烙铁架如图 2-6-2 所示。烙铁架所放位置一般是在工作台的右上方,以方便操作。

③ 焊接过程中需要使烙铁头处于适当的温度,可以用松香来判断烙铁头的温度是否适合焊接,常用松香如图 2-6-3 所示。在烙铁头上熔化一点松香,根据松香的烟量大小判断烙铁头的温度是否合适,如表 2-6-1 所示。

图 2-6-2　常用烙铁架

图 2-6-3　常用松香

表 2-6-1　根据松香的烟量大小判断烙铁头的温度

现象			
烟量大小	烟量小,持续时间长	烟量中等,烟消失时间为 6~8 s	烟量大,消失很快
温度判断	温度低,不适于焊接	烙铁头部温度适当,适于焊接	温度高不适于焊接

二、恒温焊台

恒温焊台是电烙铁的一种,是焊接技术发展到一定程度而出现的一种新型焊接工具,目前的恒温焊台品牌很多,但其功能基本一样。下面以 SBK936B 型恒温焊台为例学习恒温焊台的使用方法。

1. 恒温焊台的结构

如图 2-6-4 所示,恒温焊台主要由控制台,手柄(包括绝缘材料、发热芯和烙铁头),烙铁支架三部分构成。

在焊接阻容元件、晶体管、集成电路、印制电路板等小功率元器件时,焊接温度在 300~350℃ 为宜,温度不宜选择过高以免烫坏元器件和电路板。焊接面积较大或者体积较大的元器件时温度可调至 400~480℃。

2. 恒温焊台使用注意事项

(1)使用前的准备工作

① 将焊台电源开关切换至 ON 位置。

图 2-6-4　恒温焊台

② 将调温旋钮旋至 200℃ , 待加热指示灯熄灭后, 再调至工作所需温度。

③ 温度不正常时必须停止使用, 并送去维修。

④ 清洁、擦拭烙铁头, 开始使用。

（2）使用后的整理工作

① 清洁、擦拭烙铁头并加锡保护。

② 将电源开关切换至 OFF 位置。

③ 长时间不使用时切断电源。

3. 恒温焊台的使用及保养

① 烙铁头使用过程中需要经常擦拭, 随时锁紧烙铁头确保其在合适的位置。

② 在焊接过程中, 不可将烙铁头用力挑或挤压, 不可用摩擦的方法焊接, 这样会损伤烙铁头或损伤焊盘及元器件。

③ 使用过程中不可敲击或者撞击发热芯部分, 以免发热芯损坏。

④ 不可加热任何塑料类物品。

⑤ 短时间不使用需将调温旋钮旋至最低温度。

⑥ 擦拭海绵需保持湿润状态。

⑦ 如果烙铁头氧化, 需及时更换。

任务二　烙铁头的处理

1. 普通烙铁头的处理

一把新电烙铁不能立即使用, 必须先去掉烙铁头表面的氧化层, 再镀上一层焊锡后才能使用。不管烙铁头是新的, 还是经过一段时间的使用或表面发生严重氧化, 都要先用锉刀或细砂纸将烙铁头按自然角度去掉端部表层及损坏部分并打磨光亮, 然后镀上一层焊锡。其处理方法和步骤如表 2-6-2 所示。

表 2-6-2　烙铁头处理步骤

步骤	图示	方法
1		待处理的烙铁头
2	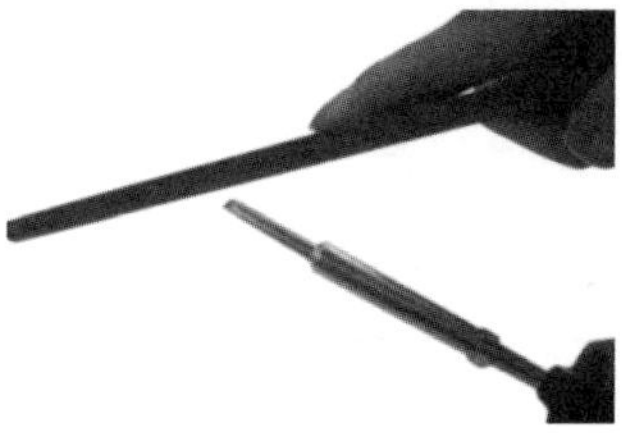	通电前,用锉刀或砂布打磨烙铁头,将其氧化层除去,露出平整光滑的铜表面
3		通电后,将打磨好的烙铁头紧压在松香上,随着烙铁头的加温松香逐步熔化,使烙铁头被打磨好的部分完全浸在松香中
4	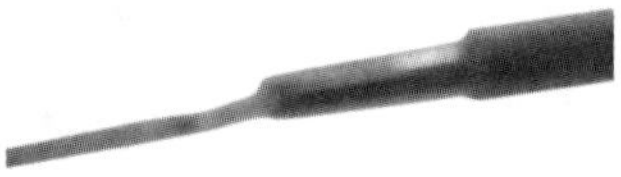	待松香出烟量较大时,取出烙铁头,用焊锡丝在烙铁头上镀上薄薄的一层焊锡
5		检查烙铁头的使用部分是否全部镀上焊锡,如有未镀的地方,应重涂松香、镀锡,直至镀好为止

2. 恒温焊台烙铁头的分类和选择

按照恒温焊台烙铁头形状,主要分成 I 型、B 型、D 型、C 型和 K 型等,如图 2-6-5 所示。恒温焊台烙铁头的选择如表 2-6-3 所示。

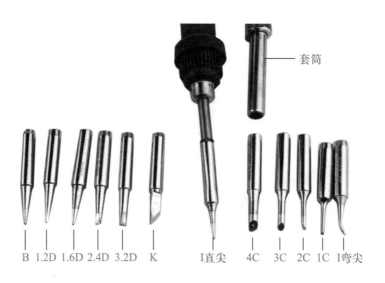

图 2-6-5　常用恒温焊台烙铁头形状

表 2-6-3　恒温焊台烙铁头的选择

类型	特点	应用场合	图示
I 型（尖形）	烙铁头尖而且细	适合精密焊接,或焊接空间狭小的情况,也可以修正焊接芯片时产生的锡桥	
B 型（圆锥形）	烙铁头无方向性,整个烙铁头前端均可以进行焊接	适合一般焊接,无论大小焊点,都可以使用	
D 型（一字批咀形）	用批咀部分进行焊接	适合需要多锡量的焊接,如面积大、端子粗、焊垫大的焊接环境	
C 型（马蹄形）	用烙铁头前端斜面进行焊接,适合需要多锡量的焊接	C 型应用场合与 D 型相似	

类型	特点	应用场合	图示
K 型(刀形)	使用刀形部分焊接,竖立或拉焊式焊接均可,属于多用途烙铁头	适用于焊接 SOJ、PLCC、SOP、QFP、电源、接地元器件,修正锡桥、连接器等	

任务三 电烙铁的拆装与检测

1. 电烙铁的拆装

拆卸电烙铁时,首先拧松手柄上的紧固螺钉,旋下手柄,然后拆下电源线和烙铁芯,最后拔下烙铁头,如表 2-6-4 所示。

表 2-6-4 电烙铁的拆卸步骤

步骤	图示	方法
1	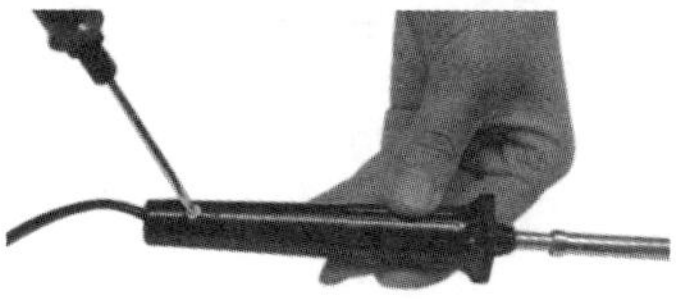	拧松手柄上的紧固螺钉
2	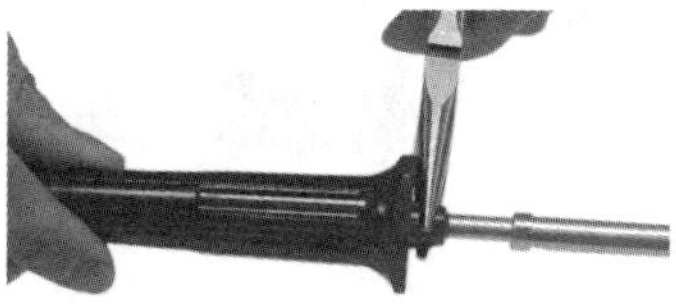	旋下手柄
3	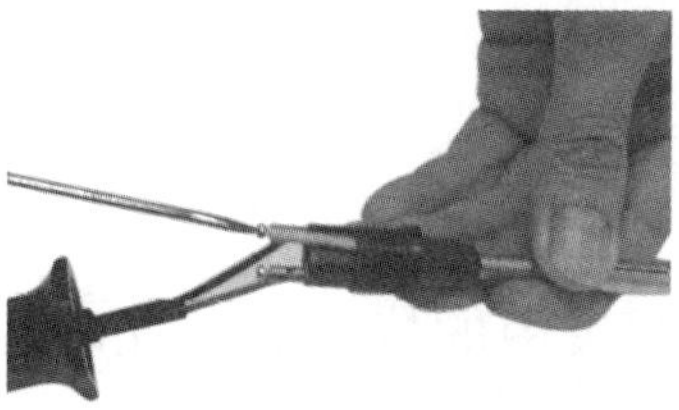	拆下电源线

步骤	图示	方法
4		拧松烙铁芯上的螺钉
5		拆下烙铁芯,拔下烙铁头

安装顺序与拆卸相反,只是在旋紧手柄时,勿使电源线随手柄一起扭动,以免将电源线接头处绞断而造成开路或绞在一起而形成短路。需要特别指出的是,在安装电源线时,其接头处裸露的铜线一定要尽可能短,以免发生短路事故。拆卸后的电烙铁如图 2-6-6 所示。

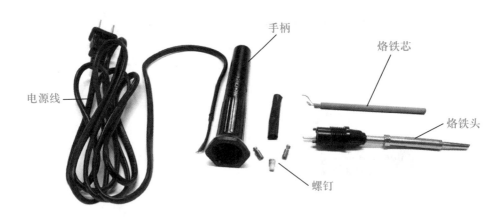

图 2-6-6　拆卸后的电烙铁

2. 电烙铁的故障检测

电烙铁的故障一般有短路和开路两种。

如果是短路,短路的地方一般在手柄中或插头中的接线处。此时用万用表电阻挡检查电源线插头之间的电阻,会发现阻值趋于零。

如果接上电源几分钟后，电烙铁还不发热，若电源供电正常，那么在电烙铁的工作回路中一定存在开路现象。以 20 W 电烙铁为例，这时应首先断开电源，然后旋开手柄，用万用表 20 kΩ 挡测烙铁芯两个接线柱间的阻值，如图 2-6-7 所示。

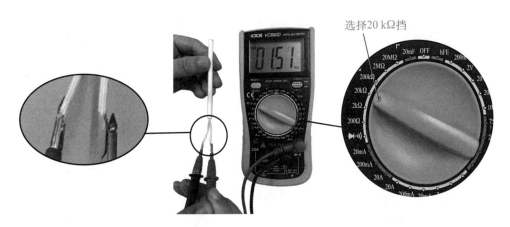

选择20 kΩ挡

图 2-6-7　测烙铁芯两个接线柱间的阻值

如果测出的阻值在 2 kΩ 左右，说明烙铁芯没问题，一定是电源线或接头脱焊，此时应更换电源线或重新连接；如果测出的阻值无穷大，则说明烙铁芯的电阻丝烧断，此时更换烙铁芯，即可排除故障。

任务四　熟悉手工焊接方法

在手工制作产品、设备维修中，手工焊接技术仍是主要的焊接方法，它是焊接工艺的基础。手工焊接的步骤一般根据被焊件的容量大小来决定，有五步和三步焊接法，通常采用五步焊接法。

1. 五步焊接法

五步焊接法的工艺流程：准备施焊→加热焊件→供给焊锡丝→移开焊锡丝→移开电烙铁。具体操作步骤如表 2-6-5 所示。

手工焊接
五步操作法

表 2-6-5　手工焊接的五步焊接法步骤

步骤	图示	方法
准备施焊	焊锡丝　烙铁头	准备好被焊元器件（焊件），将电烙铁加热到工作温度，烙铁头保持干净并吃好锡，一手握好电烙铁，另一手拿好焊锡丝，烙铁头和焊锡丝同时移向焊接点，电烙铁与焊锡丝分别居于被焊元器件两侧

步骤	图示	方法
加热焊件	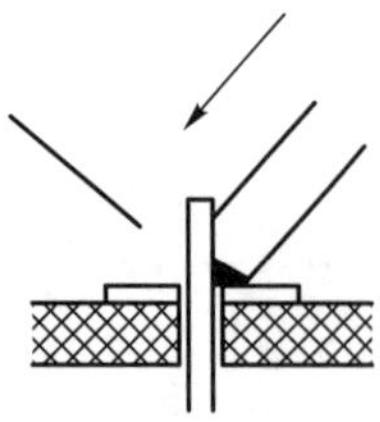	烙铁头接触被焊元器件,包括被焊元器件端子和焊盘在内的整个焊件全体要均匀受热。一般让烙铁头部分(较大部分)接触热容量较大的焊件,烙铁头侧面或边缘部分接触容量较小的焊件,以保证焊件均匀受热,不要施加压力或随意拖动电烙铁
供给焊锡丝	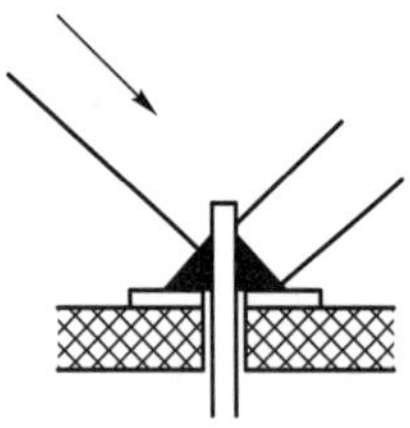	当被焊部位升温到焊接温度时,送上焊锡丝并与元器件焊点部位接触,熔化并润湿焊点。焊锡丝应从电烙铁对面接触焊件。送锡量要合适,一般以能全面润湿整个焊点为佳。如果焊锡堆积过多,内部就可能掩盖着某种缺陷隐患,而且焊点的强度也不一定高;但如果焊锡填充得太少,就会造成焊点不够饱满、焊接强度较低等缺陷
移开焊锡丝	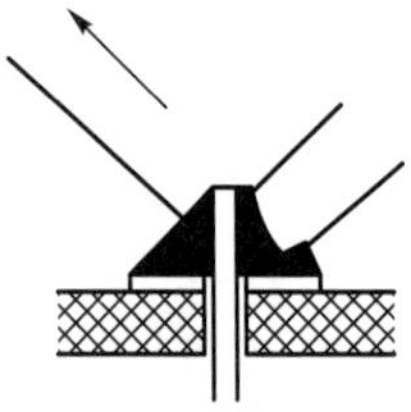	当焊锡丝熔化到一定量以后,迅速移去焊锡丝
移开电烙铁	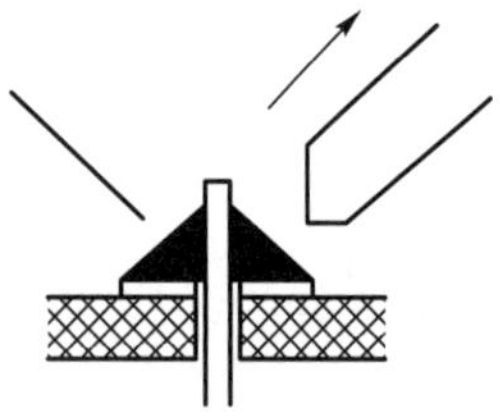	移去焊锡丝后,在助焊剂还未挥发之前,迅速移去电烙铁,否则会留下不良焊点。电烙铁撤离方向会影响焊锡的留存量,一般以与轴向成45°角的方向撤离,并且应往回收,回收动作要干脆、熟练,以免形成拉尖,回收电烙铁的同时,应轻轻旋转一下,这样可以吸收多余的焊锡

注意

完成上述步骤后,焊点应自然冷却,严禁用嘴吹或其他强制冷却方法。在焊锡完全凝固以前,不能移动被焊件之间的位置,以防产生假焊现象。

2. 三步焊接法

对于热容量小的焊件,可以采用三步焊接法。

三步焊接法的工艺流程:准备施焊→加热并加焊锡丝→移开焊锡丝和电烙铁。具体操作步骤如表2-6-6所示。

表 2-6-6　手工焊接的三步焊接法步骤

步骤	图示	方法
准备施焊		一手拿电烙铁,另一手拿焊锡丝,并靠近焊件,处于随时可以焊接的状态
加热并加焊锡丝		在焊件的两侧同时接触电烙铁和焊锡丝,并熔化适当的焊锡丝
移开焊锡丝和电烙铁		当焊锡丝的扩散达到要求后,迅速移开电烙铁和焊锡丝。移开焊锡丝的时间不得迟于移开电烙铁的时间

3. 贴片元器件的手工焊接方法

（1）固定贴片元器件

根据贴片元件的引脚多少,其固定方法大体上可以分为两种——单脚固定法和多脚固定法。

① 对于引脚数目少(2～5 个)的贴片元器件(如电阻、电容、二极管、三极管等)一般采用单脚固定法。

步骤 1　先在板上对其的一个焊盘上锡,如图 2-6-8 所示。

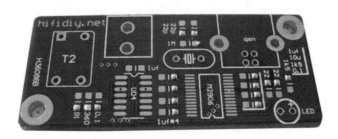

图 2-6-8　先对一个焊盘上锡

73

步骤 2　左手拿镊子夹持元件放到安装位置并轻抵住电路板,右手拿电烙铁靠近已上锡焊盘,熔化焊锡将该引脚焊好,如图 2-6-9 所示。

焊好第一个引脚后就完成了固定贴片元器件,此时镊子可以松开。

② 对于引脚多而且多面分布的贴片元器件,焊接单脚是难以将贴片元器件固定好的,这就需要多脚固定。一般可以采用对脚固定的方法,即焊接固定一个引脚后,对该引脚对面的引脚进行焊接固定,从而达到固定整个贴片元器件的目的。

注意

对于引脚多且密集的贴片元器件,将引脚与焊盘精准对齐尤其重要,应仔细检查核对。

（2）焊接其他引脚

贴片元器件固定好之后,应对其他引脚进行焊接。

① 对于引脚少的元器件,可左手拿焊锡,右手拿电烙铁,依次点焊即可,如图 2-6-10 所示。

图 2-6-9　焊接第一个引脚　　　　　　　　图 2-6-10　焊接其他引脚

② 对于引脚多而且密集的芯片,除了点焊外,可以采取拖焊,即在一侧的引脚上足焊锡,然后利用电烙铁将焊锡熔化向该侧剩余的引脚上抹,熔化的焊锡可以流动,因此有时也可以将板子倾斜合适的角度,从而将多余的焊锡除掉。

注意

不论点焊还是拖焊,都很容易造成相邻的引脚被焊锡短路。

（3）清除多余焊锡

焊接后,对于引脚间多余的焊锡,可以拿吸锡带吸掉。吸锡带的使用方法很简单,向吸锡带加入适量助焊剂（如松香）,然后紧贴焊盘,将干净的烙铁头放在吸锡带上,待吸锡带被加热到可以吸附焊盘上的焊锡后,慢慢从焊盘的一端向另一端轻压拖拉,多余的焊锡即被吸入带中。

综上所述,焊接贴片元器件的总体过程是固定—焊接—清理。

◆ 实训项目评价

实训项目评价表如表 2-6-7 所示。

表 2-6-7　实训项目评价表

班级		姓名		学号		总得分	
项目	考核内容		配分	评分标准			得分
导线焊接	1. 导线位置安装正确 2. 导线挺直、紧贴单孔电路板		40 分	1. 导线弯曲、拱起,每处扣 2 分 2. 安装位置错,每处扣 2 分			
焊点质量	1. 焊点光滑、均匀 2. 无搭焊、假焊、虚焊、漏焊、焊盘脱落、桥接、毛刺		40 分	1. 有搭焊、假焊、虚焊、漏焊、焊盘脱落、桥接等,每处扣 2 分 2. 出现毛刺、焊料过多、焊料过少、焊接点不光滑、引脚过长等现象,每处扣 2 分			
安全文明操作	1. 工作台上工具摆放整齐 2. 单孔板表面整洁 3. 严格遵守安全文明操作规程		20 分	1. 单孔板表面不整洁,扣 10 分 2. 违反安全文明操作规程,酌情扣 4～10 分			
合计			100 分				
教师签名:							

➤ 知识链接一　焊料与助焊剂

焊接材料主要是指连接金属的焊料和清除金属表面氧化物的助焊剂。

1. 焊料

能熔合两种以上的金属使其成为一个整体,而且熔点较被熔金属低的金属或合金都可作焊料。用于电子产品焊接的焊料一般为锡铅合金焊料,称为焊锡,焊锡一般做成丝状,称为焊锡丝,如图 2-6-11 所示。

锡(Sn)是一种银白色、质地较软、熔点为 232℃的金属,易与铅、铜、银、金等金属反应,生成金属化合物,在常温下有较好的耐腐蚀性。

铅(Pb)是一种灰白色、质地较软、熔点为 327℃的金属,与铜、锌、铁等金属不相熔合,抗腐蚀性强。

图 2-6-11　焊锡丝

由于熔化的锡具有良好的浸润性,而熔化的铅具有良好的热流动性,当它们按适当的比例组成合金,就可作为焊料,使焊接面和被焊金属紧密结合成一体。根据锡和铅不同配比,可以配制不同性能的锡铅合金材料。

2. 助焊剂

在焊接过程中,助焊剂的作用是净化焊料、去除金属表面氧化膜,并防止焊料和被焊金属表面再次氧化,以保护纯净的焊接接触面。它是保证焊接顺利进行并获得高质量焊点必不可少的辅助材料。

(1) 助焊剂种类

助焊剂种类较多,分成无机类、有机类和树脂类三大类。常用的树脂类助焊剂有松香酒精助焊剂和中性助焊剂等。

① 松香酒精助焊剂。在常温下松香呈固态,不易挥发,加热后极易挥发,有微量腐蚀作用,且绝缘性能好。配制时,一般将松香按 1:3 比例溶于酒精溶液中制成松香酒精助焊剂。

使用方法有两种,一是采用预涂覆法,将其涂于印制板电路表面,以防止印制板表面氧化,这样,既有利于焊接,又有利于印制板的保存;二是采用后涂覆法,在焊接过程中加入助焊剂与焊锡同时使用,一般制成固体状态加在焊锡丝中。

② 中性助焊剂。中性助焊剂具有活化性强、焊接性能好的特点,而且焊前不必清洗,能有效避免产生虚焊、假焊现象。它也可制成固体状态加在焊锡丝中。

(2) 选用助焊剂的原则

① 熔点低于焊锡熔点。

② 在焊接过程中有较高的活化性,黏度小于焊锡。

③ 绝缘性好,无腐蚀性,焊接后残留物无副作用,易清洗。

➤ 知识链接二　电烙铁的使用方法

1. 烙铁头的防护

烙铁头一般用紫铜和合金材料制成,紫铜烙铁头在高温下表面容易氧化、发黑,其端部易被焊料侵蚀而失去原有形状。因此,在使用过程中,尤其是初次使用时需要修整烙铁头。具体方法如下:

① 用锉刀清除烙铁头表面氧化层,使其露出铜色,并将烙铁头修整成适合焊接的形状。

② 接通电烙铁的电源,用浸水海绵或湿布轻轻地擦拭烙铁头,以清理加热后的烙铁头。

③ 将烙铁头加热到足以熔化焊料的温度。

④ 及时在清洁后的烙铁头上涂一薄层焊料,以防止烙铁头的氧化,同时有助于将热传到焊接表面上去,提高电烙铁的可焊性。

⑤ 在电烙铁空闲时,烙铁头上应保留少量焊料,这有助于保持烙铁头清洁和延长其使用寿命。

为了提高焊接质量,延长烙铁头的使用寿命,目前大量使用合金烙铁头。在正常使用的情况下,其寿命比一般烙铁头要长得多。和紫铜烙铁头使用方法不同的是,合金烙铁头使用时不得用砂纸或锉刀打磨。

2. 电烙铁的常用握法

电烙铁使用时一般有反握式、正握式和握笔式三种握法,如图 2-6-12 所示。

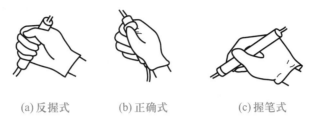

(a)反握式　　　(b)正确式　　　(c)握笔式

图 2-6-12　电烙铁的三种握法

具体握法因人而异,其中握笔式较适合于初学者和使用小功率电烙铁焊接印制电路板的情况。

◇ 知识拓展　其他常用焊接工具

在电子产品的装配过程中,经常需要对导线进行剪切、剥头、捻线等加工处理,对元器件的引脚加工成形等。要完成这些工作往往离不开具有钳口、剪切、紧固等功能的常用焊接工具。下面让我们来认识一下这些常用焊接工具,并熟练掌握它们的使用方法和使用技巧,如图 2-6-13 所示。

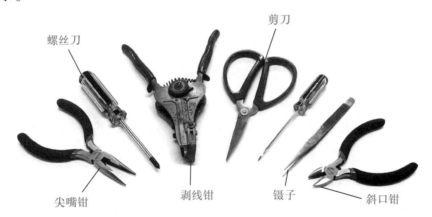

螺丝刀　　剪刀

尖嘴钳　　剥线钳　　镊子　　斜口钳

图 2-6-13　常用焊接工具

1. 斜口钳

斜口钳主要用于剪切导线,尤其是剪掉印制电路板焊接点上多余的引脚,选用斜口钳效果最好。斜口钳还经常代替一般剪刀剪切绝缘套管等。

2. 尖嘴钳

尖嘴钳一般用来夹持小螺母、小零部件,一般带有绝缘套柄,使用方便,且能绝缘。

3. 镊子

镊子的主要用途是在手工焊接时夹持导线和元器件,防止其移动。还可以用镊子对元器件进行引脚成形加工,使元器件的引脚加工成一定的形状。

4. 剥线钳

剥线钳适用于各种线径橡胶绝缘电线、电缆芯线的剥皮。它的手柄是绝缘的,用剥线钳剥线的优点在于使用效率高,剥线尺寸准确,不易损伤芯线。还可根据被剥导线的线径大小,在钳口处选用不同直径的小孔,以达到不损坏芯线的目的。

5. 剪刀

剪切金属材料用剪刀,其头部短而且宽,刃口角度较大,能承受较大的剪切力。

6. 螺丝刀

螺丝刀又称改锥和起子。它有多种分类,按头部形状的不同,可分为一字形和十字形两种。当需要旋转一字槽螺钉时,应选用一字形螺丝刀。使用前,必须使螺丝刀头部的长短和宽窄与螺钉槽相适应。十字形螺丝刀用来旋转十字槽螺钉,其安装强度比一字形螺丝刀大,而且容易对准螺钉槽。使用时,也必须注意螺丝刀头部与螺钉槽相一致,以避免损坏螺钉槽。

技 能 训 练

1. 内热式电烙铁的拆装与维护

（1）训练内容

① 拆解电烙铁,并测量烙铁芯的阻值,判断是否正常。

② 按要求完成电烙铁组装。

③ 通电上锡,使烙铁头熔上一层均匀的薄锡。

（2）操作步骤

步骤 1   用螺丝刀将电烙铁手柄上的螺钉旋下,手柄同时旋下,或手柄从外拉出。

步骤 2   再用尖嘴钳将烙铁头从外拉下,或用螺丝刀将烙铁头上的两个螺钉旋下。

步骤 3   用万用表测量烙铁芯,阻值在 2 kΩ 左右为正常。

步骤 4   组装过程是安装烙铁芯→安装接线柱或连接烙铁芯→安装电源线和手柄→安装烙铁头。

步骤 5   通电后,当烙铁头上有一定热量时,即将焊锡丝熔化在烙铁头上。

2. 手工焊接练习

（1）训练内容

按装配工艺要求将镀锡裸铜丝加工成形并完成在单孔电路板上的插装（如图 2-6-14 所示）、焊接。

（2）操作步骤

步骤 1   用斜口钳将镀锡裸铜丝剪成约 20 cm 长的线材,然后用钳口工具用力拉住镀锡裸铜丝两头,如图 2-6-15（a）所示。这时镀锡裸铜丝有伸长的感觉。镀锡裸铜丝经拉伸变直,再用斜口钳按图 2-6-14 所示工艺要求,剪成长短不同的线材待用。

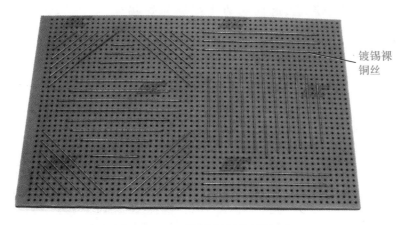

图 2-6-14　镀锡裸铜丝插装面

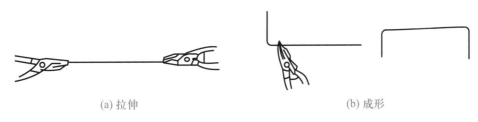

(a) 拉伸　　　　　　　　　　　　　(b) 成形

图 2-6-15　镀锡裸铜丝拉伸成形

步骤 2　按图 2-6-15(b)所示方法,用扁嘴钳将拉直后的镀锡裸铜丝进行整形(弯成直角),尺寸要求如图 2-6-14 所示。然后,将此工件插装在单孔电路板中。

步骤 3　用扁嘴钳将被焊镀锡裸铜丝固定在焊盘面上,最后完成焊点的焊接,如图 2-6-16所示。

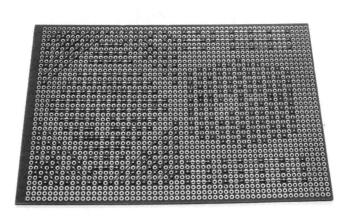

图 2-6-16　镀锡裸铜丝焊接面

步骤 4　在焊点上方 1~2 mm 处用斜口钳剪去多余的引脚。

注意

① 引脚和焊盘要同时加热,时间约为 2 s。

② 加焊锡丝位置要适当。

79

③ 焊锡应完全浸润整个焊盘,时间约为 1 s,移开焊锡丝。

④ 焊锡丝移开后,再沿着与印制电路板成 45°角方向移开电烙铁。待焊点完全冷却,时间约为 3 s。

实训项目七 元器件引脚成形加工

元器件在安装前,应根据安装位置特点及工艺要求,预先将元器件的引脚加工成一定的形状。成形后的元器件既便于装配,又有利于提高装配元器件安装后的防振性能,保证电子设备的可靠性。

任务一 轴向引脚型元器件的引脚成形加工

轴向引脚型元器件有电阻、普通二极管、稳压二极管等,它们的安装方式一般有两种,如图 2-7-1 所示。一种是水平安装,另一种是立式安装。具体采用何种安装方式,可视电路板空间和安装位置大小来选择。

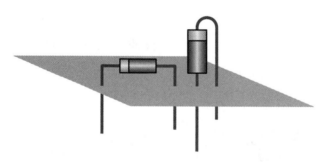

图 2-7-1 轴向引脚型元器件的安装图

1. 水平安装引脚成形方法

步骤 1 一般用镊子(或尖嘴钳)在离元器件封装点 2~3 mm 处夹住其某一引脚。

步骤 2 再适当用力将元器件引脚弯成一定的弧度,如图 2-7-2 所示。

步骤 3 用同样的方法对该元器件另一引脚进行加工成形。

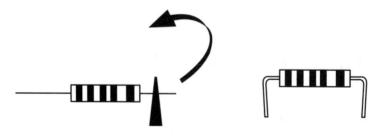

图 2-7-2 水平安装引脚成形示意图

引脚的尺寸要根据印制电路板上具体的安装孔距来确定,且一般两引脚的尺寸要一致。

注意

弯折引脚时不要采用直角弯折,且用力要均匀,尤其要防止玻璃封装的二极管壳体破裂,造成管子报废。

2. 立式安装引脚成形方法

采用合适的螺丝刀或镊子在元器件的某引脚(一般选元器件有标记端)离元器件封装点3~4 mm处将该引脚弯成半圆形状,如图2-7-3所示。实际引脚的尺寸要视印制电路板上的安装位置孔距来确定。

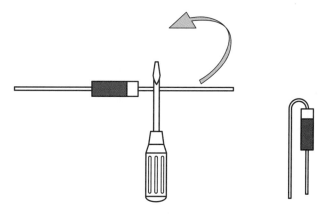

图2-7-3 立式安装引脚成形示意图

任务二 径向引脚型元器件的引脚成形加工

常见的径向引脚型元器件有各种电容器、发光二极管、光电二极管以及各种三极管等。

1. 电解电容器引脚成形方法

电解电容器插装方式如图2-7-4所示,包括立式和卧式两种。

① 立式电容器引脚成形方法是用镊子先将电容器的引脚沿电容器主体向外弯成直角(离开4~5 mm处弯成直角)。在印制电路板上安装要根据印制电路板孔距和安装空间的需要确定成形尺寸。

图2-7-4 电解电容器插装方式

② 卧式电容器引脚成形方法是用镊子分别将电容器的两个引脚在离开电容器主体3~5 mm处弯成直角,如图2-7-5所示。在印制电路板上安装要根据印制电路板孔距和安装空间

的需要确定成形尺寸。

2. 瓷片电容器和涤纶电容器引脚成形方法

用镊子将电容器引脚向外整形,并与电容器主体成一定角度。也可以用镊子将电容器的引脚离电容器主体 1~3 mm 处向外弯成直角,再在离直角处 1~3 mm 处再弯成直角。在印制电路板上安装时,需视印制电路板孔距大小确定成形尺寸。

图 2-7-5 电解电容器引脚成形示意图

3. 三极管的引脚成形加工方法

小功率三极管在印制电路板上一般采用直插方式安装,如图 2-7-6 所示。

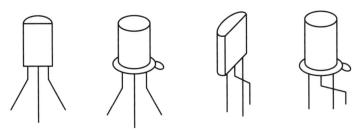

图 2-7-6 小功率三极管的直插方式安装

这时,三极管的引脚成形只需用镊子将塑封管引脚拉直即可,3 个电极引脚分别成一定角度。有时也可以根据需要将中间引脚向前或向后弯曲成一定角度。具体情况视印制电路板上的安装孔距来确定引脚的尺寸。

在某些情况下,若三极管需要按图 2-7-7 所示安装,则必须对引脚进行弯折。

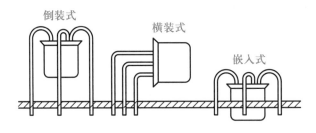

图 2-7-7 安装三极管的引脚弯折

这时要用钳子夹住三极管引脚的根部,然后适当用力弯折,如图 2-7-8(a)所示。而不应如图 2-7-8(b)所示那样直接将引脚从根部弯折。弯折时,可以用螺丝刀将三极管引脚弯成一定圆弧状。

任务三　常用元器件的成形

所有元器件在插装前都要按插装工艺要求进行成形。

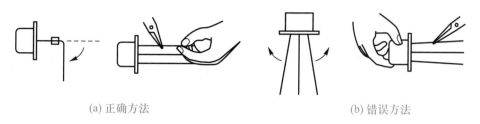

(a) 正确方法   (b) 错误方法

图 2-7-8　三极管引脚弯折方法

1. 电阻器成形

立式插装电阻器在成形时,先用镊子将电阻引脚两头拉直,然后再用 $\phi 0.3$ mm 的钟表螺丝刀作固定面将电阻的引脚弯成半圆形即可,注意阻值色环向上,如图 2-7-9(a)所示。卧式插装电阻器在成形时,同样先用镊子将电阻两头引脚拉直,然后利用镊子在离电阻器本体 2~3 mm 处将引脚弯成直角,如图 2-7-9(b)所示。

2. 电容器成形

瓷片电容器成形时,先用镊子将电容器的引脚拉直,然后向外弯成 60°倾斜即可,如图 2-7-10(a)所示。电解电容器成形时,用镊子将电容器的两根引脚拉直即可(对于体积较小的电容器则需向外弯成 60°倾斜),如图 2-7-10(b)、(c)所示。

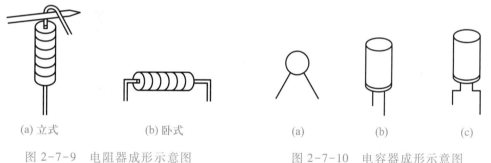

(a) 立式　　　　(b) 卧式　　　　　(a)　　　　(b)　　　　(c)

图 2-7-9　电阻器成形示意图　　　　图 2-7-10　电容器成形示意图

体积较大的电解电容器一般为卧式插装。成形时,先用镊子将电容器的两根引脚拉直,然后用镊子或整形钳在离电容器本体 5 mm 处分别将两引线向外弯成 90°。

3. 二极管成形

立式插装二极管在成形时,先用镊子将二极管引脚两头拉直,然后用 $\phi 0.3$ mm 的螺丝刀作固定面,在二极管的负极(标记向上)引脚约 2 mm 处,将其负极引脚弯折成形,如图 2-7-11(a)所示;发光二极管在成形时,则用镊子将发光二极管引脚两头拉直,直接插入印制电路板即可。

卧式插装二极管在成形时,先用镊子将二极管两引脚拉直,然后在离二极管本体 1~2 mm 处分别将其两引脚弯成直角,玻璃封装二极管在离本体 3~4 mm 处成形,如图 2-7-11(b)所示。

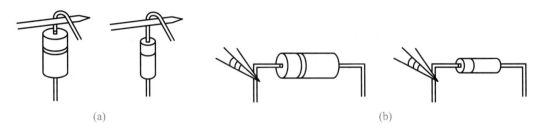

(a)   (b)

图 2-7-11　二极管成形示意图

4. 三极管成形

三极管直排式插装成形时,先用镊子将三极管的 3 根引脚拉直,分别将两边引脚向外弯成 60°倾斜即可,如图 2-7-12(a)所示。

三极管跨排式插装在成形时,先用镊子将三极管的 3 根引脚拉直,然后将中间的引脚向前或向后弯成 60°倾斜即可,如图 2-7-12(b)所示。

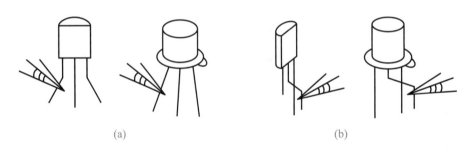

(a)   (b)

图 2-7-12　三极管成形示意图

任务四　元器件焊接前的准备

根据实际经验的积累,常把手工焊接的过程归纳成 8 个字"一刮二镀三测四焊"。而刮、镀、测等步骤是焊接前的准备过程。

1. 刮

刮是指处理焊接对象的表面。元器件引脚一般都镀有一层薄薄的锡料,但时间一长,引脚表面会产生一层氧化膜而影响焊接,所以焊接前先要用刮刀将氧化膜去掉。

注意

① 可用废锯条做成的刮刀作为清洁焊接元器件引脚的工具。焊接前,应先刮去引脚上的油污、氧化层或绝缘漆,直到露出紫铜表面,使其表面不留一点脏物为止。此步骤也可采用细砂纸打磨的方法。

② 对于有些镀金、镀银的合金引脚,因为其基材难于搪锡,所以不能把镀层刮掉,可用粗橡皮擦去表面的脏物。

③ 元器件引脚根部留出一小段不刮,以免根部被刮断。

④ 对于多股引脚应逐根刮净,刮净后将多股引脚拧成绳状。

2. 镀

镀是指对被焊部位镀锡。首先将刮好的引脚放在松香上,然后用烙铁头轻压引线,往复摩擦、连续转动引脚,使引脚各部分均匀镀上一层锡。

注意

① 对引脚进行清洁处理后,应尽快镀锡,以免表面重新氧化。

② 镀锡前应将引脚先蘸上助焊剂。

③ 对多股引脚镀锡时一定要拧紧,防止镀锡后直径增大不易焊接或穿管。

3. 测

测是指对镀过锡的元器件进行检查,看其经电烙铁高温加热后是否损坏。元器件的具体测量方法详见前面相关内容。

◆ **实训项目评价**

实训项目评价表如表 2-7-1 所示。

表 2-7-1　实训项目评价表

班级		姓名		学号		总得分	
项目	考核内容		配分	评分标准			得分
导线连接	1. 导线挺直、紧贴单孔印制电路板 2. 导线安装位置正确 3. 导线在焊盘中间位置		20 分	1. 导线弯曲、拱起,每处扣 2 分 2. 安装位置错,每处扣 2 分 3. 导线在两孔中间位置,每处扣 2 分			
元器件成形及插装	1. 元器件按插装工艺要求成形 2. 元器件排列整齐、标识方向一致		30 分	1. 元器件成形不符合工艺要求,每个扣 3 分 2. 元器件排列参差不齐、标识方向混乱,扣 10 分			
焊接质量	1. 焊点均匀、光滑、一致 2. 焊点上引脚不能过长		35 分	1. 有搭锡、假焊、虚焊、漏焊、焊盘脱落、桥接等现象,每处扣 3 分 2. 出现毛刺、焊锡过多、焊锡过少、焊点不光滑、引脚过长等现象,每处扣 2 分			

项目	考核内容	配分	评分标准	得分
安全文明操作	1. 工作台上工具摆放整齐 2. 单孔板表面整洁 3. 严格遵守安全文明操作规程	15 分	1. 单孔板表面不整洁,扣 10 分 2. 违反安全文明操作规程,酌情扣 4~10 分	
合计		100 分		

教师签名:

➢ 知识链接一 元器件成形的工艺要求

由于手工、自动两种不同焊接技术对元器件的插装要求不同,元器件引脚成形的形状有两种类型:手工焊接形状和自动焊接形状。手工焊接元器件成形的工艺要求:

① 引脚成形后,引脚弯曲部分不允许出现模印、压痕和裂纹。

② 引脚成形过程中,元器件本体不应产生破裂,表面封装不应损坏或开裂。

③ 引脚成形尺寸应符合安装尺寸要求。

④ 凡是有标记的元器件,引脚成形后,其型号、规格、标志符号应向上、向外,方向一致,以便目视识别。

⑤ 元器件引脚弯曲处要有圆弧形,其 R 不得小于引脚直径的 2 倍。

⑥ 元器件引脚弯曲处离元器件封装根部至少 2 mm。

➢ 知识链接二 手工焊接的基本条件

1. 保持清洁的焊接表面(保证焊接质量的先决条件)

被焊金属表面由于受外界环境的影响,很容易在其表面形成氧化层、油污和粉尘等,使焊料难以润湿被焊金属表面。这时就需要用机械和化学的方法清除这些杂物。

如果元器件的引脚、各种导线、焊接片、接线柱、印制电路板等表面被氧化或有杂物,一般可用锯条片、小刀或镊子反复刮净被焊面的氧化层;而对于印制电路板的氧化层则可用细砂纸轻轻磨去;对于较少的氧化层则可用工业酒精反复涂擦去除氧化层。

2. 选择合适的焊锡和助焊剂

焊锡是电子装配中常用的焊料,其种类繁多,焊接效果也不一样。在焊接前应根据被焊金属的种类、表面状态、焊接点的大小来选择合适的焊锡丝和助焊剂。对于各种导线、焊接片、接线柱间的焊接及印制电路板焊盘等较大的焊点,一般选用 $\phi1.5$ mm、$\phi1.2$ mm、$\phi1.0$ mm 等较粗的焊锡丝;对于元器件引脚及较小的印制电路板焊盘等,选用 $\phi 0.8\ mm$、$\phi 0.5\ mm$ 等较细的焊锡丝。

通常根据被焊接金属的氧化程度、焊接点大小等来选择不同种类的助焊剂。如果被焊接金属氧化程度较为严重,或焊点较大,则选用松香酒精助焊剂;对于氧化程度较小,或焊点较小,则选用中性助焊剂。

3. 焊接时要有一定的焊接温度

热能是进行焊接不可缺少的条件,适当的焊接温度对形成一个好的焊点是非常关键的。焊接时温度过高则焊点发白、无金属光泽、表面粗糙;温度过低则焊锡未流满焊盘,造成虚焊。

4. 焊接的时间要适当

焊接时间的长短对焊接也很重要。加热时间过长,可能造成元器件损坏、焊接缺陷、印制电路板铜箔脱离;加热时间过短,则容易产生冷焊、焊点表面裂缝和元器件松动等,达不到焊接的要求。因此,应根据焊件的形状、大小和性质来确定焊接时间。

5. 焊接过程中不要触动焊接点

在焊点上的焊锡尚未完全凝固时,不应移动焊点上被焊元器件及导线,否则焊点要变形,出现虚焊现象。

6. 防止焊接点上的焊锡任意流动

理想的焊接应当是焊锡只焊接在需要焊接的地方。温度过高时,焊锡流动很快,不易控制。在焊接操作上,开始时焊锡要少些,待焊点达到焊接温度、焊锡流入焊接点空隙后再补充焊锡,迅速完成焊接。

◇ **知识拓展** **合格焊点的检查方法**

高质量的焊点应具备以下几方面的技术要求:

1. 具有一定的机械强度

为保证焊件在受到振动或冲击时,不出现松动,要求焊点有足够的机械强度。但不能使用过多的焊锡,避免焊锡堆积出现短路和桥接现象。

2. 保证电气性能良好、可靠

由于电流要流经焊点,为保证焊点有良好的导电性,必须要防止虚焊、假焊。出现虚焊、假焊时,焊锡与焊件表面没有形成合金,只是依附在焊件表面,导致焊点的接触电阻增大,影响整机的电气性能,有时电路会出现时断时通的现象。

3. 外观合格

合格焊点外观如图 2-7-13 所示,其质量标准与检查方法如表 2-7-2 所示。

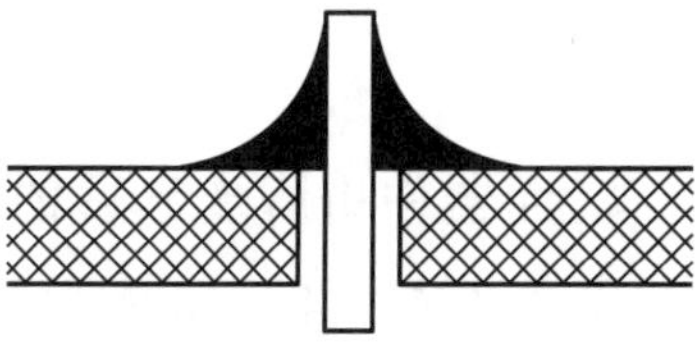

图 2-7-13　合格焊点外观

表 2-7-2　合格焊点的外观质量标准与检查方法

标准		① 焊点表面明亮、平滑、有光泽,对称于引脚,无针眼、无砂眼、无气孔 ② 焊锡充满整个焊盘,形成对称的焊角(小于30°) ③ 焊点外形应以焊件为中心,均匀、呈裙状拉开 ④ 焊点干净,见不到助焊剂的残渣,在焊点表面应有薄薄的一层助焊剂 ⑤ 焊点上没有拉尖、裂纹
方法	目测法	用眼睛观看焊点的外观质量及印制电路板整体的情况是否符合外观检验标准,即检查各焊点是否有漏焊、连焊、桥接、焊锡飞溅以及导线或元器件绝缘的损伤等焊接缺陷
	手触法	用手触摸元器件(不是用手去触摸焊点),对可疑焊点也可以用镊子轻轻牵拉引脚,观察焊点有无异常。这对发现虚焊和假焊特别有效,可以检查有无导线断线、焊盘脱落等缺陷

技 能 训 练

1. 常用元器件引脚加工成形练习

按元器件引脚成形工艺要求,对图 2-7-14 所示的电阻器、电容器、二极管、三极管等元器件进行引脚成形加工。

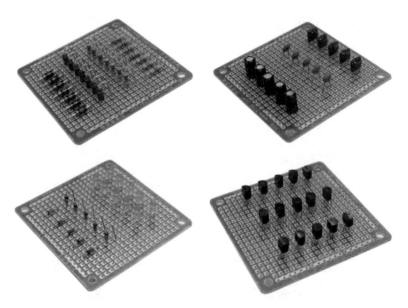

图 2-7-14　元器件引脚成形练习插装图

2. 元器件引脚成形后的焊接练习

按图 2-7-14 所示要求,将引脚成形后的元器件在单孔电路板上进行插装、焊接练习。图 2-7-15 所示为元器件引脚成形焊接练习焊接面样图。

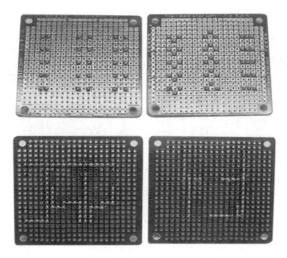

图 2-7-15　元器件引脚成形焊接练习焊接面样图

实训项目八　印制电路板元器件的插装与焊接

用印制电路板安装元器件和布线,可以节省空间,提高装配密度,减少接线错误,特别是单孔印制电路板、万能板等在电子实训中得到了广泛的应用。

任务一　电阻器、二极管的插装焊接

严格按照装配工艺图纸要求对成形元器件进行插装焊接。具体插装焊接方法如下:

1. 电阻器插装焊接

电阻器插装焊接方式一般有卧式和立式两种。

电阻器卧式插装焊接时,应贴紧印制电路板。注意色环电阻器的色环向外,同规格色环电阻器的色环方向应排列一致;直标法电阻器标识应向上。

电阻器立式插装焊接时,应使电阻器离开多孔电路板 1~2 mm,并注意色环电阻器的色环向上,同规格色环电阻器的色环方向应排列一致,如图 2-8-1(a)所示。

2. 二极管插装焊接

二极管插装焊接方式也可分为卧式和立式两种。

二极管卧式插装焊接时,应使二极管离开印制电路板 1~3 mm。注意二极管正负极性位置不能搞错,同规格的二极管标记方向应一致。

二极管立式插装焊接时,应使二极管离开印制电路板 2~4 mm。注意二极管正负极性位置不能搞错,有标识二极管的标识一般向上,如图 2-8-1(a)所示。

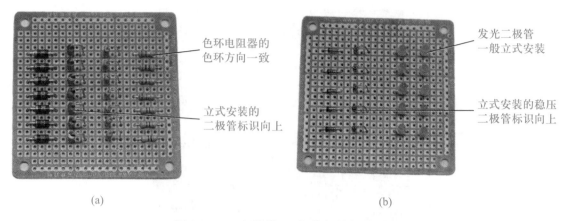

色环电阻器的
色环方向一致

立式安装的
二极管标识向上

发光二极管
一般立式安装

立式安装的稳压
二极管标识向上

(a)   (b)

图 2-8-1　电阻器、二极管插装焊接图

3. 稳压二极管、发光二极管插装焊接

稳压二极管插装焊接方式也分为卧式和立式两种,其插装焊接要求与二极管相类似。发光二极管插装焊接方式一般为立式,如图 2-8-1(b)所示。

任务二　电容器、三极管的插装焊接

1. 电容器插装焊接

电容器插装焊接方式也可分为卧式和立式两种。一般立式插装焊接的电容器大多为瓷片电容器、涤纶电容器及较小容量的电解电容器;对于较大体积的电解电容器或径向引脚的电容器(如钽电容器),一般为卧式插装焊接。

插装焊接瓷片电容器时,应使电容器离开印制电路板 4~6 mm,并且标识向外,同规格电容器排列整齐高低一致。

插装焊接电解电容器时,应使电容器离开印制电路板 1~2 mm,并且注意电解电容器的极性不能搞错,同规格电容器排列整齐高低一致,如图 2-8-2(a)所示。

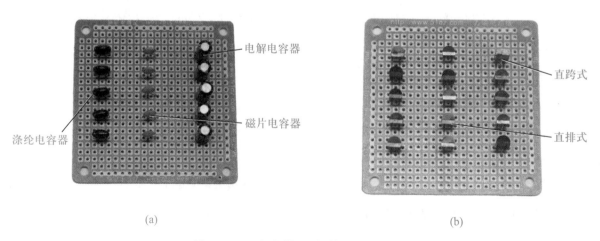

电解电容器

磁片电容器

涤纶电容器

直跨式

直排式

(a)   (b)

图 2-8-2　电容器、三极管插装焊接图

2. 三极管插装焊接

三极管插装焊接方式分为直排式和直跨式。直排式为 3 个引脚并排插入 3 个孔中,跨排式为 3 个引脚成一定角度插入印制电路板中。三极管插装焊接时应使三极管(并排、跨排)离开印制电路板 4~6 mm,并注意三极管的 3 个引脚不能插错,同规格三极管应排列整齐高低一致,如图2-8-2(b)所示。

任务三　简易电路的插装焊接

1. 简易电位器调光电路

按图 2-8-3(a)所示电路原理图,在单孔印制电路板上进行元器件的插装、焊接,并在焊接面用镀锡裸导线连接电路,直到接通电源,电路正常工作为止,具体可参考图 2-8-3(b)所示电路插装焊接图。电路功能及工作原理可参考实训项目二。

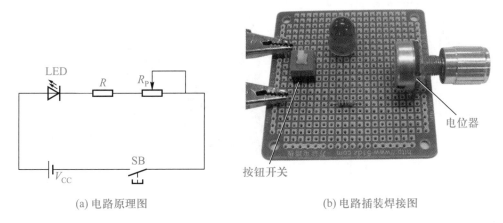

(a) 电路原理图　　　　　　　　(b) 电路插装焊接图

图 2-8-3　简易电位器调光电路

按钮开关、电位器安装时应紧贴印制电路板,以便安装牢固,色环电阻器采用卧式安装,发光二极管采用立式安装。

2. 电容器充放电延时电路

按图 2-8-4(a)所示电路原理图在单孔印制电路板上进行元器件的插装、焊接,并在焊接面用镀锡裸导线连接电路,直到接通电源,电路正常工作为止,具体可参考图 2-8-4(b)所示电路插装焊接图。电路功能及工作原理可参考实训项目三。

3. 三极管直流放大电路

按图 2-8-5(a)所示电路原理图在单孔印制电路板上进行元器件的插装、焊接,并在焊接面用镀锡裸导线连接电路,直到接通电源,电路正常工作为止,具体可参考图 2-8-5(b)所示电路插装焊接图,电位器采用立式安装并紧贴印制电路板。电路功能及工作原理可参考实训项目四。

4. 简易光控电路

按图 2-8-6(a)所示电路原理图在单孔印制电路板上进行元器件的插装、焊接,并在焊接

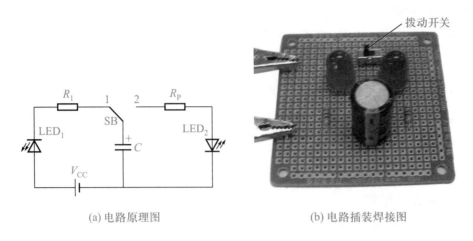

(a) 电路原理图　　　　　　　　(b) 电路插装焊接图

图 2-8-4　电容器充放电延时电路

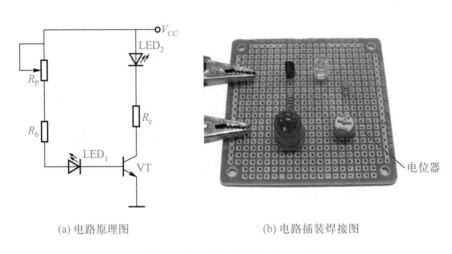

(a) 电路原理图　　　　　　　　(b) 电路插装焊接图

图 2-8-5　三极管直流放大电路

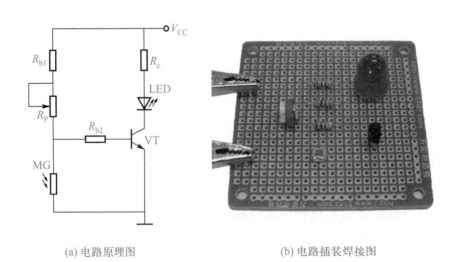

(a) 电路原理图　　　　　　　　(b) 电路插装焊接图

图 2-8-6　简易光控电路

面用镀锡裸导线连接电路,直到接通电源,电路正常工作为止,具体可参考图 2-8-6(b)所示电路插装焊接图。其中,电位器采用立式安装,安装时同样应紧贴印制电路板。电路功能及工作原理可参考实训项目五。

◆ 实训项目评价

实训项目评价表如表 2-8-1 所示。

表 2-8-1 实训项目评价表

班级		姓名		学号		总得分	
项目	考核内容		配分	评分标准			得分
导线连接	1. 导线挺直、紧贴印制电路板 2. 导线安装位置正确 3. 导线在焊盘中间位置		20分	1. 导线弯曲、拱起,每处扣2分 2. 导线安装位置错误,每处扣2分 3. 导线在两孔中间位置,每处扣2分			
元器件成形及插装	1. 元器件按插装工艺要求成形 2. 元器件插装符合插装工艺图纸要求 3. 元器件排列整齐、标识方向一致		30分	1. 元器件成形不符合要求,每个扣3分 2. 插装位置、极性错误,每个扣3分 3. 元器件排列参差不齐,标识方向混乱,扣10分			
焊接质量	1. 焊点均匀、光滑、一致 2. 焊点上引脚不能过长		35分	1. 有搭锡、假焊、虚焊、漏焊、焊盘脱落、桥接等现象,每处扣3分 2. 出现毛刺、焊锡过多、焊锡过少、焊接点不光滑、引脚过长等现象,每处扣2分			
安全文明操作	1. 工作台上工具摆放整齐 2. 严格遵守安全文明操作规程		15分	违反安全文明操作规程,酌情扣4~15分			
合计			100分				
教师签名:							

> 知识链接一　印制电路板概述

1. 印制电路板种类

印制电路板种类较多,一般按结构可分为单面印制电路板、双面印制电路板、多层印制电路板和软性印制电路板 4 种。

2. 印制电路板的技术术语

图 2-8-7 所示为单孔印制电路板。

(a) 正面

(b) 反面

图 2-8-7　单孔印制电路板

① 焊盘:印制电路板上的焊点。

② 焊盘孔:印制电路板上安装元器件插孔的焊点。

③ 冲切孔:印制电路板上除焊盘孔外的洞和孔。它可以安装零部件、紧固件、橡塑件及导线穿孔等。

④ 反面:单面印制电路板中,有铜箔板的一面。

⑤ 正面:单面印制电路板中,安装元器件、零部件的一面。

> ➢ 知识链接二　印制电路板元器件插装工艺要求

① 元器件在印制电路板上的分布应尽量均匀,疏密一致,排列整齐美观,不允许斜排、立体交叉和重叠排列。

② 安装顺序一般为先低后高,先轻后重,先易后难,先一般元器件后特殊元器件。

③ 有安装高度的元器件要符合规定要求,统一规格的元器件尽量安装在同一高度上。

④ 有极性的元器件,安装前可以套上相应的套管,安装时极性不得有差错。

⑤ 元器件引脚直径与印制电路板焊盘孔径应有 0.2～0.4 mm 合理间隙。

⑥ 元器件一般应布置在印制电路板的同一面,元器件外壳或引脚不得相碰,要保证 0.5～1 mm 的安全间隙。无法避免接触时,应套绝缘套管。

⑦ 安装较大元器件时,应采取紧固措施。

⑧ 安装发热元器件时,要与印制电路板保持一定的距离,不允许贴板安装。

⑨ 热敏元器件的安装要远离发热元件。变压器等电感器件的安装,要减少对邻近元器件的干扰。

➤ **知识链接三　印制电路板上导线焊接技能**

单孔印制电路板是一种可用于焊接训练和搭建试验电路用的印制电路板。在单孔印制电路板中导线一般采用 ϕ0.5 mm 的镀锡裸铜丝来进行各种电路的连接。

1. 镀锡裸铜丝焊接要求

① 镀锡裸铜丝挺直,整个走线呈现直线状态,弯成 90°。

② 焊点均匀一致,导线与焊盘融为一体,无虚焊、假焊。

③ 镀锡裸铜丝紧贴印制电路板,不得拱起、弯曲。

④ 对于较长尺寸的镀锡裸铜丝,在印制电路板上应每隔 10 mm 加焊一个焊点。

2. 插焊方法和技巧

① 焊接前先将镀锡裸铜丝拉直,按照工艺图纸要求,将其剪成所需要长短的线材,并按工艺要求加工成形待用。

② 按照工艺图纸要求,将成形后的镀锡裸铜丝插装在单孔印制电路板的相应位置,并用交叉镊子固定,然后进行焊接。

注意

对成直角状的镀锡裸铜丝焊接时,应先焊接直角处的焊点,注意不能先焊两头,避免中间拱起。

3. 焊接的连接方式

印制电路板上元器件和零部件的连接方式有直接焊接和间接焊接两种。

直接焊接是利用元器件的引脚与印制电路板上的焊盘直接焊接起来。焊接时,往往采用插焊技术。间接焊接是采用导线、接插件将元器件或零部件与印制电路板上的焊盘连接起来。

图 2-8-8 所示为单孔印制电路板的焊接面,在焊接过程中可作参考用。

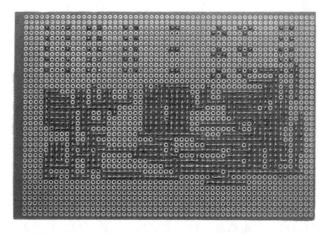

图 2-8-8　单孔印制电路板的焊接面

常见焊点缺陷及产生原因如表 2-8-2 所示。

表 2-8-2　常见焊点缺陷及产生原因

形状	名称	现象	产生原因
	焊锡过多	焊锡面呈凸圆形状	主要由于焊锡丝加热的时间过长,造成焊锡浪费并可能包含缺陷
	焊锡过少	焊接面积小于焊盘的 80%,焊锡未形成平滑的过渡面	主要由于焊锡丝加热的时间过短、焊接时间过短或焊接面局部氧化。这种焊点机械强度不足,受振动和冲击时容易脱落
	松动	外观粗糙,导线或元器件引脚可移动	主要由于焊锡未凝固前、引脚移动或焊接面氧化未处理,导致导通不良或不导通
	拉尖	焊点出现尖端或毛刺	主要由于加热时间过长、焊接时间过长、烙铁头移开的方法不当,导致焊点外观不佳、容易造成桥接拱起短路
	松香焊	焊点中夹有松香渣	主要由于助焊剂失效或过多、焊接时间过短、加热不均匀,导致机械强度下降、导通不良
	不对称	焊锡未流满焊盘	主要由于加热不足、焊锡的流淌性差,导致机械强度低、导通不良
	桥接	焊锡将相邻两焊盘连接在一起	主要由于焊锡过多、焊接时间过长、烙铁头移开的角度错误,导致电路中短路
	虚焊	焊锡与元器件或与焊盘铜箔之间有明显的界线、焊锡向界线凹陷	主要由于加热不充分、焊盘和元器件引脚氧化层未清理干净或焊锡凝固时焊接处晃动,导致电路的时通时断
	印制导线和焊盘翘起	焊盘的铜箔从印制电路板上脱落或翘起	主要由于焊接时间过长、焊接温度过高、焊盘铜箔氧化未去除,导致电路断开

技 能 训 练

1. 按工艺要求对图 2-8-9 所示的元器件进行引脚成形、插装训练。

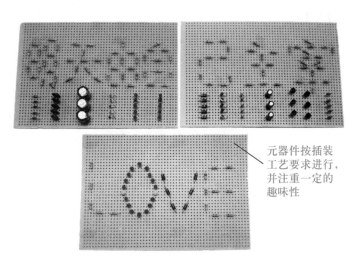

元器件按插装
工艺要求进行，
并注重一定的
趣味性

图 2-8-9　元器件引脚成形、插装训练样图

2. 按图 2-8-10 所示的要求对元器件进行焊接训练，并用镀锡裸导线按要求进行连接。

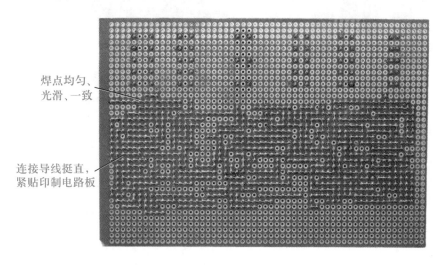

焊点均匀、
光滑、一致

连接导线挺直，
紧贴印制电路板

图 2-8-10　元器件焊接面训练样图

实训项目九　拆焊技能

拆焊又称解焊。在调试、维修或焊错的情况下，常常需要将已焊接的
连线或元器件拆卸下来，这个过程就是拆焊，它是焊接技术的一个重要组

拆焊的方法

97

成部分。在实际操作上,拆焊要比焊接更困难,需要使用恰当的方法和工具。如果拆焊不当,便很容易损坏元器件,或使铜箔脱落而破坏印制电路板。因此,拆焊技术也是应熟练掌握的一项操作基本功。

任务一 认识拆焊工具

除普通电烙铁外,常用的拆焊工具还有如下几种。

1. 空心针管

可用医用针管改装,要选取不同直径的空心针管若干只,市场上也有维修专用的空心针管,如图 2-9-1 所示。

2. 吸锡器

用来吸取印制电路板焊盘的焊锡,它一般与吸锡电烙铁配合使用,如图 2-9-2(a)所示。

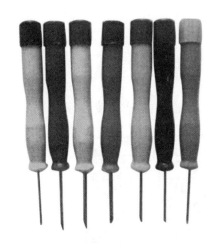

图 2-9-1 空心针管

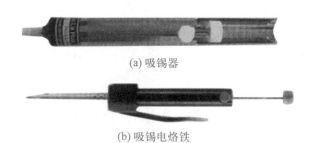

(a) 吸锡器

(b) 吸锡电烙铁

图 2-9-2 吸锡器和吸锡电烙铁

3. 镊子

拆焊应选用端头较尖的不锈钢镊子,它可以用来夹住或挑起元器件引脚或线头。

4. 吸锡绳

一般利用铜丝的屏蔽线电缆或较粗的多股导线制成。

5. 吸锡电烙铁

它是手工拆焊操作中的重要工具,用以加热拆焊点,同时吸去熔化的焊锡。它与普通电烙铁不同的是其烙铁头是空心的,而且多了一个吸锡装置,如图 2-9-2(b)所示。

任务二 用镊子进行拆焊

在没有专用拆焊工具的情况下,用镊子进行拆焊因其方法简单而成为常用的拆焊方法。由于焊点的形式不同,其拆焊的方法也不同。

1. 拆焊焊点距离较大的元器件

对于印制电路板中焊点之间距离较大的元器件,拆焊相对容易,一般采用分点拆焊的方法,如图 2-9-3 所示。操作步骤如下:

步骤 1 　固定印制电路板,同时用镊子从元器件面夹住被拆元器件的一个引脚。

步骤 2 　用电烙铁对被夹引脚上的焊点进行加热,以熔化该焊点上的焊锡。

步骤 3 　待焊点上焊锡全部熔化,将被夹的元器件引脚轻轻从焊盘孔中拉出。

步骤 4 　然后用同样的方法拆焊另一个引脚。

步骤 5 　用烙铁头清除焊盘上多余焊锡。

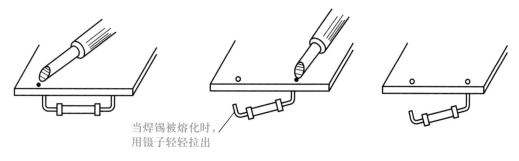

当焊锡被熔化时,用镊子轻轻拉出

图 2-9-3 　分点拆焊示意图

2. 拆焊焊点距离较小的元器件

对于印制电路板中焊点之间距离较小的元器件,如三极管等,拆焊具有一定的难度,多采用集中拆焊的方法,如图 2-9-4 所示。操作步骤如下:

步骤 1 　首先固定印制电路板,同时用镊子从元器件一侧夹住被拆焊元器件。

步骤 2 　用电烙铁对被拆焊元器件的各个焊点快速交替加热,以同时熔化各焊点上的焊锡。

步骤 3 　待焊点上焊锡全部熔化,将被夹的元器件引脚轻轻从焊盘孔中拉出。

步骤 4 　用烙铁头清除焊盘上多余焊锡。

注意

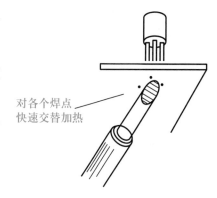

对各个焊点快速交替加热

图 2-9-4 　集中拆焊示意图

① 使用此方法加热要迅速,注意力要集中,动作要快。

② 如果焊点引脚是弯曲的,要逐点间断加温,先吸取焊接点上的焊锡,露出引脚轮廓,并将引脚拉直后再拆除元器件。

3. 拆焊引脚较多、较集中的元器件

在拆焊引脚较多、较集中的元器件时(如天线圈、振荡线圈等),采用同时加热的方法比较有效。操作步骤如下:

步骤 1　用较多的焊锡将被拆元器件的所有焊点焊连在一起。

步骤 2　用镊子夹住被拆元器件。

步骤 3　用电烙铁对被拆焊点连续加热,使被拆焊点同时熔化。

步骤 4　待焊锡全部熔化后,用镊子将元器件从焊盘孔中轻轻拉出。

步骤 5　清理焊盘,用一根不沾锡的 $\phi3$ mm 的钢针从焊盘面插入孔中,如焊锡封住焊孔,则需用电烙铁熔化焊点。

任务三　用吸锡工具进行拆焊

1. 用吸锡电烙铁进行拆焊

对焊锡较多的焊点,可采用吸锡电烙铁去锡脱焊。拆焊时,吸锡电烙铁加热和吸锡同时进行,操作步骤如下:

步骤 1　吸锡时,根据元器件引脚的粗细选用锡嘴的大小。

步骤 2　吸锡电烙铁通电加热后,将活塞柄推下卡住。

步骤 3　锡嘴垂直对准焊点,待焊点焊锡熔化后,按下吸锡电烙铁的控制按钮,焊锡即被吸进吸锡电烙铁中。反复几次,直至元器件从焊点中脱离。

2. 用吸锡器进行拆焊

吸锡器是专门用于拆焊的工具,它装有一种小型手动空气泵,如图 2-9-5 所示。其拆焊步骤如下:

步骤 1　将吸锡器的吸锡压杆压下。

步骤 2　用电烙铁将需要拆焊的焊点熔化。

步骤 3　将吸锡器吸锡嘴套入需拆焊的元件引脚,并没入熔融化的焊锡。

步骤 4　按下吸锡按钮,吸锡压杆在弹簧的作用下迅速复原,完成吸锡动作。如果一次吸不干净,可多吸几次,直到焊盘上的焊锡吸净,使元器件引脚与铜箔脱离。

3. 用吸锡带进行拆焊

吸锡带是一种通过毛细吸收作用吸取焊料的细铜丝编织带,使用吸锡带去锡脱焊,操作简单,效果较佳,如图 2-9-6 所示。其拆焊步骤如下:

步骤 1　将铜编织带(专用吸锡带)放在被拆焊的焊点上。

步骤 2　用电烙铁对吸锡带和被焊点进行加热。

步骤 3　焊点上的焊锡逐渐熔化并被吸锡带吸去。

步骤 4　如被拆焊点没完全吸除焊锡,可重复进行。每次拆焊时间为 2~3 s。

注意

① 被拆焊点的加热时间不能过长。当焊料熔化时,及时将元器件引脚按与印制电路板垂直的方向拔出。

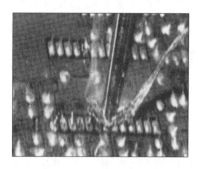

图 2-9-5　吸锡器拆焊示意图　　　　　　　　图 2-9-6　吸锡带拆焊示意图

② 对于尚有焊点没有被熔化的元器件,不能强行用力拉动、摇晃和扭转,以免造成元器件或焊盘的损坏。

③ 拆焊完毕,必须把焊盘孔内的焊锡清除干净。

任务四　用热风枪进行拆焊

热风枪是维修通信设备的重要工具之一,主要由气泵、气流稳定器、线性电路板、手柄、外壳等基本组件构成,其主要作用是拆焊小型贴片元器件和贴片集成电路。目前的热风枪品牌很多,但功能基本相似,图 2-9-7 所示为 GAOYUE850 型热风枪。

1. 用热风枪拆焊小型贴片元器件

(1) 小型贴片元器件的拆卸

步骤 1　用小刷子将元器件周围的杂质清理干净,在元器件上加少许松香水。

步骤 2　安装好热风枪的细嘴喷头,打开热风枪电源开关。

步骤 3　调节热风枪温度开关在 2 挡、3 挡,风速开关在 1 挡、2 挡。

图 2-9-7　GAOYUE850 型热风枪

步骤 4　一只手用镊子夹住元器件,另一只手拿稳热风枪手柄,使喷头与要拆卸的元器件垂直,距离为 2 cm 左右,沿元器件均匀加热,喷头不可接触元器件。

步骤 5　待元器件周围焊锡熔化后用镊子将元器件取下。

(2) 小型贴片元器件的焊接

步骤 1　用镊子夹住需要焊接的元器件,放置到焊接的位置(注意要放正),若焊点上焊锡不足,可用电烙铁在焊点上加注少许焊锡。

步骤 2　打开热风枪电源开关,调节热风枪温度开关在 2 挡、3 挡,风速开关在 1 挡、2 挡。

步骤 3　使热风枪的喷头与欲焊接的元器件保持垂直,距离为 2~3 cm,均匀加热。待元器件周围焊锡熔化后移走热风枪喷头。

步骤4 焊锡冷却后移走镊子。

步骤5 用无水酒精将元器件周围的松香清理干净。

2. 用热风枪拆焊贴片集成电路

和小型贴片元器件相比,贴片集成电路体积较大,拆焊和焊接时可将热风枪的风速和温度调得高一些。

（1）贴片集成电路的拆焊

步骤1 仔细观察欲拆焊集成电路的位置和方位,并做好记录,以便焊接时恢复。

步骤2 用小刷子将集成电路周围的杂质清理干净,往集成电路引脚周围加注少许松香水。

步骤3 调好热风枪的温度和风速。温度开关一般调至3～5挡,风速开关调至2挡、3挡。

步骤4 用单喷头拆焊时,应注意使喷头和所拆集成电路保持垂直,并沿集成电路周围引脚慢速旋转,均匀加热,喷头不可触及集成电路及外围元器件,吹焊的位置要准确,切不可吹跑集成电路外围小型元器件。

步骤5 待集成电路的引脚焊锡全部熔化后,用镊子将集成电路掀起或夹走,切不可用力过大,否则,极易损坏集成电路。

（2）贴片集成电路的焊接

步骤1 将焊接点用平头电烙铁整理平整,必要时,对焊锡较少焊点进行补锡,然后,用无水酒精将焊点周围的杂质清理干净。

步骤2 将更换的集成电路和印制电路板上的焊接位置对好,并反复调整,使之完全对正。

步骤3 先用电烙铁焊好集成电路四个角的引脚,将集成电路固定,然后,再用热风枪吹焊四周。焊好后应注意冷却,不可立即移动集成电路,以免其发生移位。

步骤4 冷却后,检查集成电路的引脚有无虚焊,若有,应用尖头电烙铁进行补焊,直至全部正常为止。

步骤5 用无水酒精将集成电路周围的松香清理干净。

用热风枪拆焊贴片集成电路如图2-9-8所示。

图2-9-8 用热风枪拆焊贴片集成电路

◆ 实训项目评价

实训项目评价表如表 2-9-1 所示。

表 2-9-1 实训项目评价表

班级		姓名		学号		总得分	
项目	考核内容		配分	评分标准			得分
拆焊质量	1. 正确使用各种拆焊技术 2. 不损坏元器件和印制电路板 3. 整理各种元器件并分类		80 分	1. 拆焊没按要求,每处扣 5 分 2. 拆焊损坏印制电路板焊盘,每处扣 5 分 3. 拆焊损坏元器件,每处扣 2 分 4. 元器件未整理分类,每处扣 2 分			
安全文明操作	1. 工作台上工具摆放整齐 2. 严格遵守安全文明操作规程		20 分	违反安全文明操作规程,酌情扣 4 ~ 20 分			
合计			100 分				
教师签名:							

> ➤ 知识链接一　拆焊技术的操作要领

1. 严格控制加热的时间与温度

一般元器件及导线绝缘层的耐热性较差,受热易损元器件对温度更是十分敏感。在拆焊时,如果时间过长,温度过高会烫坏元器件,甚至会使印制电路板焊盘翘起或脱落,进而给继续装配造成很多麻烦。因此,一定要严格控制加热的时间与温度。

2. 拆焊时不要用力过猛

塑料密封器件、瓷器件和玻璃端子等在加温情况下,强度都有所降低,拆焊时用力过猛会引起器件和引脚脱离或铜箔与印制电路板脱离。

3. 不要强行拆焊

不要用电烙铁去撬或晃动接点,不允许用拉动、摇动或扭动等办法去强行拆除焊接点。

> ➤ 知识链接二　各类焊点(除贴片元器件外)的拆焊方法和注意事项

各类焊点(除贴片元器件外)的拆焊方法和注意事项如表 2-9-2 所示。

表 2-9-2 各类焊点(除贴片元器件外)的拆焊方法和注意事项

焊点类型		拆焊方法	注意事项
引脚焊点拆焊		首先用烙铁头去掉焊锡,然后用镊子撬起引脚并抽出。如引脚用缠绕的焊接方法,则要将引脚用工具拉直后再抽出	撬、拉引脚时不要用力过猛,也不要用烙铁头乱撬,要先弄清引线的方向
引脚不多的元器件的拆焊		采用分点拆焊法,用电烙铁直接进行拆焊。一边用电烙铁对焊点加热至焊锡熔化,一边用镊子夹住元器件的引脚,轻轻地将其拉出来	这种方法不宜在同一焊点上多次使用,因为印制电路板上的铜箔经过多次加热后很容易与绝缘板脱离而造成电路板的损坏
有塑料骨架的元器件的拆焊		因为这些元器件的骨架不耐高温,所以可以采用间接加热拆焊法。拆焊时,先用电烙铁加热除去焊接点焊锡,露出引脚的轮廓,再用镊子或捅针挑开焊盘与引脚间的残留焊锡,最后用烙铁头对已挑开的个别焊点加热,待焊锡熔化时,迅速拔下元器件	不可长时间对焊点加热,防止塑料骨架变形
焊点密集的元器件的拆焊	采用空心针管	使用电烙铁除去焊接点焊锡,露出引脚的轮廓。选用直径合适的空心针管,将针孔对准焊盘上的引脚。待电烙铁将焊锡熔化后迅速将针管插入电路板的焊孔并左右旋转,这样元器件的引脚便和焊盘分开了。 优点:引脚和焊点分离彻底,拆焊速度快。很适合体积较大的元器件和引脚密集的元器件的拆焊。 缺点:不适合如双联电容器引脚呈扁片状元器件的拆焊;不适合像导线这样不规则引脚的拆焊	① 选用针管的直径要合适。直径小了,引脚插不进;直径大了,在旋转时很容易使焊点的铜箔和电路板分离而损坏电路板。 ② 在拆焊中周、集成电路等引脚密集的元器件时,应首先使用电烙铁除去焊接点焊锡,露出引脚的轮廓。以免连续拆焊过程中残留焊锡过多而对其他引脚拆焊造成影响。 ③ 拆焊后若有焊锡将引脚插孔封住,可用铜针将其捅开
	采用吸锡电烙铁	吸锡电烙铁具有焊接和吸锡的双重功能。在使用时,只要把烙铁头靠近焊点,待焊点熔化后按下按钮,即可把熔化的焊锡吸入储锡盒内	—

焊点类型		拆焊方法	注意事项
焊点密集的元器件的拆焊	采用吸锡器	吸锡器本身不具备加热功能,它需要与电烙铁配合使用。拆焊时先用电烙铁对焊点进行加热,待焊锡熔化后撤去电烙铁,再用吸锡器将焊点上的焊锡吸除	撤去电烙铁后,吸锡器要迅速地移至焊点吸锡,避免焊点再次凝固而导致吸锡困难
	采用吸锡绳	使用电烙铁除去焊点焊锡,露出导线的轮廓。将在松香中浸过的吸锡绳贴在待拆焊点上,用烙铁头加热吸锡绳,通过吸锡绳将热量传导给焊点熔化焊锡,待焊点上的焊锡熔化并吸附在吸锡绳上后,抻起吸锡绳。如此重复几次即可把焊锡吸完。此方法在高密度焊点拆焊操作中具有明显的优势	吸锡绳可以自制,方法是将多股胶质电线去皮后拧成绳状(不宜拧得太紧),再加热吸附上松香即可

技 能 训 练

在已完成元器件插装焊接的单孔电路板上,进行拆焊练习。要求拆下印制电路板上的所有元器件,并保持元器件的完整。具体可参考如图 2-9-9 所示实验板。

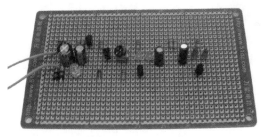

图 2-9-9　拆焊练习实验板示意图

趣味声光电路

本单元教学目标

👉 **技能目标：**

- 掌握普通二极管、扬声器、驻极体话筒等器件正负极性的识别，并会用万用表对它们进行质量的检测。
- 掌握 555 集成电路引脚的识读与检测。
- 掌握玩具发声电路、声控闪光灯电路、二极管电平指示电路和叮咚门铃的安装、调试与测试，并初步具有排除这些电路故障的能力。

👉 **知识目标：**

- 掌握二极管的性能、特点和用途。
- 了解扬声器、驻极体话筒的结构和特点，熟悉其使用方法。
- 掌握 555 集成电路各引脚功能。
- 理解玩具发声电路、声控闪光灯电路、二极管电平指示电路和叮咚门铃的工作过程，并知道各元器件的作用。

实训项目十 玩具发声电路

某些玩具可以发出高低不同的声音,你知道声音是怎样通过电路产生的吗? 我们可以用电子小制作来模拟玩具发声,声音真的很像!

任务一 认识电路

1. 电路工作原理

图 3-10-1 所示为玩具发声电路原理图。

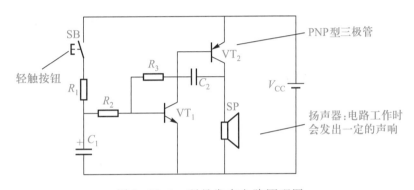

图 3-10-1 玩具发声电路原理图

该电路由三极管 VT_1 和 VT_2、电解电容器 C_1、磁片电容器 C_2、扬声器 SP 以及电阻器 R_1、R_2、R_3 组成,为互补型三极管音频振荡电路。接通电源,按下按钮,电源 V_{CC} 通过按钮、电阻器 R_1 向电容器 C_1 充电,C_1 两端电压不断升高,扬声器发声频率升高;松开按钮开关,电容器 C_1 通过电阻器 R_2、三极管 VT_1 放电,C_1 两端电压不断下降,扬声器发声频率下降,类似玩具发声,起伏节奏可随意控制。

2. 实物图

图 3-10-2 所示为玩具发声电路实物图。

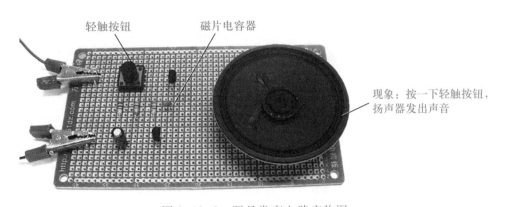

图 3-10-2 玩具发声电路实物图

任务二　元器件的识别与检测

1. 电路元器件的识别

在电路的制作过程中，元器件的识别与检测是非常重要的一个环节，在制作前可先对照表3-10-1逐一进行识别。

表 3-10-1　玩具发声电路元器件识别与检测表

符号	名称	实物图	规格	检测结果
R_1	色环电阻器	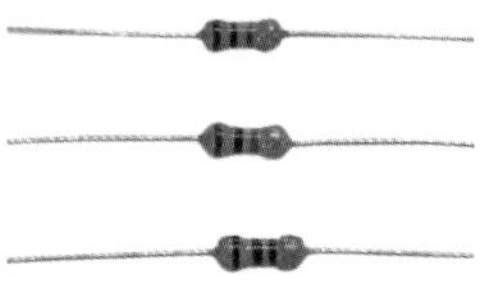	20 kΩ	实测值：
R_2	色环电阻器		56 kΩ	实测值：
R_3	色环电阻器		2.7 kΩ	实测值：
C_1	电解电容器	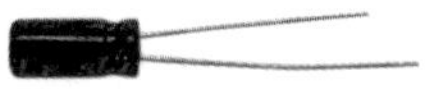	47 μF/16 V	极性：
				质量：
C_2	磁片电容器	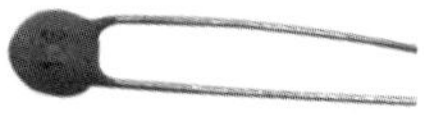	0.01 μF	质量：
VT_1	三极管	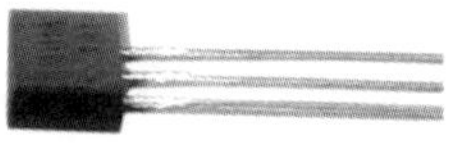	9014	类型：
				引脚排列：
				质量及放大倍数：
VT_2	三极管	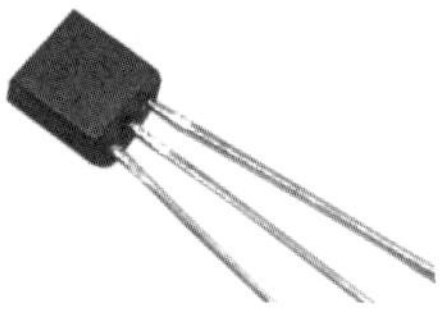	9012	类型：
				引脚排列：
				质量及放大倍数：
SP	扬声器		8 Ω/0.5 W	极性：
				质量：
SB	轻触按钮	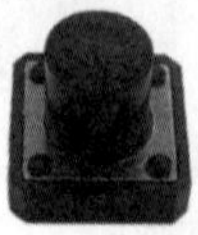	—	质量：
V_{CC}	直流电源		3 V	

2. 电路元器件的检测

对照表 3-10-1 逐一进行检测,同时把检测结果填入表 3-10-1。

(1)电阻器、电容器、三极管、轻触按钮的检测(方法可参考前面相关内容)

① 色环电阻器:主要识读其标称阻值,并用万用表检测其实际阻值。

② 电解电容器:识别判断其正负极性,并用万用表检测其质量的好坏。

③ 三极管:识别其类型与三个引脚的排列,并用万用表检测其放大倍数和质量。

④ 轻触按钮:用万用表识别判断其动合和动断状态,并检测其质量的好坏。

(2)扬声器的检测

① 识别正负极性:音圈引出线的接线端上直接标有"+""-"极性。

② 检测质量:将万用表置于 200 Ω 挡,当两根表笔分别接触扬声器音圈引出线的两个接线端时,如果测出的阻值等于零或者很小,说明扬声器的线圈内部有短路情况;如果测出的阻值为无穷大,说明扬声器已损坏,如图 3-10-3 所示。

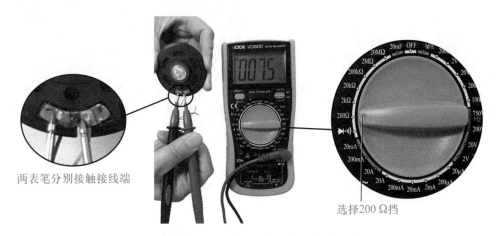

两表笔分别接触接线端

选择200 Ω挡

图 3-10-3 检测扬声器质量

任务三 电路制作与调试

1. 电路制作步骤

步骤 1 根据电路原理图的结构,在图 3-10-4 所示单孔电路板图中绘制电路元器件排列的布局草图。

步骤 2 按工艺要求对元器件的引脚进行成形加工。

步骤 3 按布局图在单孔电路板上依次进行元器件的排列、插装。

步骤 4 按焊接工艺要求对元器件进行焊接,直到焊完所有元器件为止。

步骤 5 焊接电源输入线或输入端子。

布局时,要考虑避免出现跳线,具体可参考图 3-10-5 所示玩具发声电路装接图,其中,色环电阻器采用卧式安装,电容器、三极管采用直排立式安装,轻触按钮紧贴印制电路板安装。

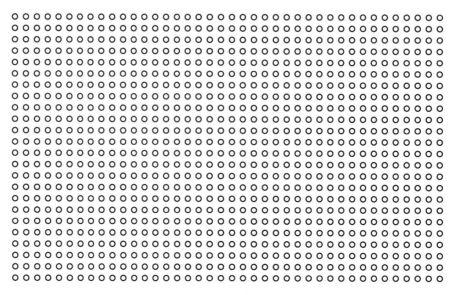

图 3-10-4　单孔电路板图

(a) 元器件面

(b) 焊接面

图 3-10-5　玩具发声电路装接图

元器件的排列与布局以合理、美观为标准,色环电阻器要考虑方向的一致性,也可充分发挥制作者的个性特长与创意,要求规范,但不要求统一。

插装与焊接按电子工艺要求进行,但在插装过程中,应注意电解电容器、扬声器的正负极性、三极管的类型及引脚的排列顺序、轻触按钮的动合与动断等。

2. 电路调试

接通电源,若电路工作正常,按下轻触按钮,扬声器发声频率升高,松开轻触按钮,扬声器发声频率下降。若电路工作不正常,可能出现的故障情况:

(1) 扬声器无声

① 检查整个电路是否有未连通之处。

② 用万用表检测扬声器是否已坏。

③ 三极管 VT_1 和 VT_2 是否良好。

(2) 扬声器发声频率不变

① 检查电容器 C_1 是否良好。

② 检查电容器 C_1 极性有无接错。

安装该电路成功率高,只要元器件及焊接技能过关,一般能一次成功。

任务四　电路测试与分析

1. 测试

（1）测试

用指针式万用表分别测量按下和松开按钮时,三极管 VT_1 和 VT_2 的各极电位,并观察万用表指针的变化情况。

（2）测试

用万用表观察按下和松开按钮时电容器 C_1 两端电压的变化情况。

测试结果填入表 3-10-2。

表 3-10-2　防空警报电路测试技训表

测试项目	按下按钮 SB 时			松开按钮 SB 时		
	V_B	V_C	V_E	V_B	V_C	V_E
VT_1						
VT_2						
C_1 两端电压的变化情况						

2. 分析

（1）分析 1

按下按钮 SB 时,扬声器为什么会发出频率升高的声音?

当按下按钮 SB 时,电源就通过电阻 R_1 给电容器 C_1 充电,随着充电的进行,电容器 C_1 两端的电压不断升高,从而三极管 VT_1 基极电位逐渐升高,则扬声器发出频率升高的声音,因为音频振荡电路的振荡频率由 C_2、R_3 的数值决定,并受 VT_1 的基极电位控制。电容器 C_1 的充电情况如图 3-10-6 所示。

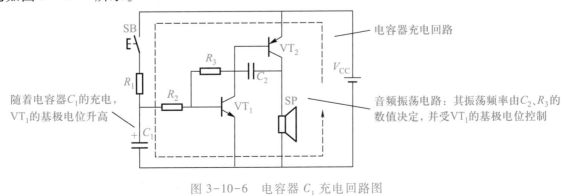

图 3-10-6　电容器 C_1 充电回路图

（2）分析2

松开按钮 SB 时,扬声器为什么会发出频率下降的声音?

当松开按钮 SB 时,电容器 C_1 通过三极管 VT_1 的基极与发射极之间放电,如图 3-10-7 所示。

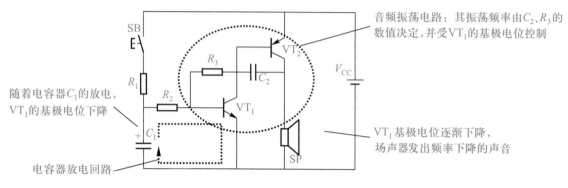

图 3-10-7 电容器 C_1 放电回路图

随着放电的进行,电容器 C_1 两端的电压不断下降,从而三极管 VT_1 基极电位也逐渐下降,则扬声器发出频率下降的声音。

◆ **实训项目评价**

实训项目评价表如表 3-10-3 所示。

表 3-10-3 实训项目评价表

班级		姓名		学号		总得分	
项目	考核内容		配分	评分标准			得分
元器件识别与检测	按要求对所有元器件进行识别与检测		10 分	1. 元器件识别错误,每个扣 1 分 2. 元器件检测错误,每个扣 2 分			
元器件成形、插装与排列	1. 元器件按工艺要求成形 2. 元器件插装符合插装工艺要求 3. 元器件排列整齐、标识方向一致,布局合理		15 分	1. 元器件成形不符合要求,每处扣1分 2. 插装位置、极性错误,每处扣 2 分 3. 元器件排列参差不齐,标识方向混乱,布局不合理,扣 3~10 分			
导线连接	1. 导线挺直、紧贴印制电路板 2. 板上的连接线呈直线或直角,且不能相交		10 分	1. 导线弯曲、拱起,每处扣 2 分 2. 板上的连接线弯曲时不呈直角,每处扣 2 分 3. 相交或在正面连线,每处扣 2 分			

项目	考核要求	配分	评分标准	得分
焊接质量	1. 焊点均匀、光滑、一致,无毛刺、假焊等现象 2. 焊点上引脚不能过长	15分	1. 有搭锡、假焊、虚焊、漏焊、焊盘脱落、桥接等现象,每处扣2分 2. 出现毛刺、焊锡过多、焊锡过少、焊点不光滑、引脚过长等现象,每处扣2分	
电路调试	1. 按要求对电路进行调试 2. 扬声器发出玩具声音	20分	1. 调试不当扣1~5分 2. 扬声器不发声扣5~10分	
电路测试	1. 正确使用万用表测三极管 VT_1、VT_2 各极电位 2. 正确使用万用表观察电容器 C 两端电压	20分	1. 不会使用万用表测三极管 VT_1、VT_2 各极电位扣10分 2. 不会使用万用表观察电容器 C 两端电压扣10分	
安全文明操作	1. 工作台上工具排放整齐 2. 严格遵守安全文明操作规程	10分	违反安全文明操作规程,酌情扣3~10分	
合计		100分		

教师签名:

➤ 知识链接一 扬 声 器

1. 扬声器的结构符号及工作原理

电动式扬声器从20世纪60年代开始生产,因其性能好,结构简单坚固且成本低廉,一直被广泛采用,经久不衰。电动式扬声器可分为电动式锥盆扬声器、电动式号筒扬声器和球顶式扬声器。在实际中,使用最广泛的是电动式锥盆扬声器。因此,这里只介绍电动式锥盆扬声器。

电动式锥盆扬声器的工作原理:振动系统中的音圈均匀地插入磁缝中,当音频电流通过音圈时,音圈中就会产生随音频电流变化的磁场,由于音圈磁场和磁体的磁场相互吸引和相互掩护作用,就产生了一种向前或向后的力,使音圈沿轴向作往复运动。音圈的运动推动了锥盆的振动,锥盆的振动又激励了周围空气的振动,使扬声器周围的空气密度发生变化,从而产生了声音。电动式锥盆扬声器的结构及图形符号如图3-10-8所示。

选用扬声器时,不仅要考虑扬声器的额定阻抗(应与电路的输出阻抗相等)、额定功率(应大于电路功放输出功率的1.2倍)和工作频率范围,还应考虑扬声器的价格等因素。

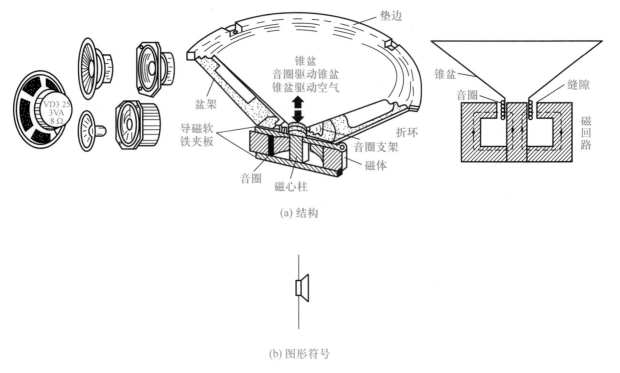

(a) 结构

(b) 图形符号

图 3-10-8　电动式锥盆扬声器的结构及图形符号

2. 电动式锥盆扬声器性能的简要检测

以 YD-80 型电动式锥盆扬声器为例。

将万用表置于电阻 200Ω 挡,将两根表笔分别接触扬声器音圈引出线的两个接线端,测量扬声器直流阻抗,如图 3-10-9 所示。由于扬声器的额定阻抗通常为直流阻抗的 1.2 倍左右,因此可以通过测量扬声器的直流阻抗与扬声器额定阻抗除以 1.2 的值进行比较。若被测扬声器的直流阻抗过小,则说明音圈局部有短路现象;若被测扬声器的直流阻抗为零,则音圈完全短路;若被测扬声器的直流阻抗为无穷大,则很有可能是扬声器音圈引出线开路或音圈已烧断。

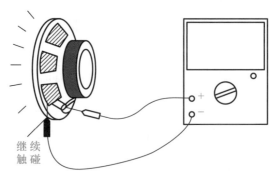

图 3-10-9　电动式锥盆扬声器性能的简要检测

➤ 知识链接二 压电陶瓷式扬声器

1. 外形结构及工作原理

常见的压电陶瓷片由锆钛酸铅或铌镁酸铅压电陶瓷材料制成,在压电陶瓷片的两面镀上银,经极化和老化处理后,再与黄铜片(或不锈钢片)粘在一起制成压电陶瓷式扬声器,圆形的黄铜片(或不锈钢片)和压电陶瓷片上的镀银层组成了两个电极。图 3-10-10 所示为压电陶瓷式扬声器的结构及图形符号。

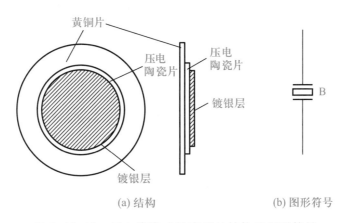

(a) 结构　　　　　　　(b) 图形符号

图 3-10-10　压电陶瓷式扬声器的结构及图形符号

当外加压力作用于压电陶瓷片时,压电陶瓷片的两表面会产生一面为正、另一面为负的两种电荷。因此,当声压作用于压电陶瓷片时,压电陶瓷片会产生与声波频率相同的音频电信号。当压电陶瓷片加入音频电压信号时,会产生与音频相同频率的机械振动。这就是压电陶瓷片的压电效应。

当给压电陶瓷片两表面施加音频振荡电压时,压电陶瓷片将带动金属片一起振动、发出声音,起到扬声器的作用。

选用压电陶瓷式扬声器时,应根据其实际使用的场合和要求来选取其外形,根据其讯响度及讯响频率来确定压电陶瓷片的直径、助声腔与外壳尺寸。

2. 压电陶瓷片的简要检测

压电陶瓷片的压电效应可作为检测压电陶瓷片好坏的依据。将万用表置于 2.5 V 直流电压挡,两表笔分别接在压电陶瓷片的两表面,当多次适度用力压放压电陶瓷片时,万用表示值应出现波动,波动范围越大,说明压电效应越好。如果无反应,则说明压电陶瓷片已损坏。

➤ 知识链接三 蜂　鸣　器

蜂鸣器是一种小型化的电子讯响器,根据发声部件不同,可分为压电式和电磁式两种;根据音源不同,可分为有源和无源两种。有源蜂鸣器内部除发声部件外,还集成了多谐振荡器,当给其通上额定的直流电时,它就会发出特定的响声。

蜂鸣器主要由声源电路、发声部件、阻抗匹配器及共鸣箱、外壳等组成。有的蜂鸣器外壳上还装有发光二极管。常见的蜂鸣器外形如图 3-10-11 所示。

蜂鸣器外形小巧、能耗低、工作稳定、驱动电路简单、安装方便、经济实用,在计算机、报警器、电子玩具、汽车电子设备、家用电器、定时器等电子装置中得到广泛应用。

图 3-10-11　常见的
蜂鸣器外形

复习与思考题

1. 说一说电动式锥盆扬声器性能检测的一般方法与步骤。

2. 音频振荡电路中的振荡频率跟哪些参数有关?

3. 玩具发声电路中,为什么当按下按钮时,扬声器发出频率升高的声音,松开按钮时,扬声器发出频率下降的声音?

实训项目十一　声控闪光灯

有一种声音控制电路,灯光的亮暗会随着声音大小或音乐节奏变化,可广泛用于语音强弱显示和声控灯光指示电路中。

任务一　认识电路

1. 电路工作原理

图 3-11-1 所示为声控闪光灯电路原理图。

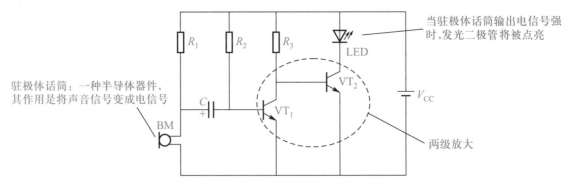

当驻极体话筒输出电信号强时,发光二极管将被点亮

驻极体话筒:一种半导体器件,其作用是将声音信号变成电信号

两级放大

图 3-11-1　声控闪光灯电路原理图

该电路由三极管 VT_1 与 VT_2,电阻 R_1、R_2、R_3,发光二极管,耦合电容器 C 及驻极体话筒 BM 组成。三极管 VT_1、VT_2,电阻 R_1、R_2、R_3 以及发光二极管组成两级放大电路。

驻极体话筒的作用是将声音信号变成电信号。当说话声音较大时,驻极体话筒输出电信号强度较强,经电容器耦合到三极管 VT_1 的电流较大,再经三极管 VT_2 将电流再次放大,于是发光二极管便被点亮。当说话声音较小时,驻极体话筒输出电信号强度较弱,发光二极管不被点亮。

2. 实物图

图 3-11-2 所示为声控闪光灯电路实物图。

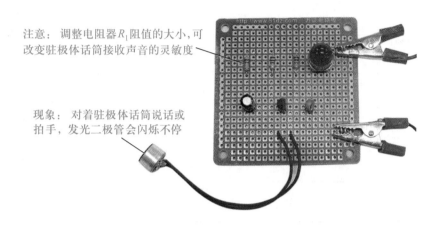

注意:调整电阻器 R_1 阻值的大小,可改变驻极体话筒接收声音的灵敏度

现象:对着驻极体话筒说话或拍手,发光二极管会闪烁不停

图 3-11-2　声控闪光灯电路实物图

当有人对着话筒说话或拍手时,发光二极管会闪烁不停。调整电阻 R_1 阻值的大小,可改变驻极体话筒接收声音的灵敏度。

任务二　元器件的识别与检测

1. 电路元器件的识别

在电路的制作过程中,元器件的识别与检测是非常重要的一个环节,在制作前可先对照表 3-11-1 逐一进行识别。

表 3-11-1　声控闪光灯电路元器件识别与检测表

符号	名称	实物图	规格	检测结果
LED	发光二极管		红色,ϕ 10 mm	正向压降:
				反向测试:
R_1	色环电阻器		150 kΩ	实测值:
R_2	色环电阻器		1 MΩ	实测值:
R_3	色环电阻器		10 kΩ	实测值:

符号	名称	实物图	规格	检测结果	
C	电解电容器		10 μF/50 V	正负极性：	
				质量：	
VT₁、VT₂	三极管		9014	类型：	
				引脚排列：	
				质量及放大倍数	
BM	驻极体话筒		MIC	正负极性：	
				灵敏度：	
*V*cc	直流电源	—	3 V		

2. 电路元器件的检测

对应表 3-11-1 逐一进行检测,同时把检测结果填入表 3-11-1。

(1)色环电阻器、电解电容器、发光二极管、三极管的检测(方法可参考前面相关内容)

① 色环电阻器:主要识读其标称阻值,并用万用表检测其实际阻值。

② 电解电容器:识别判断其正负极性,并用万用表检测其质量的好坏。

③ 三极管:识别其类型与三个引脚的排列,并用万用表进行检测。

④ 发光二极管:识别判断正负极性,并用万用表对其进行正向压降测量和反向测试,从而判别其质量。

(2)驻极体话筒的检测

① 识别正负极性。与外壳相连端为接地端,另一端为漏极 D 端,如图 3-11-3 所示。

② 质量检测。将万用表拨至 20 kΩ 挡,把红表笔接在漏极 D 上,黑表笔接在接地点上,并用嘴吹驻极体话筒的同时观察万用表示值变化情况。若示值无变化,则驻极体话筒失效;若示值有变化,则驻极体话筒工作正常,示值变化越大,说明驻极体话筒的灵敏度越高,如图 3-11-4 所示。

图 3-11-3　驻极体话筒的正负极性识别

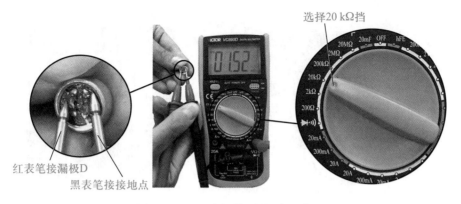

选择20 kΩ挡

红表笔接漏极D
黑表笔接接地点

图 3-11-4　驻极体话筒质量检测

任务三　电路制作与调试

1. 电路制作步骤

步骤1　按电路原理图的结构在图 3-11-5 所示单孔电路板图中,绘制电路元器件排列的布局草图。

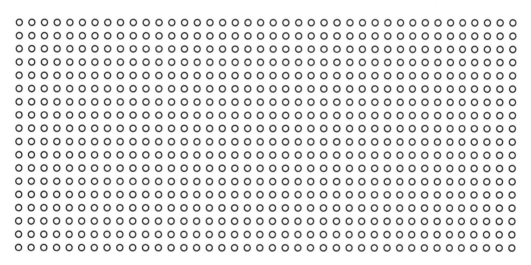

图 3-11-5　单孔电路板图

步骤2　按工艺要求对元器件的引脚进行成形加工。

步骤3　按布局图在实验电路板上依次进行元器件的排列、插装。

步骤4　按焊接工艺要求对元器件进行焊接,直到所有元器件连接并焊完为止。

步骤5　焊接电源输入线或输入端子。

具体可参考图 3-11-6 所示声控闪光灯电路装接图,其中,电阻器采用卧式安装,三极管、电解电容器、发光二极管采用立式安装。

元器件的排列与布局以合理、美观为标准。安装与焊接按电子工艺要求进行,但在插装与焊接过程中,应注意电解电容器、发光二极管的正负极性及三极管三个引脚 e、b、c 的排列顺序,同时还应注意驻极体话筒的正负极性及焊接时间不能过长等。

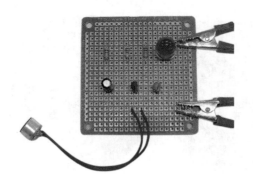

(a) 元器件面   (b) 焊接面

图 3-11-6 声控闪光灯电路装接图

2. 电路调试

接通电源,若电路工作正常,对着驻极体话筒说话或拍手,发光二极管将会闪烁不停。若电路工作不正常,可能出现的故障情况:

① 发光二极管不亮。发光二极管极性接错;电路有未连通之处;VT_1 和 VT_2 的引脚排列有错;驻极体话筒失效。

② 发光二极管亮而不闪。电阻 R_2 阻值可能偏小;耦合电容 C 已击穿。

任务四　电路测试与分析

1. 测试

(1)测试 1

用万用表测量驻极体话筒中无信号输出时三极管 VT_1、VT_2 的基极电位和集电极电位。

(2)测试 2

对着驻极体话筒用力吹气或拍手时,再用万用表测量三极管 VT_1、VT_2 的基极电位和集电极电位,并观察万用表示值的变化情况。

测试结果填入表 3-11-2。

表 3-11-2　声控闪光灯电路测试技训表

测试项目	VT_1 的基极电位(V_{B1})	VT_1 的集电极电位(V_{C1})	VT_2 的基极电位(V_{B2})	VT_2 的集电极电位(V_{C2})
驻极体话筒中无信号输出时				
对着驻极体话筒用力吹气或拍手时				

2. 分析

（1）分析 1

驻极体话筒中无信号输入时,发光二极管 LED 为什么不亮?

当驻极体话筒中无信号输入时,没有电信号通过电容器 C 耦合到三极管 VT_1 的基极,只有通过 R_2 的基极偏置电流,又因为 R_2 的阻值很大,此时基极电流 I_{B1} 太小,经过 VT_1、VT_2 两级放大后,VT_2 的集电极电流还不够大,发光二极管 LED 不亮,其工作状态如图 3-11-7 所示。

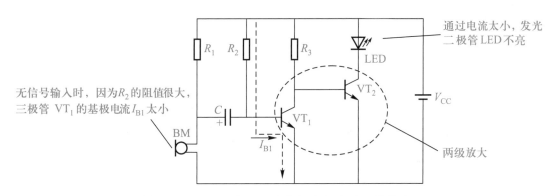

图 3-11-7　无信号时声控闪光灯电路工作状态

（2）分析 2

对着驻极体话筒用力吹气或拍手时,发光二极管 LED 为什么会不停闪亮?

当对着驻极体话筒用力吹气或拍手时,驻极体话筒中就会不断有电信号输出,通过电容器 C 耦合到三极管 VT_1 的基极,此时基极电流 i_{B1} 为两部分的叠加,通过 VT_1、VT_2 的两级放大后,VT_2 的集电极电流足够大,发光二极管 LED 就会被不断地点亮,其工作状态如图 3-11-8 所示。

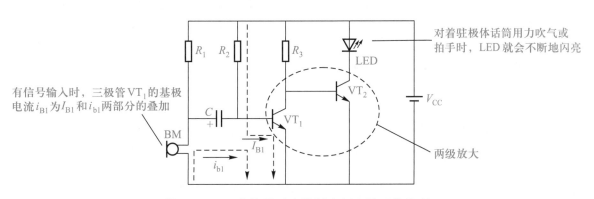

图 3-11-8　有信号时声控闪光灯电路工作状态

◆ **实训项目评价**

实训项目评价表如表 3-11-3 所示。

表 3-11-3 实训项目评价表

班级		姓名		学号		总得分	
项目	考核内容		配分	评分标准			得分
元器件识别与检测	按要求对所有元器件进行识别与检测		10分	1. 元器件识别错误,每个扣1分 2. 元器件检测错误,每个扣2分			
元器件成形、插装与排列	1. 元器件按工艺表要求成形 2. 元器件插装符合插装工艺要求 3. 元器件排列整齐、标识方向一致,布局合理		15分	1. 元器件成形不符合要求,每处扣1分 2. 插装位置、极性错误,每处扣2分 3. 元器件排列参差不齐,标识方向混乱,布局不合理,扣3~10分			
导线连接	1. 导线挺直、紧贴印制电路板 2. 板上的连接线呈直线或直角,且不能相交		10分	1. 导线弯曲、拱起,每处扣2分 2. 板上的连接线弯曲时不呈直角,每处扣2分 3. 相交或在正面连线,每处扣2分			
焊接质量	1. 焊点均匀、光滑、一致,无毛刺、假焊等现象 2. 焊点上引脚不能过长		15分	1. 有搭锡、假焊、虚焊、漏焊、焊盘脱落、桥接等现象,每处扣2分 2. 出现毛刺、焊锡过多或过少、焊点不光滑、引线过长等现象,每处扣2分			
电路调试	1. 按要求对电路进行调试 2. 对着驻极体话筒说话或拍手,发光二极管将会闪烁不停		20分	1. 调试不当,扣1~5分 2. 对着驻极体话筒说话或拍手,发光二极管不闪烁,扣5~10分			
电路测试	正确使用万用表测量三极管 VT_1、VT_2、VT_3 各极电位		20分	不会使用万用表测量三极管 VT_1、VT_2、VT_3 各极电位,扣10~20分			
安全文明操作	1. 工作台上工具排放整齐 2. 严格遵守安全文明操作规程		10分	违反安全文明操作规程,酌情扣3~10分			
合计			100分				
教师签名:							

► 知识链接一　驻极体话筒

1. 结构、图形符号及工作原理

驻极体话筒是一种电声换能器,它可以将声能转换成电能。驻极体是一种永久性极化的电介质,利用这种材料制成的电容式传声器称为驻极体电容式传声器,简称驻极体话筒。图 3-11-9 所示为驻极体话筒的结构及图形符号。

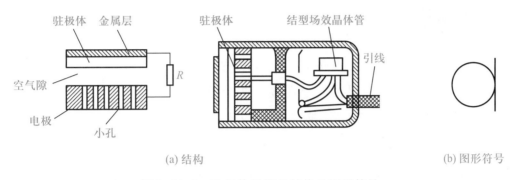

(a) 结构　　　　　　　　　　　　　　　　　　　(b) 图形符号

图 3-11-9　驻极体话筒的结构及图形符号

驻极体话筒按结构可分为振膜驻极体话筒和背极驻极体话筒。由于驻极体话筒是一种高阻抗器件,不能直接与音频放大器匹配,使用时必须采用阻抗变换,使其输出阻抗呈低阻抗,因此在话筒内接入一只输入阻抗高、噪声系数小的结型场效晶体管作阻抗变换。

驻极体话筒的工作原理:由于驻极体薄膜片上有自由电荷,当声波的作用使薄膜片产生振动时,电容器的两极之间就有了电荷量,电荷量的改变使电容器的输出端之间产生了随声波变化而变化的交变电压信号,从而完成声电转换。

2. 驻极体话筒的检测

驻极体话筒的输出端有两个连连接点(如 CZN-15D)和三个连接点(如 CZN-15E)两种形式。输出端为两个连接点的,其外壳、驻极体和结型场效晶体管的源极 S 相连为接地端,余下的一个接点则是漏极 D 输入端。输出端为三个连接点的,漏极 D、源极 S 与接地电极分开呈三个接点。常见驻极体话筒接线图如图 3-11-10 所示。

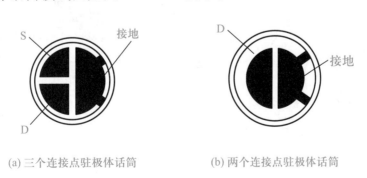

(a) 三个连接点驻极体话筒　　　　　　(b) 两个连接点驻极体话筒

图 3-11-10　常见驻极体话筒接线图

（1）输出端有两个连接点的驻极体话筒的检测

以 CZN-15D 型驻极体话筒为例。

将万用表拨至 20 kΩ 挡，把红表笔接在漏极 D 接点上，黑表笔接在接地点上，并用嘴吹驻极体话筒的同时观察万用表阻值变化情况。若阻值无变化，则驻极体话筒失效；若阻值有变化，则驻极体话筒工作正常，阻值变化越大，说明驻极体话筒的灵敏度越高。驻极体话筒的检测方法如图 3-11-11 所示。

（2）输出端有三个连接点的驻极体话筒的检测

以 CZN-15E 型驻极体话筒为例。

先对除接地点以外的另两个连接点作极性判别，即将万用表拨至 20 kΩ 挡，并将两根表笔分别接在两个被测连接点上，读出万用表所测的阻值；交换表笔重复上述操作，又可得另一个阻值；比较两阻值的大小，阻值小的一次操作，红表笔接的为源极 S，黑表笔接的则为漏极 D。然后保持万用表 20 kΩ 挡不变，将红表笔接在漏极 D 接点上，黑表笔接源极 S 并同时接地，再做与有两输出连接点的驻极体话筒检测相同的操作。

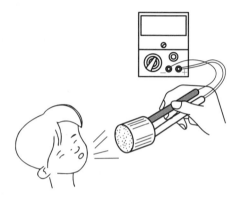

图 3-11-11　常见驻极体话筒的检测

> ➤ 知识链接二　动圈式话筒

1. 外形、结构、图形符号及工作原理

动圈式传声器，也称动圈式话筒，是一种常用的传声器。它由磁铁、音圈、振膜和升压变压器等组成，是一种运动导体呈圆形线圈的电动式传声器。动圈式永久外形、结构及图形符号如图 3-11-12 所示。其工作原理是振膜随着声波而振动，从而带动音圈在磁场中做切割磁感线运动，线圈两端产生感应音频电动势，实现了声能—机械能—电能的转换，将声能变成了电信号。

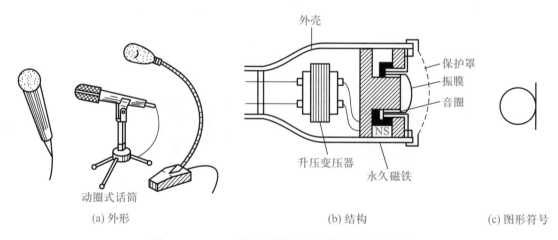

(a) 外形　　　　　　　　　　　　(b) 结构　　　　　　　　　　　(c) 图形符号

图 3-11-12　动圈式话筒外形、结构及图形符号

动圈式话筒有低阻抗(200 Ω、250 Ω、600 Ω)和高阻抗(10 kΩ、20 kΩ)两大类,常用的是600 Ω 的动圈式话筒,其频率响应范围一般为 200 Hz~5 kHz。动圈式话筒稳定可靠、使用方便、固有噪声小,多用于语音广播和扩声系统中。

2. 话筒的选用

通常在对音质要求不高的场合(如会议扩音等)可以选用驻极体话筒或普通动圈式话筒即可,当说话人位置不移动且与扬声器距离较近时,应选用单方向性、灵敏度较低的话筒,以减少杂音干扰及防止啸叫;在对音质要求高的场合(如高质量的录音等),可以选用高级动圈式话筒或其他高品质的话筒。此外话筒的阻抗匹配问题也是必须重点加以考虑的。

3. 动圈式话筒的检测

以 CD3-1 型低阻抗话筒、CD2-1 型高阻抗话筒为例。

测低阻抗话筒时,用万用表 200 Ω 挡;测高阻抗话筒时,用万用表 2 kΩ 挡,将两根表笔分别接触动圈式话筒的芯线与屏蔽线,正常的话筒听到发出的"咯咯"声(用 2 kΩ 挡时,声音小些)。若万用表显示"0"或"OL",或无声,则表明该动圈式话筒有故障。动圈式话筒的简要检测如图 3-11-13 所示。

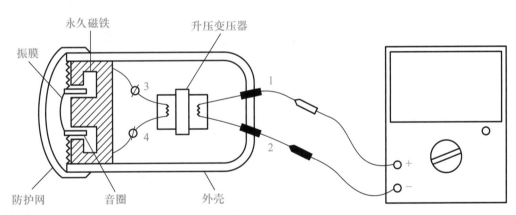

图 3-11-13　动圈式话筒的简要检测

复习与思考题

1. 写出驻极体话筒的极性判断和简要检测方法。

2. 在声控闪光灯电路中,驻极体话筒的作用是什么?

3. 说一说声控闪光灯电路的工作过程。当声控闪光灯电路正常工作时,三极管 VT_1、VT_2 处于什么工作状态?

实训项目十二　发光二极管电平指示电路

如果你想直观地知道可调电源输出电平的高低,发光二极管电平指示电路是理想的选择。它可以根据发光二极管点亮的个数来判断输出电平的高低,发光二极管点亮个数多,说明输出电平高,反之,输出电平就低。

任务一　认识电路

1. 电路工作原理

图 3-12-1 所示为发光二极管电平指示电路原理图。

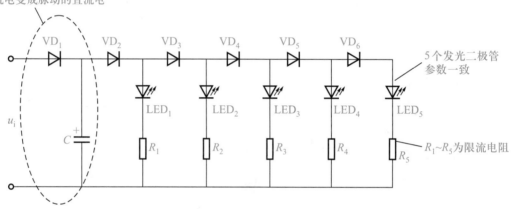

图 3-12-1　发光二极管电平指示电路原理图

该电路由 6 个二极管 $VD_1 \sim VD_6$、5 个发光二极管 $LED_1 \sim LED_5$、5 个限流电阻器 $R_1 \sim R_5$ 及 1 个电解电容器 C 组成。当输入端加的直流或交流电压从低往高变化时,发光二极管 $LED_1 \sim LED_5$ 点亮的个数慢慢增加。该电路也可不用另加电源,直接利用收音机、录音机、扩音机或音频设备输出的音频信号,随着音频信号从低往高调,发光二极管 $LED_1 \sim LED_5$ 点亮的个数也会不断增加。当音频输出信号幅度大时,电容器 C 两端的电压高,发光二极管点亮个数就多;反之,则少。因此,可以根据点亮二极管点亮个数的多少,指示音频设备输出电平的高低。

其中,二极管 VD_1 与电解电容器 C 构成半波整流电容滤波电路,它的功能是把输入的交流电变成脉动的直流电。

2. 实物图

图 3-12-2 所示为发光二极管电平指示电路实物图。

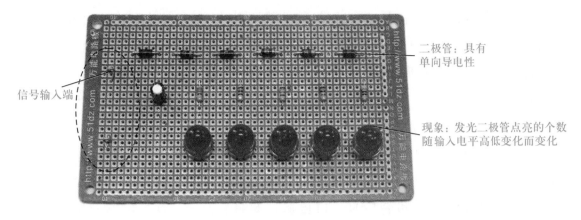

图 3-12-2　发光二极管电平指示电路实物图

信号输入端

二极管：具有单向导电性

现象：发光二极管点亮的个数随输入电平高低变化而变化

任务二　元器件的识别与检测

1. 电路元器件的识别

在电路的制作过程中,元器件的识别与检测是不可缺少的一个环节,在制作前可先对照表 3-12-1 逐一进行识别。

表 3-12-1　发光二极管电平指示电路元器件识别与检测表

符号	名称	实物图	规格	检测结果
R_1	色环电阻器		330 Ω	实测值：
R_2	色环电阻器		270 Ω	实测值：
R_3	色环电阻器		180 Ω	实测值：
R_4	色环电阻器		100 Ω	实测值：
R_5	色环电阻器		47 Ω	实测值：
$VD_1 \sim VD_6$	二极管		1N4007	正、反向测试： 极性判断：
C	电解电容器		100 μF/16 V	正负极性： 质量：
$LED_1 \sim LED_5$	发光二极管		红色,ϕ 10 mm	正负极性： 正、反向测试： 质量：

2. 电路元器件的检测

对照表 3-12-1 逐一进行检测,同时把检测结果填入表 3-12-1。

（1）色环电阻器、电解电容器、发光二极管的检测（方法可参考前面相关内容）

① 色环电阻器：主要识读其标称阻值，并用万用表检测其实际阻值。

② 电解电容器：识别判断其正负极性，并用万用表检测其质量的好坏。

③ 发光二极管：识别判断其正负极性，并用万用表测其正反向压降和质量。

（2）二极管正负极性识别与质量检测

① 二极管正负极性识别。有一条色带标志的一端为二极管的负极，另一端为二极管的正极，如图 3-12-3 所示。

② 用万用表测量判断二极管质量。可以通过测量二极管的正向压降、反向压降鉴别二极管的质量好坏。

图 3-12-4 所示为二极管正向压降测量示意图。将万用表置于二极管测试挡。万用表的红表笔接二极管的正极，黑表笔接二极管的负极，万用表显示二极管的正向压降。

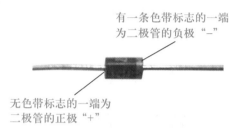

有一条色带标志的一端
为二极管的负极 "–"

无色带标志的一端为
二极管的正极 "+"

图 3-12-3　二极管正负极性识别

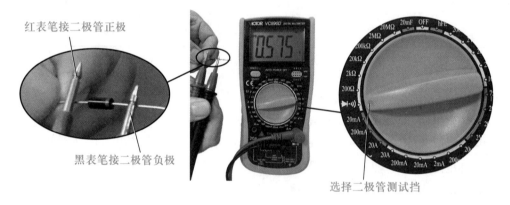

红表笔接二极管正极

黑表笔接二极管负极

选择二极管测试挡

图 3-12-4　二极管正向压降测量示意图

图 3-12-5 所示为二极管反向压降测量示意图。将万用表置于二极管测试挡。万用表的黑表笔接二极管的正极，红表笔接二极管的负极，万用表显示"OL"。

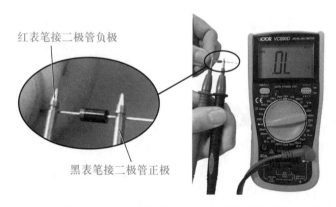

红表笔接二极管负极

黑表笔接二极管正极

图 3-12-5　二极管反向压降测量示意图

任务三　电路制作与调试

1. 电路制作步骤

步骤 1　按电路原理图的结构在图 3-12-6 所示单孔电路板图中,绘制电路元器件排列的布局草图。

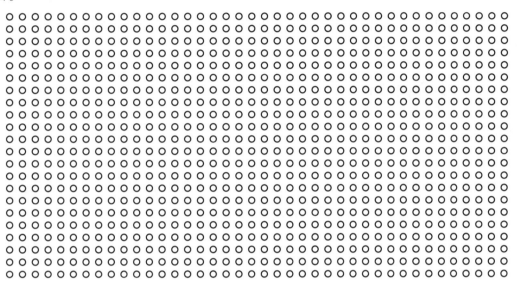

图 3-12-6　单孔电路板图

步骤 2　按工艺要求对元器件的引脚进行成形加工。

步骤 3　按布局图在实验电路板上依次进行元器件的排列、插装。

步骤 4　按焊接工艺要求对元器件进行焊接。

步骤 5　焊接电源输入线或输入端子。

其中,电阻器、二极管采用卧式安装,电阻器的色环方向一致,电解电容器、发光二极管采用立式安装,如图 3-12-7 所示。

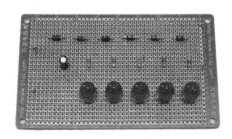
(a) 元器件面

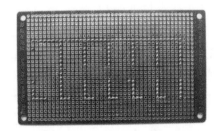
(b) 焊接面

图 3-12-7　发光二极管电平指示电路元器件装接图

元器件的排列与布局以合理、美观为标准。安装与焊接按电子工艺要求进行,但在焊接过程中,注意电解电容器、二极管、发光二极管的正负极性。

129

2. 电路调试

若电路工作正常,输入连续可调的交流或直流电压(或音频信号),从低往高调,我们将发现,发光二极管点亮的个数逐渐增加。若电路工作不正常,可能出现的故障情况:

① 有个别发光二极管不亮。该发光二极管极性接错;该支路有脱焊或断开;该发光二极管损坏。

② 后半部分发光二极管不亮。不亮部分电路之前的二极管极性接错;前半部分电路有未连通之处等。

任务四　电路测试与分析

1. 测试

(1)测试 1

用万用表分别测量当 1 个、3 个、5 个发光二极管正常发光时,输入信号电压 U_i、二极管 VD_1 两端的电压 U_{VD1} 及电容器 C 两端电压 U_C。

(2)测试 2

用万用表分别测量当 1 个、3 个、5 个发光二极管正常发光时,二极管 VD_2 导通时两端的电压 U_{VD2}、发光二极管正常发光时两端的电压 U_{LED} 及电阻 $R_1 \sim R_5$ 两端的电压 $U_{R1} \sim U_{R5}$。

测试结果填入表 3-12-2。

表 3-12-2　发光二极管电平指示电路测试技训表

测试项目	U_i	U_{VD1}	U_C	U_{VD2}	U_{LED}	U_{R1}	U_{R2}	U_{R3}	U_{R4}	U_{R5}
1 个发光二极管正常发光时										
3 个发光二极管正常发光时										
5 个发光二极管正常发光时										

2. 分析

(1)分析 1

为什么当输入信号从低往高调时,发光二极管点亮的个数会逐渐增加?

发光二极管只有加上一定的正向电压时,才能正常发光,其正向工作电压比普通二极管高,为 1.2 ~2.5 V。当输入信号比较低,只够 1 个发光二极管 LED_1 正常发光时,那么加在

LED$_2$~LED$_5$ 上的电压还不足够高,低于它们的正向工作电压;当输入信号逐渐调高够 2 个发光二极管 LED$_1$、LED$_2$ 正常发光时,加在 LED$_3$~LED$_5$ 上的电压还不足够高;依此类推,当输入信号从低往高调时,发光二极管点亮的个数就会逐渐增加。

（2）分析 2

发光二极管电平指示电路中,为什么限流电阻 R_1~R_5 的阻值越来越小?

发光二极管正常发光时的工作电流为 3~10 mA。若工作电流过小,发光二极管就不能正常发光;若工作电流过大,超过极限值,就会损坏。而在发光二极管电平指示电路中,当 5 个发光二极管都正常发光时,加在电阻 R_1~R_5 上的电压 U_{R1}~U_{R5} 的大小情况是:$U_{R1}>U_{R2}>U_{R3}>U_{R4}>U_{R5}$,而在发光二极管电平指示电路中,5 个发光二极管的参数一致,它们正常发光时的工作电流也一样,因此要使 5 个发光二极管都能正常发光,限流电阻 R_1~R_5 的阻值就越来越小。

◆ **实训项目评价**

实训项目评价表如表 3-12-3 所示。

表 3-12-3　实训项目评价表

班级		姓名		学号		总得分	
项目	考核内容		配分	评分标准			得分
元器件识别与检测	按要求对所有元器件进行识别与检测		10 分	1. 元器件识别错误,每个扣 1 分 2. 元器件检测错误,每个扣 2 分			
元器件成形、插装与排列	1. 元器件按工艺表要求成形 2. 元器件插装符合插装工艺要求 3. 元器件排列整齐、标识方向一致,布局合理		15 分	1. 元器件成形不符合要求,每处扣 1 分 2. 插装位置、极性错误,每处扣 2 分 3. 元器件排列参差不齐,标识方向混乱,布局不合理,扣 3~10 分			
导线连接	1. 导线挺直、紧贴印制电路板 2. 板上的连接线呈直线或直角,且不能相交		10 分	1. 导线弯曲、拱起,每处扣 2 分 2. 板上的连接线弯曲时不呈直角,每处扣 2 分 3. 相交或在正面连线,每处扣 2 分			
焊接质量	1. 焊点均匀、光滑、一致,无毛刺、假焊等现象 2. 焊点上引脚不能过长		15 分	1. 有搭锡、假焊、虚焊、漏焊、焊盘脱落、桥接等现象,每处扣 2 分 2. 出现毛刺、焊锡过多、焊锡过少、焊点不光滑、引脚过长等现象,每处扣 2 分			

项目	考核内容	配分	评分标准	得分
电路调试	1. 按要求对电路进行调试 2. 输入连续可调的交流或直流信号，发光二极管亮的个数逐渐增加	20分	1. 调试不当，扣1~5分 2. 发光二极管没按要求亮，扣5~10分	
电路测试	正确使用万用表测各元器件两端电压	20分	不会使用万用表测各元器件两端电压，扣10~20分	
安全文明操作	1. 工作台上工具排放整齐 2. 严格遵守安全文明操作规程	10分	违反安全文明操作规程，酌情扣3~10分	
合计		100分		
教师签名：				

➢ **知识链接一 二极管的种类与符号**

半导体二极管是一种半导体器件，又称为晶体二极管，简称二极管。

1. 二极管的结构、种类和特点

二极管是由一个 PN 结加上两条电极引线做成管芯，并且用塑料、玻璃或金属等材料作为管壳封装而成。从 P 区引出的电极作为正极，从 N 区引出的电极作为负极。其结构与图形符号如图 3-12-8 所示。

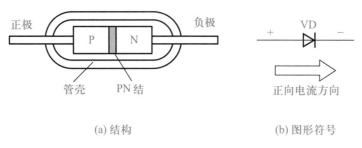

(a) 结构　　　　　　　(b) 图形符号

图 3-12-8　二极管的结构与图形符号

二极管图形符号形象地表示了二极管的工作电流的方向，箭头所指的方向是正向电流流通的方向，箭头的一端代表正极，另一端代表负极。通常用文字符号 VD 代表二极管。

二极管的种类很多。通常，按采用的材料可分为：锗二极管、硅二极管；按外壳封装可分为：玻璃封装二极管、塑料封装二极管、金属封装二极管；按用途可分为：整流二极管、检波二极管、稳压二极管、开关二极管、发光二极管、光电二极管等。表 3-12-4 所示为部分二极管外形、图形符号、特性、用途示例。

表 3-12-4　部分二极管外形、图形符号、特性、用途

名称	外形特征	图形符号	主要特性说明	一般用途
整流二极管	大多数采用塑封结构,也有个别采用玻璃封装结构		工作电流比普通二极管大,1 N系列塑封整流二极管 $I_F \geq 1$ A	用于整流电路
稳压二极管	与普通小功率整流二极管外形相似		稳压二极管反向电压达到一定值时,管子击穿。这时,两极间电压大小基本不变。稳压二极管就是利用反向击穿特性进行稳压的	主要用于构成直流稳压电路
发光二极管	管体一般用透明玻璃材料制成		加足够正向电压,能够导通发光。正向导通电压较大,为1.5~2.5 V;加反向电压时,截止不发光,一般而言,二极管工作电流增大,其发光相对强度增大	主要用于照明、指示等
开关二极管	玻璃封装		正向电阻较大,一般为几千欧,反向电阻无穷大。具有开关特性	广泛用于逻辑运算、控制电路等
光电二极管	全密封,金属外壳,顶端有玻璃透镜窗口		光电二极管工作在反向状态。无光照时,反向电流非常微弱;有光照时,反向电流迅速增大,即光电转换特性	用于光接收(如遥控器)、光电耦合等方面

2. 二极管主要特性和参数

二极管的单向导电特性是二极管的最基本和最重要的特性,表现为:

① 二极管加正向电压时,存在"死区",对于硅二极管,其范围为 0~0.5 V,对于锗二极管,其范围为 0~0.2 V。只有在正向电压超过 0.5 V(锗:0.2 V)之后,二极管进入导通状态。

二极管导通时,通过的电流与两端电压之间呈非线性关系。

② 二极管加反向电压时,反向电流很小,而且基本不随电压变化而变化,这一电流称为二极管的反向饱和电流。锗管的反向饱和电流比硅二极管略大一些。

二极管的参数比较多,其主要参数如表 3-12-5 所示。

表 3-12-5　二极管主要参数

参数	符号	说明
最大整流电流	I_F	二极管在长时间正常使用时允许通过的最大电流。使用时,不允许超过此值,否则将会烧坏二极管
反向电流	I_R	二极管在规定的反向偏置电压情况下通过二极管的电流。此电流值越小,表明二极管的单向导电性能越好
最大反向工作电压	U_{RM}	二极管正常工作时所能承受的最大反向电压值

➤ **知识链接二　二极管的识别与检测**

1. 二极管极性的标记方法

当拿到二极管时,首先观察二极管的外形特性和引脚极性标记,以便分辨出二极管两个引脚的正、负极性。通常情况下,二极管外形极性标记有以下几种方法:

① 在二极管的负极用一条色带标记,如图 3-12-9(a)所示。

② 在二极管的外壳的一端标出一个色点,有色点的一端表示二极管的正极,另一端则为负极,如图 3-12-9(b)所示。

③ 在二极管的外壳上直接印有二极管的图形符号,可以根据图形符号判别二极管的极性,如图3-12-9(c)所示。

④ 发光二极管的外形如图 3-12-9(d)所示,其中,较长的引脚为正极,较短的引脚为负极。

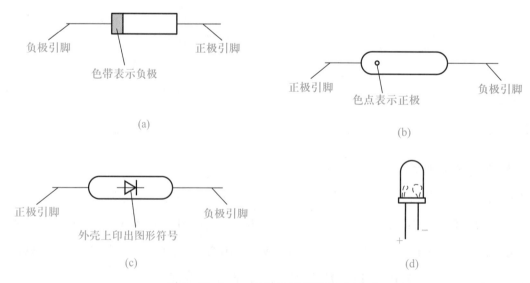

图 3-12-9　二极管极性的标记方法

2. 用万用表判断二极管的正、负极性的方法

根据二极管正向电阻小,反向电阻大的特点:

① 先将万用表置于二极管测试挡。

② 用万用表红、黑表笔任意接触二极管两引脚,观察测试结果。

③ 交换万用表表笔再接触一次。如果二极管是好的,两次测试结果必定不一样,其中一次显示二极管正向压降,另一次显示溢出"OL"。

④ 以显示二极管正向压降的一次测试为准,红表笔所接的二极管引脚为正极,黑表笔所接的二极管的引脚为负极。

3. 用万用表检测二极管的质量

可以通过对二极管进行正向测试、反向测试鉴别二极管的质量好坏。

① 图 3-12-10(a)是二极管正向测试示意图。将万用表置于二极管测试挡。正向测试时,万用表的红表笔接二极管的正极,黑表笔接二极管的负极,万用表显示出的值为二极管正向压降。

② 图 3-12-10(b)是二极管反向测试示意图。将万用表置于二极管测试挡。进行二极管反向测试时,万用表的黑表笔接二极管的正极,红表笔接二极管的负极,万用表显示溢出"OL"。

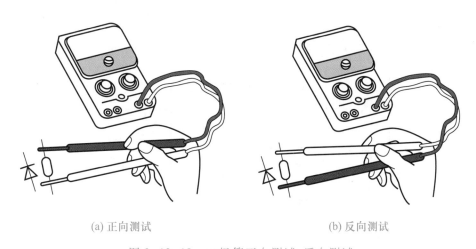

(a) 正向测试   (b) 反向测试

图 3-12-10 二极管正向测试、反向测试

若两次测试结果均为 0,说明该被测二极管内部已短路;若两次测试结果均为溢出"OL",则说明该被测二极管已断路;若反向测试时万用表显示的不是溢出"OL"而是其他数值,则说明该被测二极管反向漏电。

<hr>

复习与思考题

1. 二极管具有什么特性? 如何识别二极管的正负极性及进行质量的检测?

2. 二极管有哪些类型? 它们各自有什么特点?

3. 发光二极管要正常发光应具备哪些条件?

4. 二极管电平指示电路中的电阻器 $R_1 \sim R_5$ 起什么作用?

实训项目十三　叮 咚 门 铃

叮咚门铃音色优美,现在有不少家庭已经安装了这种门铃。利用一块 555 集成电路也可以逼真地模拟出"叮咚"声,可以用它制作门铃。

任务一　认识电路

1. 电路工作原理

图 3-13-1 所示为叮咚门铃电路原理图。

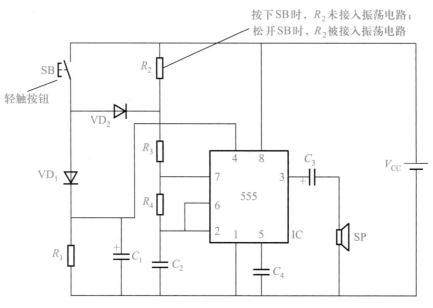

图 3-13-1　叮咚门铃电路原理图

该电路由 555 集成电路,二极管 VD_1 和 VD_2,电容器 C_1、C_2、C_3 和 C_4,电阻器 R_1、R_2、R_3 和 R_4 以及扬声器 SP 组成。

当按下轻触按钮 SB,电源经 VD_1 对电容器 C_1 充电,当 555 集成电路 4 脚(复位端)电压大于 1 V 时,电路开始振荡,扬声器中发出"叮"声。松开轻触按钮 SB,电容器 C_1 存储的电能经电阻器 R_1 放电,但 555 集成电路 4 脚继续持高电平而保持振荡,这时因电阻器 R_2 也接入了振荡电路,振荡频率变低,使扬声器发出"咚"声。当电容器 C_1 上的电能释放一定时间后,555 集成电路 4 脚电压低于 1 V,此时电路将停止振荡。再按一次轻触按钮,电路将重复上述过程。

555 集成电路的 4 脚为复位端,1 脚接地,8 脚接电源,5 脚接 0.01 μF 电容器到地,3 脚为输出端。

2. 实物图

图 3-13-2 所示为叮咚门铃电路实物图。

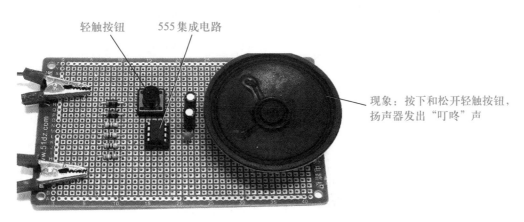

图 3-13-2 叮咚门铃电路实物图

任务二 元器件的识别与检测

1. 电路元器件的识别

在电路的制作过程中,元器件的识别与检测是不可缺少的一个环节,在制作前可先对照表 3-13-1 逐一进行识别。

表 3-13-1 叮咚门铃电路元器件识别与检测表

符号	名称	实物图	规格	检测结果
R_1	色环电阻器		3.9 kΩ	实测值:
R_2、R_3			3 kΩ	实测值:
R_4			4.7 kΩ	实测值:
C_1	电解电容器		47 μF/16 V	正负极性: 质量:
C_2	磁片电容器		0.1 μF	标称容量的识读: 质量:
C_4			0.01 μF	标称容量的识读: 质量:

符号	名称	实物图	规格	检测结果
C_3	电解电容器		10 μF	正负极性： 质量：
VD_1、VD_2	二极管		1N4007	正、反向测试： 质量：
SB	轻触按钮		—	质量：
SP	扬声器		8 Ω/0.5 W	正负极性： 质量：
IC	集成电路		NE555	引脚排序： 引脚识别：
—	集成电路插座		8 脚	
V_{CC}	直流电源	—	6 V	

2. 电路元器件的检测

对照表 3-13-1 逐一进行检测，同时把检测结果填入表 3-13-1。

（1）色环电阻器、磁片电容器、电解电容器、二极管、按钮开关、扬声器的检测（方法可参考前面相关内容）

① 色环电阻器：主要识读其标称阻值，并用万用表检测其实际阻值。

② 电解电容器：识别判断其正负极性，并用万用表检测其质量的好坏。

③ 磁片电容器：识别其容量并用万用表检测其质量。

④ 二极管：识别判断其正负极性，并用万用表测其正向压降和质量。

⑤ 轻触按钮：识别动合端与动断端并检测其质量。

⑥ 扬声器:识别正负极性并检测质量好坏。

（2）555 集成电路引脚的识别

555 集成电路表面缺口朝左,逆时针方向依次为 1 脚~8 脚,如图 3-13-3 所示。

图 3-13-3　555 集成电路引脚排列图

任务三　电路制作与调试

1. 电路制作步骤

步骤 1　按电路原理图的结构在图 3-13-4 所示单孔电路板图中,绘制电路元器件排列的布局草图。

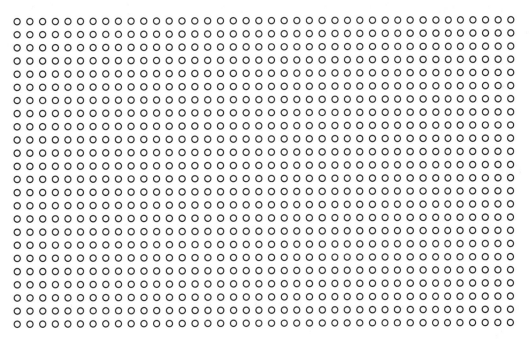

图 3-13-4　单孔电路板图

步骤 2　按工艺要求对元器件的引脚进行成形加工。

步骤 3　按布局图在实验电路板上依次进行元器件的排列、插装。

步骤 4　按焊接工艺要求对元器件进行焊接。

步骤 5 焊接电源输入线或输入端子。

其中,电阻器、二极管采用卧式安装,色环电阻器的色环方向一致,电解电容器、磁片电容器采用立式安装。轻触按钮紧贴电路板安装,555 集成电路采用底座安装。

安装与焊接按电子工艺要求进行,如图 3-13-5 所示,在插装与焊接过程中,应注意电解电容器、二极管及扬声器的正负极性,同时要会正确识别 555 集成电路 8 个引脚的排列。

图 3-13-5 叮咚门铃电路装接图

2. 电路调试

接通电源,若电路工作正常,按下和松开轻触按钮,扬声器发出悦耳的"叮咚"声。若电路工作不正常,可能出现的故障情况:

① 按下和松开按钮时,扬声器不发声。轻触按钮损坏;555 集成电路的引脚接错;扬声器损坏;电路有虚焊或脱焊等。

② 按下和松开轻触按钮时,扬声器一直发"叮"或"咚"声。按钮失灵;555 集成电路的 4 脚接错。

任务四 电路测试与分析

1. 测试

(1) 测试 1

用万用表测量按下和松开轻触按钮时,电容器 C_1 两端电压(或 555 集成电路的 4 脚电位)的变化情况。

(2) 测试 2

用万用表测量按下和松开轻触按钮时,555 集成电路的 2 脚或 6 脚、3 脚、1 脚以及 8 脚的电位变化情况。

测试结果填入表 3-13-2。

2. 分析

(1) 分析 1

为什么按下轻触按钮时扬声器会发出"叮"声,而松开轻触按钮时扬声器发出"咚"声?

表 3-13-2 叮咚门铃电路测试技训表

测试项目		电压值(或电压变化情况)				
555 集成电路引脚		4 脚或 U_{c1}	2 脚或 6 脚	3 脚	1 脚	8 脚
扬声器鸣叫时	按下轻触按钮 SB 时					
	松开轻触按钮 SB 时					
扬声器不鸣叫时						

该振荡电路的振荡频率实际上是由电容器 C_2 的充放电回路中的电阻器、电容器参数决定的。当按下轻触按钮 SB 时,电源对 C_2 的充电回路是:电源经二极管 VD_1 以及电阻器 R_2、R_3 对 C_2 进行充电,充电时间的长短只跟 R_2、R_3 和 C_2 的值有关。而当松开轻触按钮 SB 时,电源对 C_2 的充电回路是:电源经电阻器 R_1、R_2、R_3 对 C_2 进行充电,充电时间的长短跟 R_1、R_2、R_3 和 C_2 的值有关。

因此,按下轻触按钮 SB 时的充电时间要比松开轻触按钮 SB 时的充电时间短,而频率与时间成反比,所以按下轻触按钮 SB 时的振荡频率要比松开轻触按钮 SB 时的振荡频率高,即按下轻触按钮时,扬声器发出"叮"声,而松开轻触按钮时发出"咚"声。因此,调整相关电阻器、电容器的数值可改变声音的频率,C_2 越小频率越高。按下和松开轻触按钮 SB 时 C_2 的充电回路如图 3-13-6 所示。

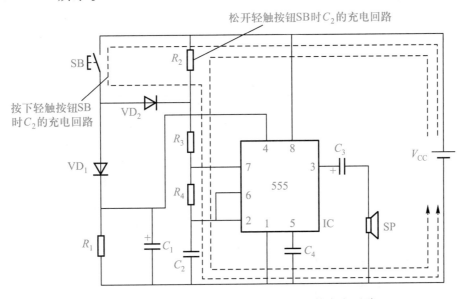

图 3-13-6 按下和松开轻触按钮时 C_2 的充电回路

(2) 分析 2

当松开轻触按钮 SB 时,发出"咚"的余声长短跟哪些参数有关?

555集成电路的4脚为复位端,当4脚的电压小于1 V或为零时,555集成电路的3脚输出为零,此时电路将停止振荡。而555集成电路的4脚与电容器C_1的正端连在一起,当电容器C_1上的电能释放一定时间后,555集成电路的4脚电压会低于1 V或为零,因此,电路发出"咚"的余声长短与电容器C_1的放电时间有关,放电时间长,余声就长,放电时间短,余声就短。而C_1的放电回路如图3-13-7所示,它与R_1和C_1的参数有关,若R_1和C_1的值大,余声就长,若R_1和C_1的值小,余声就短。

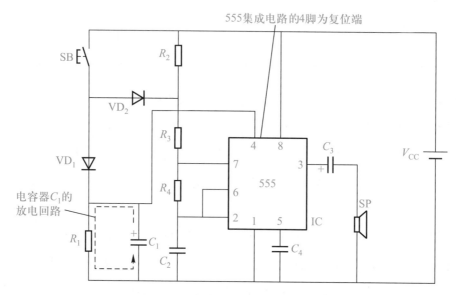

图3-13-7 电容器C_1的放电回路

◆ **实训项目评价**

实训项目评价表如表3-13-3所示。

表3-13-3 实训项目评价表

班级		姓名		学号		总得分	
项目	考核内容		配分	评分标准			得分
元器件识别与检测	按要求对所有元器件进行识别与检测		10分	1. 元器件识别错误,每个扣1分 2. 元器件检测错误,每个扣2分			
元器件成形、插装与排列	1. 元器件按工艺表要求成形 2. 元器件插装符合插装工艺要求 3. 元器件排列整齐、标识方向一致,布局合理		15分	1. 元器件成形不符合要求,每处扣1分 2. 插装位置、极性错误,每处扣2分 3. 元器件排列参差不齐,标识方向混乱,布局不合理,扣3~10分			

项目	考核内容	配分	评分标准	得分
导线连接	1. 导线挺直、紧贴印制电路板 2. 板上的连接线呈直线或直角,且不能相交	10分	1. 导线弯曲、拱起,每处扣2分 2. 板上的连接线弯曲时不呈直角,每处扣2分 3. 相交或在正面连线,每处扣2分	
焊接质量	1. 焊点均匀、光滑、一致,无毛刺、假焊等现象 2. 焊点上引脚不能过长	15分	1. 有搭锡、假焊、虚焊、漏焊、焊盘脱落、桥接等现象,每处扣2分 2. 出现毛刺、焊锡过多、焊锡过少、焊点不光滑、引脚过长等现象,每处扣2分	
电路调试	1. 按要求对电路进行调试 2. 按下和松开轻触按钮,扬声器发出悦耳的"叮咚"声	20分	1. 调试不当,扣1~5分 2. 按下和松开按钮,扬声器不发声,扣10~15分	
电路测试	正确使用万用表测555集成电路各引脚电压值	20分	不会使用万用表测555集成电路各引脚电压值扣10~20分	
安全文明操作	1. 工作台上工具排放整齐 2. 严格遵守安全文明操作规程	10分	违反安全文明操作规程,酌情扣3~10分	
合计		100分		
教师签名:				

▶ 知识链接一　555 集成电路逻辑框图和引脚排列图

图 3-13-8 所示为 555 集成电路逻辑框图和引脚排列图。555 集成电路内部包括 3 个等值电阻 R 组成的分压器,2 个电压比较器 C_1 和 C_2,1 个 RS 触发器,1 个三极管(或 MOS 管)和 1 个反相器。

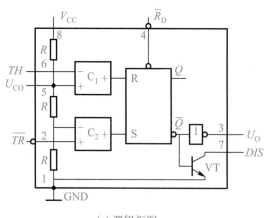
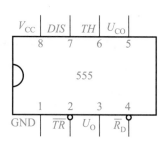

(a) 逻辑框图　　　　　　　　　　(b) 引脚排列图

图 3-13-8　555 集成电路逻辑框图和引脚排列图

➤ **知识链接二　555 集成电路引脚功能**

555 集成电路部分引脚及内部三极管状态如表 3-13-4 所示，表中 1、0 分别代表高、低电平。

表 3-13-4　555 集成电路部分引脚及内部三极管状态

$\overline{R_\mathrm{D}}$（4 脚）	TH（6 脚）	$\overline{TR}$（2 脚）	U_o（3 脚）	VT
0	×	×	0	导通
1	$>\dfrac{2}{3}V_\mathrm{CC}$	$>\dfrac{1}{3}V_\mathrm{CC}$	0	导通
1	$<\dfrac{2}{3}V_\mathrm{CC}$	$>\dfrac{1}{3}V_\mathrm{CC}$	保持	保持
1	$<\dfrac{2}{3}V_\mathrm{CC}$	$<\dfrac{1}{3}V_\mathrm{CC}$	1	截止

555 集成电路引脚的名称及功能如下：

1 脚为接地端。

2 脚为触发端（或置位端）。当该引脚电压低于 $\dfrac{1}{3}V_\mathrm{CC}$ 时，可使触发器处于置位状态，即输出端处于高电平 1。

555 集成电路引脚功能

3 脚为输出端，用于连接负载。

4 脚为复位端。当该引脚外加电压为低电平时，不论 2 脚、6 脚处于何种电平，电路均处于复位状态，即输出为低电平 0。

5 脚为控制电压端。该引脚与 $\frac{2}{3}V_{CC}$ 分压点相连,若输入外部电压,可改变 555 集成电路内部两个比较器的比较基准电压,从而控制电路的翻转门限,以改变输出脉冲的宽度或频率。当不用该引脚时,应将其接一只 0.01 μF 电容器后接地。

6 脚为阈值电压端。当阈值电压为 $\frac{2}{3}V_{CC}$ 时,如果该引脚电压大于 $\frac{2}{3}V_{CC}$,可使触发器复位,即输出端输出低电平 0。

7 脚为放电端。该引脚与三极管 VT 相连,三极管 VT 为发射极接地开关控制器,用于限定电容器的放电时间。当输出端为低电平 0 时,三极管 VT 为导通状态。

8 脚为电源端。双极型 555 集成电路外接 4.5~15 V 电源,CMOS 型 555 集成电路外接 3~18 V 电源,一般来说,555 集成电路的定时精度受电源电压的影响极小。

复习与思考题

1. 555 集成电路 8 个引脚是如何排列的? 每个引脚的名称和功能是什么?

2. 叮咚门铃电路中 555 集成电路 3 脚输出信号的振荡频率与哪些参数有关?

3. 余声"咚"的长短与哪些参数有关?

直流稳压电源

☞ **技能目标：**

- 掌握数字示波器的正确使用方法,学会用数字示波器观察信号波形,并会识读被测波形的周期和振幅。
- 掌握电源变压器、稳压二极管、LM317、78××系列和79××系列等元器件的识别,并会用万用表对它们的质量进行检测。
- 掌握整流滤波电路、稳压二极管并联型稳压电路、三极管串联型稳压电路和三端集成稳压器的安装、调试和测试,并初步具有排除这些电路故障的能力。

☞ **知识目标：**

- 了解电源变压器、稳压二极管、LM317、CW78××系列和 CW79××系列等元器件结构和特点,熟悉它们的使用方法。
- 熟悉 LM317、CW78××系列和 CW79××系列等元器件的引脚排列及功能。
- 理解整流滤波电路、稳压二极管并联型稳压电路、三极管串联型稳压电路和三端集成稳压器的工作过程,并知道各元器件的作用。

实训项目十四　正确使用数字示波器

示波器能够直观显示各种信号的波形,测量信号幅度、频率、周期,比较相位等,是一种常用的电子仪器,作为电子专业的学生必须学会示波器的正确使用方法。目前,数字示波器已经成为主流应用产品,本书主要介绍数字示波器(简称示波器),下面以 DS2072A 型数字示波器为例介绍示波器的用途和使用方法。

任务一　认识示波器面板

DS2072A 型数字示波器面板主要包括显示屏和操作面板两部分,如图 4-14-1 所示,其左边为显示屏,右边为操作面板,左下侧有电源开关和 USB 接口,右下侧有 2 个信号通道输入端口、1 个外触发输入端口和 1 个探头补偿端口。显示屏的右侧一列按键为功能菜单设置按键,左侧一列按键为快速测量按键。

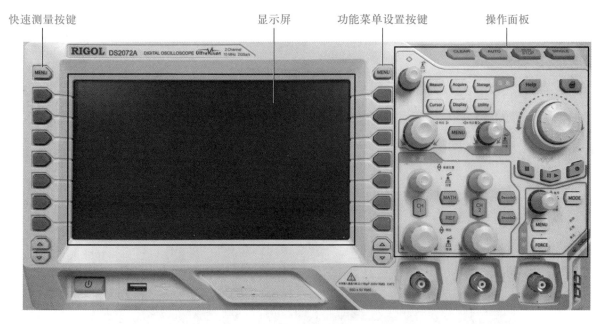

图 4-14-1　DS2072A 型数字示波器面板

操作面板主要包括 1 个多功能旋钮和 6 个功能区,如图 4-14-2 所示。6 个功能区分别为功能控制区、运行控制区、水平系统控制区、垂直系统控制区、触发系统控制区和波形录制控制区。

显示屏如图 4-14-3 所示。

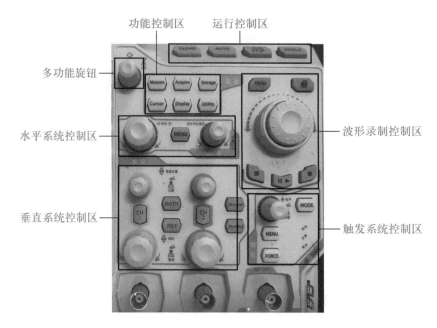

功能控制区　　运行控制区

多功能旋钮

水平系统控制区

波形录制控制区

垂直系统控制区

触发系统控制区

图 4-14-2　操作面板

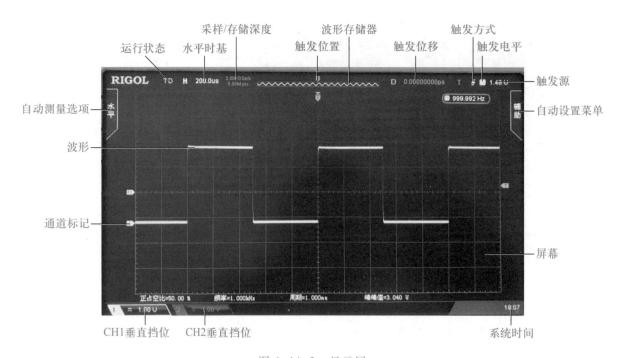

采样/存储深度　　波形存储器　　触发方式

运行状态　水平时基　　触发位置　　触发位移　触发电平

自动测量选项

触发源

自动设置菜单

波形

通道标记

屏幕

正占空比=50.00 %　　频率=1.000kHz　　周期=1.000ms　　峰峰值=3.040 V

CH1垂直挡位　　CH2垂直挡位

系统时间

图 4-14-3　显示屏

148

1. 垂直系统控制区(如图 4-14-4 所示)

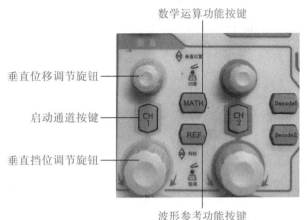

启动通道按键(CH1 和 CH2)。两个通道标签用不同颜色标识,与显示屏幕波形颜色和输入通道连接器的颜色相对应。按下启动通道按键可以打开相应通道及其菜单,连续按下 2 次则可以关闭该通道。

垂直位移调节旋钮(POSITION)。可以调节波形在屏幕中的垂直位置。顺时针转动增大位移,逆时针转动减小位移。修改过程中波形会上下移动,同时屏幕左下角弹出的位移信息相应变化。按下该旋钮可快速复位垂直位移。

图 4-14-4　垂直系统控制区

垂直挡位调节旋钮(VOLTS/DIV)。可以调节示波器每格所代表的电压值。顺时针转动减小挡位,逆时针转动增大挡位。调节过程中波形幅度会增大或减小,同时屏幕左下角的挡位信息会相应变化。按下该旋钮可以快速切换垂直挡位调节方式为"粗调"或"细调"。

数学运算功能按键(MATH)。按下该按键可以打开数学运算菜单,可以进行加、减、乘、除等运算。

波形参考功能按键(REF)。按下该按键可打开波形参考功能,可以将实测波形与参考波形相比较,以判断电路故障。

2. 水平系统控制区(如图 4-14-5 所示)

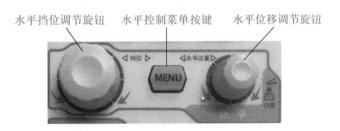

图 4-14-5　水平系统控制区

水平位移调节旋钮(POSITION)。调节该旋钮可以改变波形的水平触发位置,使所有通道的波形同时左右移动。按下该旋钮,水平位移归零。调节过程中,屏幕左下角的触发位移信息也会相应变化。

水平挡位调节旋钮(SEC/DIV)。调节该旋钮可以调节示波器每格所代表的时间。顺时针旋转时间挡位减小,逆时针旋转时间挡位增大,使所有通道的波形被扩展或压缩,修改过程中,屏幕下方的时基信息相应变化。按下该旋钮可将波形快速切换至延迟扫描状态。

水平控制菜单按键(MENU)。按下该按键可以打开水平控制菜单。在此菜单下可以开启或关闭延迟扫描功能。

3. 触发系统控制区(如图 4-14-6 所示)

触发功能菜单按键(MENU)。按下该按键可以打开触发功能菜单。示波器提供边沿、脉冲、视频、斜率和交替 5 种触发类型。

触发电平调节旋钮(LEVEL)。旋转该旋钮可以调节触发电平。按下该旋钮,触发电平复位。

强制触发按键(FORCE)。在 Normal 和 Single 触发方式下,按该键可使通道波形强制触发。

触发方式按键(MODE)。按下该按键可将触发方式在自动、普通、单次间切换。

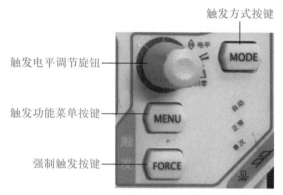

图 4-14-6 触发系统控制区

4. 运行控制区(如图 4-14-7 所示)

运行控制按键(RUN/STOP)。按下该按键将示波器的运行状态设置为"运行"或"停止"。在"运行"状态下,该按键黄灯被点亮;在"停止"状态下,该按键红灯被点亮。

单次触发按键(SINGLE)。按下该按键将示波器的触发方式设置为"单次"。在单次触发方式下,示波器检测到一次触发则采集一个波形,然后停止。

图 4-14-7 运行控制区

波形自动显示按键(AUTO)。按下该按键开启波形自动显示功能,示波器将根据输入信号自动调整垂直挡位、水平时基以及触发方式,使波形以最佳方式显示。

清除波形按键(CLEAR)。按下该按键可以在单次触发的情况下,清除屏幕波形。

5. 功能控制区(如图 4-14-8 所示)

测量按键(Measure)。按下该按键打开测量菜单,可以用多功能旋钮配合各功能菜单按键对波形的全部参数进行测量,并在屏幕上直接显示结果。

图 4-14-8　功能控制区

采样按键（Acquire）。按下该按键打开采样菜单，可以选择不同的采样方式、采样次数以获得不同波形效果。

存储按键（Storage）。按下该按键打开存储菜单，可以存储波形、设置、位图、CSV 文件以及参数等信息，在该菜单中可以将示波器恢复为默认设置。

光标测量按键（Cursor）。按下该按键打开光标测量菜单，示波器提供手动测量、追踪测量和自动测量三种光标测量模式。

显示按键（Display）。按下该按键打开显示菜单，可以对显示类型、菜单保持时间、屏幕网格、亮度等进行设置。

辅助按键（Utility）。按下该按键打开辅助菜单，可以对语言、接口、录制波形、打印等参数进行设置。

6. 多功能旋钮

多功能旋钮。配合其他按键，显示屏幕菜单并测量相关参数。

任务二　测量前的准备

示波器的
使用方法

1. 打开电源

按下示波器面板上的电源开关，开机后屏幕显示如图 4-14-9 所示。

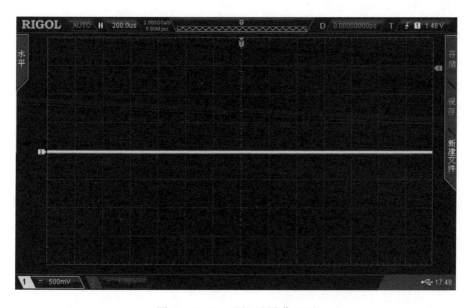

图 4-14-9　开机后屏幕显示

2. 连接、设置探头

将探头连接至 CH1 或者 CH2 通道，将探头上的开关设置为 1×，如图 4-14-10 所示。

图 4-14-10　设置探头

3. 恢复默认设置

按下功能控制区中的存储按键（Storage），在屏幕上出现菜单之后，按下"默认设置"选项所对应的功能菜单设置按键，如图 4-14-11 所示，从而将示波器恢复到默认设置状态。

图 4-14-11　恢复默认设置

4. 自激振荡检测

将探头的探针与探头补偿端口上侧金属环（3V、1kHz 补偿信号输出端）相接，鳄鱼夹与下侧金属环（接地环）相接，如图 4-14-12 所示。按下波形自动显示按键（AUTO），屏幕显示图 4-14-13 所示补偿信号波形。

首次使用探头时，应进行探头补偿调节，使探头与示波器输入通道匹配。探头未经补偿或补偿存在偏差，会导致测量存在偏差或错误。

图 4-14-12　自激振荡检测探头连接

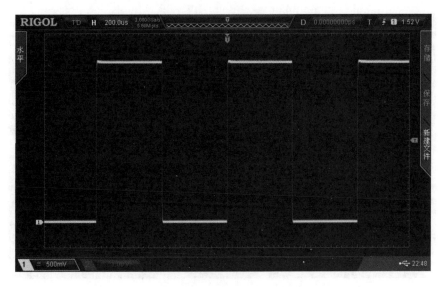

图 4-14-13　补偿信号波形

如果补偿信号波形显示为"过冲"或"下塌"状态,如图 4-14-14 所示,应该调节探头调整元件(如图4-14-15所示),使波形显示为"适中"状态。

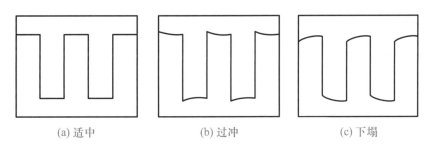

(a) 适中　　　　　　　(b) 过冲　　　　　　　(c) 下塌

图 4-14-14　补偿信号波形类型

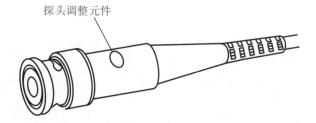

图 4-14-15　探头调整元件

任务三　测量信号的电压与频率

将测量信号通过探头连接至合适的通道(CH1 或 CH2),按下波形自动显示按键(AUTO),待波形稳定后,调节垂直挡位调节旋钮及水平挡位调节旋钮,使屏幕上的波形大小、长短合适。如果波形不稳定,可以尝试调节触发系统控制区的触发电平调节旋钮(LEVEL),使波形趋于稳定。

1. 计算信号电压与频率

以图 4-14-16 所示方波信号为例。

153

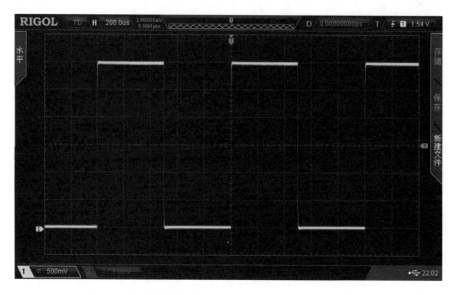

图 4-14-16　方波信号

（1）计算电压峰-峰值

从波形显示及相关数据看，垂直方向每格为 500 mV，峰-峰值占 6 格，则该方波的峰-峰值为 500×6 mV＝3 000 mV＝3 V。

（2）计算周期与频率

从波形显示及相关数据看，水平方向每格为 200 μs，方波的 1 个周期占 5 格，则该方波的周期为 200×5 μs＝1 000 us＝1 ms。

2. 读取信号参数

调整好需要测试的波形，按下 MENU 按键，选择"全部测量"对应的按键，按下显示出全部测量值，再次按下关闭，如图 4-14-17 所示。

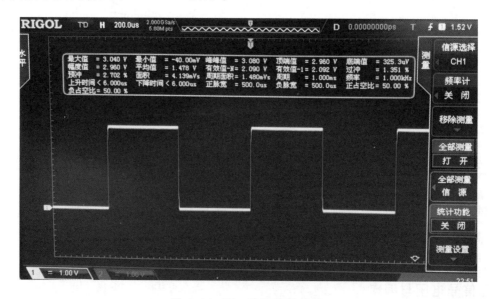

图 4-14-17　读取信号参数

从显示的数据中,可以直接读取信号的峰-峰值、有效值、周期、频率等参数。

◆ 实训项目评价

实训项目评价表如表 4-14-1 所示。

表 4-14-1　实训项目评价表

班级		姓名		学号		总得分	
项目	考核内容		配分	评分标准			得分
识别示波器各控制件的作用	正确识别示波器各控制件的作用		15 分	识别示波器各控制件的作用,每错一个扣 1 分			
测量前的准备	测量前正确设置有关控制件		20 分	测量前设置控制件,每错一个扣 1~3 分			
信号校正	正确校正标准信号波形		15 分	不会正确校正标准信号波形扣 3~5 分			
测量信号幅值	正确测量和识读信号幅值		20 分	不会正确测量和识读信号幅值扣 5~20 分			
测量信号频率	正确测量和识读信号频率		20 分	不会正确测量和识读信号频率扣 5~20 分			
安全文明操作	1. 工作台上工具排放整齐 2. 严格遵守安全文明操作规程		10 分	违反安全文明操作规程,酌情扣 3~10 分			
合计			100 分				
教师签名:							

技 能 训 练

1. 用示波器观察一正弦交流信号,测量其峰-峰值、周期和频率,将测量结果填入表 4-14-1。

2. 用示波器观察一直流信号,测量其电压值,将测量结果填入表 4-14-2。

表 4-14-2　示波器测试技训表

测量项目	V/DIV	峰-峰值格数	探头衰减开关位置	峰-峰值/V	s/DIV	周期格数	周期/s	频率/Hz
正弦交流信号								
直流信号								

1. DS2072A 型数字示波器各控制部件有什么功能?

2. 用示波器观察信号波形时,如何读取波形的峰–峰值、周期和频率?

实训项目十五　整流滤波电路

直流稳压电源一般由交流电压变换、整流、滤波和稳压等电路组成。它的功能是将有效值为220 V、50 Hz 的交流电压转换成幅值稳定的直流电压,同时能提供一定的直流电流。图4-15-1所示为直流稳压电源组成框图。

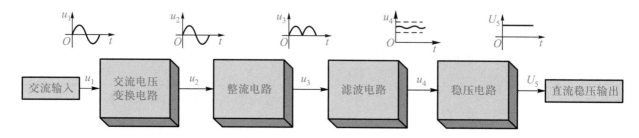

图 4-15-1　直流稳压电源组成框图

在制作直流稳压电源之前,先来认识一下整流滤波电路。

直流稳压
电源工作
原理

任务一　认识电路

1. 电路工作原理

桥式整流电容滤波电路是常用的整流滤波电路,图 4-15-2 所示为桥式整流电容滤波电路原理图。

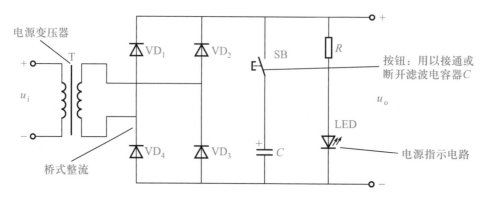

图 4-15-2　桥式整流电容滤波电路原理图

该电路由电源变压器 T、整流二极管 $VD_1 \sim VD_4$ 和滤波电容器 C 组成,其中发光二极管 LED 与限流电阻器 R 组成电源指示电路。

电源变压器 T 二次侧的低压交流电,经过整流二极管 $VD_1 \sim VD_4$ 变成了脉动直流电。这种脉动直流电含有交流成分,因而需要利用滤波电容器 C 滤除其中的交流成分,得到波动较小的直流电。电阻器 R 和发光二极管 LED 既组成电源指示电路,又可以作为整流滤波电路的负载。

2. 实物图

图 4-15-3 所示为桥式整流电容滤波电路实物图。

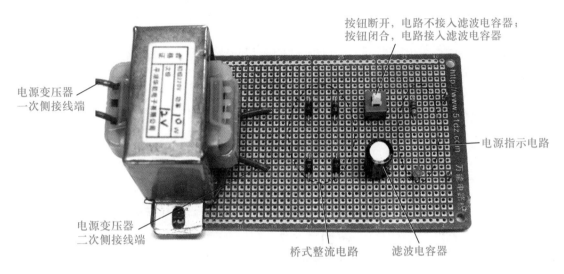

图 4-15-3　桥式整流电容滤波电路实物图

任务二　元器件的识别与检测

1. 电路元器件的识别

桥式整流电容滤波电路的元器件并不多,制作前应对照表 4-15-1 逐一进行识别。

表 4-15-1　桥式整流电容滤波电路元器件识别与检测表

符号	名称	实物图	规格	检测结果
$VD_1 \sim VD_4$	二极管		1N4007	正反向测试:
				极性判断:
C	电解电容器		1 000 μF/25 V	正负极性:
				质量:

157

符号	名称	实物图	规格	检测结果
SB	按钮		自锁	判断动断端与动合端： 质量：
R	色环电阻器		1 kΩ	实测值：
LED	发光二极管		绿色，φ3 mm	正负极性： 质量：
T	电源变压器		220 V/12 V 10 W	一次绕组阻值： 二次绕组阻值： 功率：

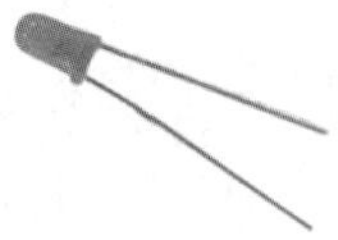

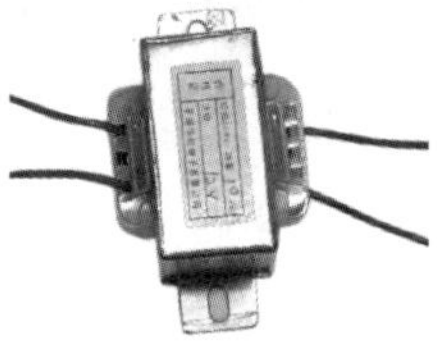

2. 电路元器件的检测

对应表 4-15-1 逐一进行检测，同时把检测结果填入表 4-15-1。

（1）二极管、色环电阻器、发光二极管、电容器、按钮的检测（方法可参考前面相关内容）

① 二极管：识别判断其正负极性，并用万用表对其进行正反向测试。

② 色环电阻器：识读其标称阻值并用万用表测量其实际阻值。

③ 发光二极管：识别其正负极性，用万用表对其进行正反向测试。

④ 电解电容器：识别判断其正负极性，并用万用表检测其质量的好坏。

⑤ 按钮：用万用表识别判断其动断端与动合端，并检测其质量的好坏。

（2）电源变压器的检测

可以用万用表测量其一次绕组、二次绕组的阻值，若是降压变压器，一般一次绕组的阻值为几百欧，二次绕组的阻值为几欧；若是升压变压器，正好相反，如图 4-15-4 所示。

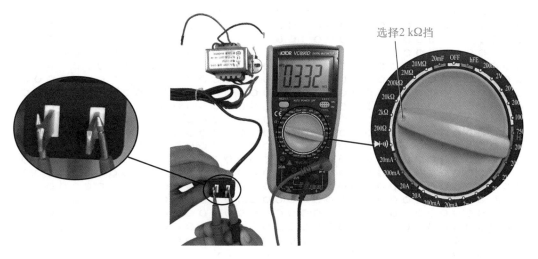

(a) 检测一次绕组

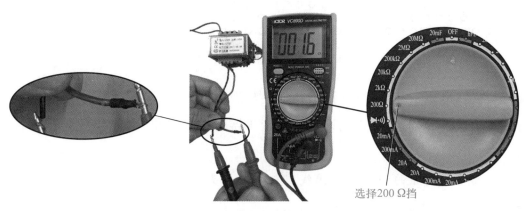

选择200 Ω挡

(b) 检测二次绕组

图4-15-4　检测电源变压器一次绕组、二次绕组

任务三　电路制作与调试

1. 电路制作步骤

步骤1　按电路原理图的结构在图4-15-5所示单孔电路板图中,绘制电路元器件排列的布局草图。

步骤2　按工艺要求对元器件的引脚进行成形加工。

步骤3　按布局图在实验电路板上依次进行元器件的排列、插装。

步骤4　按焊接工艺要求对元器件进行焊接。

步骤5　焊接电源输入线或输入端子。

元器件的排列与布局以合理、美观为标准。其中,普通二极管、色环电阻器采用水平安装,电解电容器、发光二极管、按钮采用直立式安装,按钮安装时应尽量贴紧印制电路板,电源变压器应紧贴电路板进行安装,如图4-15-3所示。

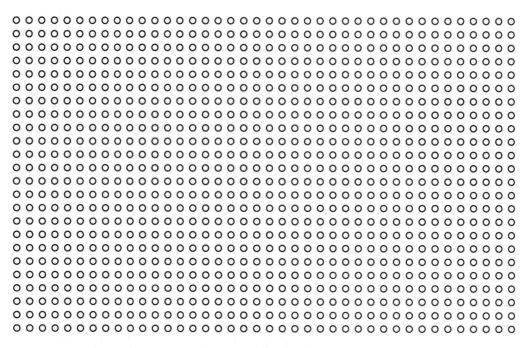

图 4-15-5　单孔电路板图

安装与焊接按电子工艺要求进行,但在插装与焊接过程中,应注意电解电容器、二极管、发光二极管的正负极性,同时要会正确识别电源变压器的一次侧和二次侧。

注意

电源变压器一次绕组的两个输入接线端与电源插头线的连接处应用绝缘胶布包住或套管套住,以防止短路或触电,如图 4-15-6 所示。

连接处用
绝缘胶布包住

图 4-15-6　电源变压器与电源插头线的连接处

2. 电路调试

接上电源变压器(220 V/12 V 10 W),接通电源,然后用万用表测量桥式整流电容滤波电路两端输出电压,如果测量值为 17.2 V 左右,则说明电路工作基本正常。若电路工作不正常,可能出现的故障情况:

① 输出电压只有 7 V 左右,这是由于某只二极管的极性接反了或开路,调整二极管就可以解决。

② 输出电压比正确电压值偏低,可以测量滤波电容器 C 两端的电压,如果 C 两端的电压只有 11~12 V,这常常是因为整流二极管中有一只开路。

任务四 电路测试与分析

1. 测试

(1) 测试1

用万用表测量电源变压器二次电压,并用示波器观察二次电压波形,如图 4-15-7 所示。

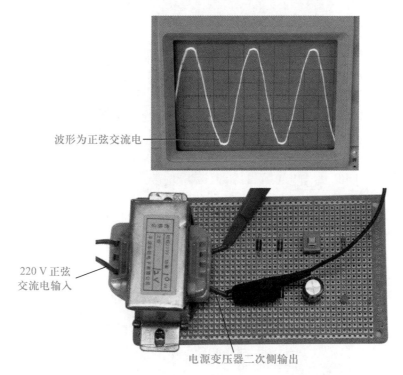

图 4-15-7 用示波器观察二次电压波形

(2) 测试2

当断开按钮 SB,从而断开滤波电容器 C 时,用万用表测量整流输出电压,并用示波器观察其波形,如图 4-15-8 所示。

(3) 测试3

当按下按钮 SB,从而接上滤波电容器 C 时,用万用表测量整流滤波输出后的电压,并用示波器观察其波形,如图 4-15-9 所示。

测试结果填入表 4-15-2。

2. 分析

(1) 分析1

为什么正弦交流电通过桥式整流后变成了脉动的直流电?

图 4-15-10(a)所示为具有电阻负载的桥式整流电路的三种画法。

161

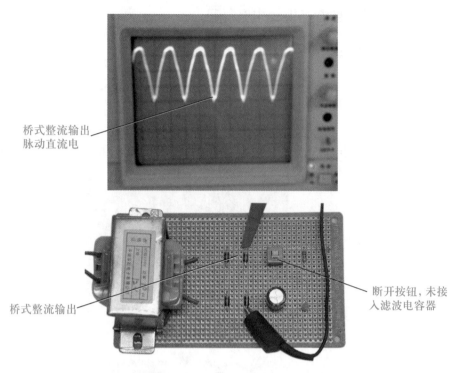

桥式整流输出
脉动直流电

桥式整流输出

断开按钮，未接
入滤波电容器

图 4-15-8　未接入滤波电容器时整流输出电压波形

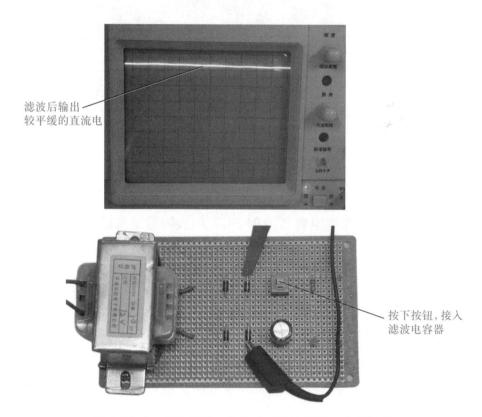

滤波后输出
较平缓的直流电

按下按钮，接入
滤波电容器

图 4-15-9　接入滤波电容器时整流滤波输出电压波形

表 4-15-2　桥式整流电容滤波电路测试技训表

测试项目	电源变压器二次电压 u_2		输出电压 u_0	
	有效值	波形	有效值	波形
断开按钮 SB,未接入滤波电容器 C 时				
按下按钮 SB,接入滤波电容器 C 时				

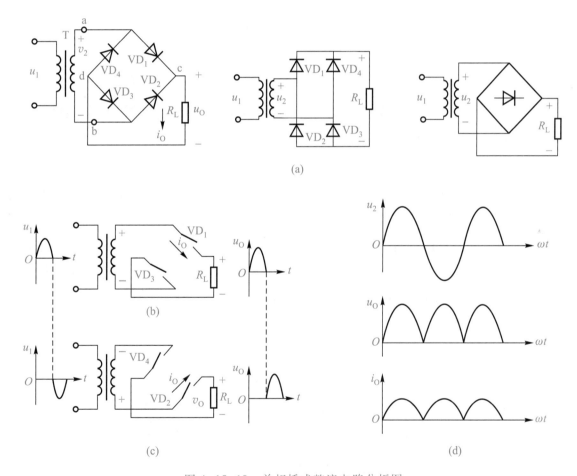

图 4-15-10　单相桥式整流电路分析图

　　输入电压 u_1 为正半周时,整流二极管 VD_1 和 VD_3 因加正向电压而导通,VD_2 和 VD_4 因加反向电压而截止,如图 4-15-10(b)所示,电流 i_0 流经 VD_1、R_L 和 VD_3,并在 R_L 上产生压降 u_0。当输入电压 u_1 为负半周时,整流二极管 VD_1 和 VD_3 因加反向电压而截止,VD_2 和 VD_4 因加正向电压而导通,如图 4-15-10(c)所示。电流 i_0 流经 VD_2、R_L 和 VD_4,并在 R_L 上产生压降

163

u_O。合成的输出电压 u_O 和输出电流 i_O 的波形如图 4-15-10(d) 所示。

（2）分析 2

为什么桥式整流后的脉动直流电经过电容滤波后变成了相对平缓的直流电？

电容滤波电路是在负载的两端并联一个电容器构成的。它是根据电容器两端电压在电路状态改变时不能突变的原理设计的。图 4-15-11 所示为桥式整流电容滤波电路。

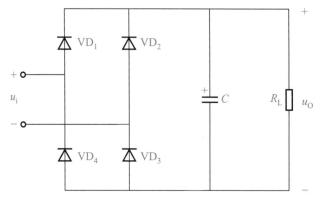

图 4-15-11　桥式整流电容滤波电路

在输入电压上升超过电容器端电压时，整流二极管 VD_1、VD_3 正向导通，向电容器 C 迅速充电（同时向负载供电），电容器 C 两端电压 u_C 与 u_i 同时上升，并达到 u_i 的峰值。

在输入电压下降到低于电容器两端电压时，整流二极管 VD_1、VD_3 反向截止。于是电容器要通过 R_L 放电，维持了负载 R_L 的电流。由于 R_L 的阻值远大于二极管的正向内阻，所以放电很慢，电容器 C 两端电压 u_C 下降缓慢。

电容器的输入电压是周期性直流脉动电压，充电-放电的过程周而复始，使得滤波电压波形如图 4-15-12 的实线所示，由于滤波电容器的充放电作用，使得桥式整流电路输出电压 u_O 的脉动程度大大减弱，波形相对平滑，达到了滤波的目的。

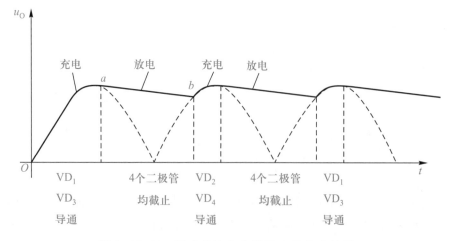

图 4-15-12　桥式整流电容滤波电路输出波形

◆ 实训项目评价

实训项目评价表如表 4-15-3 所示。

表 4-15-3　实训项目评价表

班级		姓名		学号		总得分	
项目	考核内容		配分	评分标准			得分
元器件识别与检测	按要求对所有元器件进行识别与检测		10 分	1. 元器件识别错误,每个扣 1 分 2. 元器件检测错误,每个扣 2 分			
元器件成形、插装与排列	1. 元器件按工艺表要求成形 2. 元器件插装符合插装工艺要求 3. 元器件排列整齐、标识方向一致,布局合理		15 分	1. 元器件成形不符合要求,每处扣 1 分 2. 插装位置、极性错误,每处扣 2 分 3. 元器件排列参差不齐,标识方向混乱,布局不合理,扣 3~10 分			
导线连接	1. 导线挺直、紧贴印制电路板 2. 板上的连接线呈直线或直角,且不能相交		10 分	1. 导线弯曲、拱起,每处扣 2 分 2. 板上连接线弯曲时不呈直角,每处扣 2 分 3. 相交或在正面连线,每处扣 2 分			
焊接质量	1. 焊点均匀、光滑、一致,无毛刺、假焊等现象 2. 焊点上引脚不能过长		15 分	1. 有搭锡、假焊、虚焊、漏焊、焊盘脱落、桥接等现象,每处扣 2 分 2. 出现毛刺、焊锡过多、焊锡过少、焊点不光滑、引脚过长等现象,每处扣 2 分			
电路调试	1. 断开滤波电容器 C,用示波器观察输出电压波形为脉动直流电 2. 接入滤波电容器 C,用示波器观察输出电压波形为较平缓的直流电		20 分	1. 调试不当,扣 1~5 分 2. 变压、整流、滤波输出波形不符合要求,扣 10~15 分			
电路测试	正确使用示波器观察电源变压器二次侧、整流输出、滤波输出电压波形		20 分	不会正确使用示波器观察电源变压器二次侧、整流输出、滤波输出电压波形,扣 5~20 分			
安全文明操作	1. 工作台上工具排放整齐 2. 严格遵守安全文明操作规程		10 分	违反安全文明操作规程,酌情扣 3~10 分			
合计			100 分				
教师签名:							

变压器是一种电感器。它由一次绕组、二次绕组、铁心或磁心等组成,利用互感原理进行工作。在电子电路中常作为电压变换器、阻抗变换器等。

1. 变压器的分类

变压器种类繁多,可按不同方式进行分类。

(1) 按导磁材料分类

变压器可分为硅钢片变压器、低频磁心变压器、高频磁心变压器三种。

(2) 按用途分类

变压器可分为电源变压器、隔离变压器、调压器、输入/输出变压器、脉冲变压器等。

(3) 按工作频率分类

变压器可分为低频变压器、中频变压器和高频变压器三大类。

① 低频变压器又可分为电源变压器、输入变压器、输出变压器、线间变压器、用户变压器和耦合变压器。

② 中频变压器又可分为收音机中频变压器、电视机中频变压器等。

③ 高频变压器又可分为天线线圈、天线阻抗变换器和脉冲变压器等。

2. 电源变压器的选用

① 选用电源变压器一定要了解变压器的输出功率、输入和输出电压大小以及所接负载需要的功率。

② 要根据电路要求选择其输出电压与标称电压相符。其绝缘电阻值应大于 500 MΩ,对于要较高的电路应大于 1 000 MΩ。

③ 要根据变压器在电路中的作用合理使用,必须知道其引脚与电路中各点的对应关系。

3. 电源变压器的代换

电源变压器的作用是将工频市电(交流 220 V/50 Hz)转换为各种额定功率和额定电压的重要部件。因为在家用电器和电子设备中,需要各种各样的电源供电,只有电源变压器,才能根据需要将 220 V 的交流电变为不同类型的电源。电源变压器种类繁多、样式各异,但其基本组成相同,均由铁心、绕组等组成。

电源变压器的代换原则是同型号可以代换,也可以选用比原型号功率大的但输出电压与原型号相同的进行代换,还可以选用不同型号、不同规格、不同铁心的变压器进行代换,但前提是其功率必须比原型号稍大,输出电压相同(对特殊要求的电路例外)。

4. 电源变压器的检测

电源变压器的质量判别可以从两方面考虑,即开路和短路。开路检查用万用表电阻挡,分别测量变压器各绕组的阻值,一般一次绕组的阻值为几十欧到几百欧,二次绕组的阻值为几欧到几十欧。电源变压器功率越大,使用的导线越粗,阻值越小;电源变压器功率越小,使用导线越细,阻值越大。如果测量中电阻为零,说明此绕组有短路现象;阻值无穷大,说明有开路故障。但需要注意的是测试时应切断电源变压器与其他元器件的连接。

▶ 知识链接二　整流滤波电路的三种基本类型

整流滤波电路的三种基本类型如表 4-15-4 所示。

表 4-15-4　整流滤波电路的三种基本类型

	半波整流电容滤波	全波整流电容滤波	桥式整流电容滤波
原理图			
不同 τ 的充放电曲线			
正常工作时的 U_0	$U_0 = U_2 = 17.5\ \text{V}$	$U_0 = (1.0 \sim 1.2) U_2$ $= 17.5 \sim 21\ \text{V}$	$U_0 = (1.0 \sim 1.2) U_2$ $= 17.5 \sim 21\ \text{V}$
R_L 开路时的 U_0	$U_0 = 1.4 U_2 = 1.4 \times 17.5$ $= 24.5\ \text{V}$	$U_0 = 1.4 U_2 = 24.5\ \text{V}$	$U_0 = 1.4\ U_2 = 24.5\ \text{V}$
C 开路时的 U_0	$U_0 = 0.45\ U_2 \approx 7.9\ \text{V}$	$U_0 = 0.9\ U_2 \approx 15.8\ \text{V}$	$U_0 = 0.9\ U_2 \approx 15.8\ \text{V}$

注意

电容器的参数选择要兼顾两个方面,一是充放电时间常数 τ 的大小,二是电路接通时浪涌电流 I 的大小。单从滤波效果来看,容量越大,滤波效果越好,输出电压越高,但可能引起浪涌电流过大而损坏整流二极管。

1. 说一说桥式整流电容滤波电路中 4 个整流二极管的工作状态。
2. 试分析整流滤波电路的功能。

实训项目十六　稳压二极管并联型稳压电路

由整流滤波电路输出的直流电,虽然波动较小,但此时由于电网电压波动和负载变化的影响,电压值并不稳定。还需要通过稳压电路来稳定电压,利用稳压二极管组成的并联型稳压电路,是一种最简单的稳压电路,适用小功率和对稳压精度要求不高的场合。

任务一　认识电路

1. 电路工作原理

图 4-16-1 所示为稳压二极管并联型稳压电路原理图。

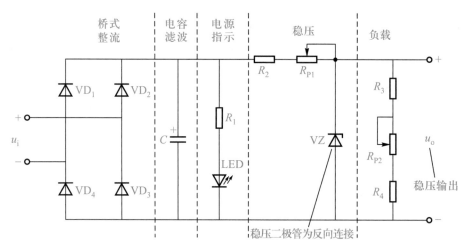

图 4-16-1　稳压二极管并联型稳压电路原理图

该电路在整流滤波电路的基础上增加了稳压部分,稳压部分由限流电阻和稳压二极管组成。由于稳压二极管与负载是并联的,因此称为并联型稳压电路。该电路输出直流电压值取决于稳压二极管 VZ 的稳压值。

2. 实物图

图 4-16-2 所示为稳压二极管并联型稳压电路实物图。

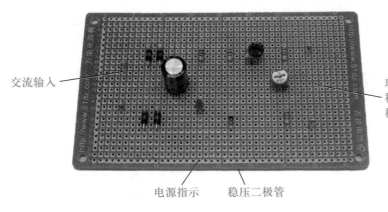

交流输入

现象:电路正常工作时,输出电压即为稳压二极管的稳压值,稳压二极管的稳压值为12 V,那么输出电压也为12 V

电源指示   稳压二极管

图 4-16-2   稳压二极管并联型稳压电路实物图

任务二   元器件的识别与检测

1. 电路元器件的识别

稳压二极管并联型稳压电路的元器件并不多,制作前可对应表 4-16-1 逐一进行识别。

表 4-16-1   稳压二极管并联型稳压电路元器件识别与检测表

符号	名称	实物图	规格	检测结果
R_1	色环电阻器		1 kΩ	实测值:
R_2			100 Ω	实测值:
R_3			220 Ω	实测值:
R_4			510 Ω	实测值:
R_{P1}	微调电位器		1 kΩ	实测值:
				质量
R_{P2}			10 kΩ	实测值:
				质量
$VD_1 \sim VD_4$	二极管		1N4007	正反向测试:
				质量:
C	电解电容器		1 000 μF/25 V	正负极性:
				质量:

符号	名称	实物图	规格	检测结果
LED	发光二极管		红色,φ3 mm	正反向测试: 质量:
VZ	稳压二极管		C12	正反向测试: 稳压值:

2. 电路元器件的检测

对照表4-16-1逐一进行检测,同时把检测结果填入表4-16-1。

(1)色环电阻器、电位器、电解电容器、二极管、发光二极管的检测(方法可参考前面相关内容)

① 色环电阻器:主要识读其标称阻值,用万用表检测其实际阻值。

② 电解电容器:识别判断其正负极性,并用万用表检测其质量的好坏。

③ 发光二极管:识别判断其正负极性,并用万用表检测其质量的好坏。

④ 二极管:识别判断其正负极性,并用万用表对其进行正反向测试。

⑤ 电位器:主要测量其标称阻值及判断其质量的好坏。

(2)稳压二极管的检测

① 从稳压二极管的外壳上识别其正负极性。有一条色带标志的一端为稳压二极管的负极,另一端为稳压二极管的正极,如图4-16-3所示。

正极(+)　　　　　　　　　负极(−)

图4-16-3　稳压二极管正负极性识别

② 用万用表进行正负极性的检测。可以通过万用表对其进行正反向测试并判别其质量好坏。

图4-16-4所示为通过万用表对稳压二极管进行正反向测试。将万用表置于二极管测试挡。进行正向测试时,万用表的红表笔接稳压二极管的正极,黑表笔接稳压二极管的负极;进行反向测试时,两表笔的接法正好相反。

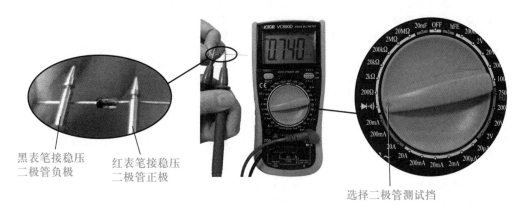

黑表笔接稳压
二极管负极

红表笔接稳压
二极管正极

选择二极管测试挡

(a) 正向测试

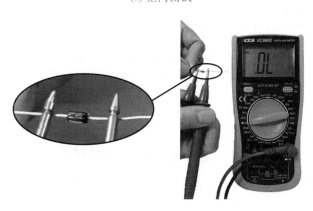

(b) 反向测试

图4-16-4　通过万用表对稳压二极管进行正反向测试

任务三　电路制作与调试

1. 电路制作步骤

步骤1　按电路原理图的结构在图4-16-5所示单孔电路板图中,绘制电路元器件排列的布局草图。

步骤2　按工艺要求对元器件的引脚进行成形加工。

步骤3　按布局图在实验电路板上依次进行元器件的排列、插装。

步骤4　按焊接工艺要求对元器件进行焊接。

步骤5　焊接电源输入线或输入端子。

具体可参考图4-16-2所示并联型稳压电路元器件装接图。

元器件的排列与布局以合理、美观为标准。电阻器、普通二极管、稳压二极管均采用水平安装,需贴近印制电路板,电阻的色标方向应一致。发光二极管采用直立式安装,管底面离印制电路板6 mm±2 mm。电容器采用直立式安装,底面应尽量贴近印制电路板。安装电位器时,不能倾斜,三只引脚均要焊牢。

图 4-16-5　单孔电路板图

安装与焊接按电子工艺要求进行,但在插装与焊接过程中,应注意电解电容器、二极管、发光二极管的正负极性,同时要正确连接电位器的三个端。特别要注意的是稳压二极管在电路中为反向接法。

2. 电路调试

电路检查正确无误后,送入 14 V 交流电,若电路工作正常,电源指示灯点亮,调节电位器 R_{P1},使稳压二极管输出电压保持 12 V 基本不变,如图 4-16-6 所示。

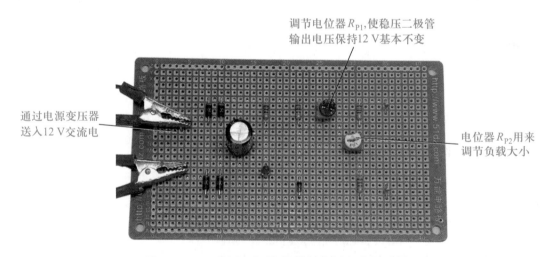

调节电位器 R_{P1},使稳压二极管输出电压保持12 V基本不变

通过电源变压器送入12 V交流电

电位器 R_{P2} 用来调节负载大小

图 4-16-6　稳压二极管并联型稳压电路调试图

若电路工作不正常,可能出现的故障情况:

① 接上稳压二极管以后,输出电压只有 0.7 V 左右,这是由于稳压二极管的极性接反了,对调稳压二极管的极性就可以解决。

② 输出电压比正确电压值偏低,可以测量滤波电容器 C 两端的电压,如果 C 两端的电压只有 13~14 V,这常常是因为整流二极管中有一只开路。

③ 稳压电路输出电压小于 12 V,而且负载变化时,输出电压也基本不稳定,这说明加在稳压二极管上的电压不够大,应增大输入电压。

任务四　电路测试与分析

1. 测试

（1）测试 1

调节 R_{P1} 的阻值使稳压二极管的输出电压保持在 12 V,用示波器观察电源变压器二次电压、滤波电容器 C 两端的电压及稳压二极管两端输出的电压波形。

（2）测试 2

调节 R_{P1} 的阻值分别为 1 kΩ、750 Ω、500 Ω、200 Ω、0 Ω 时,调节电位器 R_{P2} 从 0 至最大值,用万用表观察稳压二极管两端输出电压。

测试结果填入表 4-16-2。

表 4-16-2　稳压二极管并联型稳压电路测试技训表

画出被测波形	电源变压器二次电压	滤波电容器 C 两端电压		负载电阻 R_{L} 两端电压	
调节 R_{P1} 的阻值	1 kΩ	750 Ω	500 Ω	200 Ω	0 Ω
改变 R_{P2} 的阻值,记录输出电压变化范围					
调试中出现的故障及排除方法					

2. 分析

（1）分析 1

稳压二极管正常工作时是如何进行稳压的呢?

图 4-16-7 所示为稳压二极管稳压电路。其中稳压二极管 VZ 反向并联在负载 R_{L} 两端,所以这是一个并联型稳压电路。电阻器 R 起限流分压作用。稳压电路的输入电压来自整流、滤波电路的输出电压。

当输入电压 U_{I} 升高或负载 R_{L} 阻值变大时,造成输出电压 U_{O} 随之增大。那么稳压二极管的反向电压 U_{Z} 也会上升,从而引起稳压电流 I_{Z} 的急剧加大,流过 R 的电流 I_{R} 也加大,导致 R 上的压降上升,从而抵消了输出电压 U_{O} 的波动,其稳压过程如图 4-16-8 所示。

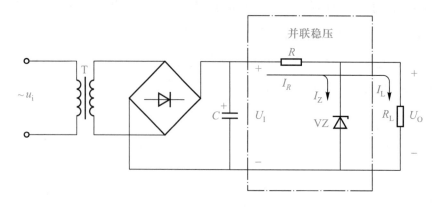

图 4-16-7　简单稳压二极管并联型稳压电路

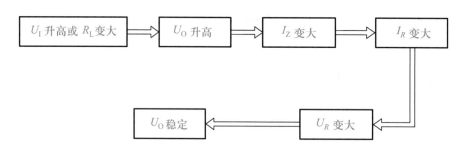

图 4-16-8　稳压二极管并联型稳压电路稳压过程

反之,当输入电压 U_I 降低或负载 R_L 阻值变小时,同理可分析出输出电压 U_O 也能基本保持不变。

（2）分析 2

为什么只有当 R_{P1} 为一合适值时,改变 R_{P2} 的阻值输出电压 U_O 才会基本保持不变?

如图 4-16-1 所示电路中, R_{P1} 与 R_2 串联起来组成稳压二极管的限流或分压电阻,当 R_{P1} 为一合适值时,使稳压二极管 VZ 工作在正常反向击穿状态,就能起到一定的稳压作用。若当 R_{P1} 的阻值太大,将导致加在稳压二极管两端的反向电压太小或通过稳压二极管 VZ 的电流很小,使稳压二极管不能工作在反向击穿状态,即不能起到稳压作用;若当 R_{P1} 的阻值太小时,会使通过稳压二极管的电流太大,超过其极限电流,稳压二极管将会被烧毁。所以只有当 R_{P1} 为一合适值时,改变 R_{P2} 的阻值输出电压 U_O 才会基本保持不变,稳压二极管才能起到一定的稳压作用。

（3）分析 3

稳压二极管并联型稳压电路的优缺点?

① 优点:结构简单,成本低。

② 缺点:带负载能力差,输出电压不可调,因而使其使用范围受到限制,且稳压性能差,一般适用于使用要求不高的场合。

◆ 实训项目评价

实训项目评价表如表 4-16-3 所示。

表 4-16-3　实训项目评价表

班级			姓名		学号		总得分	
项目	考核要求		配分		评分标准			得分
元器件识别与检测	按要求对所有元器件进行识别与检测		10 分		1. 元器件识别错误,每个扣 1 分 2. 元器件检测错误,每个扣 2 分			
元器件成形、插装与排列	1. 元器件按工艺表要求成形 2. 元器件插装符合插装工艺要求 3. 元器件排列整齐、标识方向一致,布局合理		15 分		1. 元器件成形不符合要求,每处扣 1 分 2. 插装位置、极性错误,每处扣 2 分 3. 元器件排列参差不齐,标识方向混乱,布局不合理,扣 3~10 分			
导线连接	1. 导线挺直、紧贴印制电路板 2. 板上的连接线呈直线或直角,且不能相交		10 分		1. 导线弯曲、拱起,每处扣 2 分 2. 板上的连接线弯曲时不呈直角,每处扣 2 分 3. 相交或在正面连线,每处扣 2 分			
焊接质量	1. 焊点均匀、光滑、一致,无毛刺、假焊等现象 2. 焊点上引脚不能过长		15 分		1. 有搭锡、假焊、虚焊、漏焊、焊盘脱落、桥接等现象,每处扣 2 分 2. 出现毛刺、焊锡过多、焊锡过少、焊点不光滑、引脚过长等现象,每处扣 2 分			
电路调试	1. 调节电位器 R_{P1},使稳压输出为 12 V 左右 2. 调节电位器 R_{P2},使稳压输出基本不变		20 分		1. 调试不当,扣 1~5 分 2. 调节电位器 R_{P1}、R_{P2} 输出电压不稳定,扣 10~15 分			
电路测试	1. 正确使用万用表测量输出电压 2. 正确使用示波器观察电源变压器二次侧、整流滤波输出、稳压输出电压波形		20 分		1. 不会正确使用万用表测输出电压,扣 5~10 分 2. 不会正确使用示波器观察电源变压器二次侧、整流滤波输出、稳压输出电压波形,扣 5~10 分			
安全文明操作	1. 工作台上工具排放整齐 2. 严格遵守安全文明操作规程		10 分		违反安全文明操作规程,酌情扣 3~10 分			
合计			100 分					
教师签名:								

➤ 知识链接一 稳压二极管的工作特性

稳压二极管也称为齐纳二极管,简称稳压管,是一种能够稳定电压的二极管。通常用文字符号 VZ 代表,其外形和图形符号如图 4-16-9 所示,稳压二极管是工作在非破坏性击穿(齐纳击穿)状态下的硅二极管。它的不同之处是采用特殊工艺制造,使其工作在反向击穿状态下不会损坏。一旦撤销后,便能恢复原来状态,且其击穿是可逆的。由图 4-16-10 所示稳压二极管的伏安特性曲线可以看出它的稳压特性。当稳压二极管加反向工作电压,如果通过稳压二极管的反向电流在一定范围内变化,则稳压二极管两端的反向电压保持基本不变;如果反向电流超过一定值,则稳压二极管就会被烧毁。因此,稳压二极管一定要在允许的工作电流范围内使用。

值得注意的是,当反向电压增加到一定数值时,例如增加到图 4-16-10 中所示的电压值 U_Z,反向电流急剧上升。此后,反向电压只要稍有增加,例如增加一个 ΔU_Z,反向电流就会增加很多,如图 4-16-10 中的 ΔI_Z,这种现象就是电击穿,电压 U_Z 称为击穿电压。由此可见,通过稳压二极管的电流在很大范围内变化时,例如图 4-16-10 中从 I_{Zmin} 变化到 I_{Zmax},稳压二极管两端电压变化则很小,仅为图中的 ΔU_Z。据此可以认为,管子两端的电压基本保持不变。可见,稳压二极管能稳定电压正是利用其反向击穿后电流剧变而两端电压几乎不变的特性来实现的。

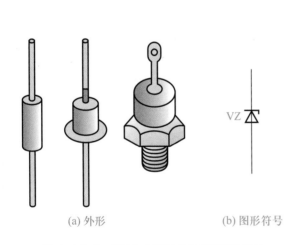

(a) 外形　　　　　(b) 图形符号

图 4-16-9　稳压二极管外形和图形符号

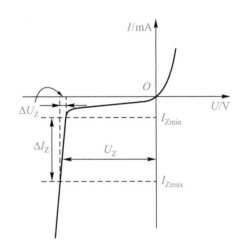

图 4-16-10　稳压二极管的伏安特性曲线

此外,由"击穿"转化为"稳压",还有一个值得注意的条件,那就是要适当限制通过管子的反向电流。否则,过大的反向电流(如超过图 4-16-10 中的 I_{Zmax}),将造成管子击穿后的永久性损坏。

通过以上分析,稳压二极管能够稳定电压,要有两个基本条件:

① 管子两端需加上一个大于其击穿电压的反向电压。

② 采取适当措施限制击穿后的反向电流值,例如,将管子与一个适当的电阻串联后,再反向接入电路中,使用时反向电流和功率损耗均不超过其允许值。

➤ 知识链接二 稳压二极管的主要参数与检测方法

1. 主要参数

（1）稳定电压 U_Z

稳定电压 U_Z 是指稳压二极管在正常工作状态下管子两端的电压值。在实际使用时,即使同种型号的管子,这个电压值也稍有差异。

（2）稳定电流 I_Z

稳定电流 I_Z 是指稳压二极管在稳定电压下的工作电流。稳压二极管的稳定电流有一定的允许变化范围。在这个范围内,电流偏小,稳压效果较差;电流偏大,稳压效果较好,但要多消耗电能。

（3）耗散功率 P_{ZM}

稳压二极管的稳定电压 U_Z 与最大稳定电流 I_Z 的乘积,称为稳压二极管的耗散功率。在使用中若超过这个数值,稳压二极管将被烧毁。

此外,还有温度系数等参数,通常稳压值大于 6 V 的稳压二极管具有正温度系数,即温度升高时,其稳压值略有上升。稳压值低于 6 V 的稳压二极管具有负温度系数,即温度升高时,其稳压值略有下降。稳压值为 6 V 的稳压二极管,其温度系数趋近于零。

选用稳压二极管时,被选稳压二极管的稳定电压值应能满足实际应用电路的需要,且工作电流变化时的电流值上限不能超过被选稳压二极管的最大稳定电流值。

2. 检测方法

可以通过测量稳压二极管的正反向电阻对稳压二极管进行识别与检测。将万用表置于 2 kΩ 挡,测量正向电阻时,万用表的红表笔接稳压二极管的正极,黑表笔接稳压二极管的负极;测量反向电阻时,两表笔的接法正好相反。一般正向电阻为几十千欧,反向电阻为几百千欧以上,接近"∞"。

相反,也可以通过稳压二极管正向电阻小、反向电阻大的特点,来判别稳压二极管的正负极。

复习与思考题

1. 稳压二极管能够稳定电压的基本条件是什么? 稳压二极管在稳压电路中应如何连接?

2. 稳压二极管的主要参数有哪些?

3. 稳压二极管并联型稳压电路是如何进行稳压的?

4. 稳压二极管并联型稳压电路有哪些优缺点？

实训项目十七　三极管串联型稳压电路

稳压二极管并联型稳压电路虽然结构简单、成本低，但其存在着输出电流小，电压不可调等缺点，对电路要求比较高的场合，其就不能适用。而三极管串联型稳压电路能够克服这一缺点。

任务一　认识电路

1. 电路工作原理

图 4-17-1 所示为三极管串联型稳压电路原理图。从输入端送入 12 V 交流电，经过整流二极管 $VD_1 \sim VD_4$ 整流，电容器 C_1 滤波，获得直流电，输送到稳压部分。稳压部分由复合调整管 VT_1、VT_2，比较放大管 VT_3，基准电压电路 R_3、VZ 和取样电路 R_5、R_P、R_4 四部分组成。R_1 为 VT_3 的集电极负载，C_2 为稳压电路输出滤波电容器。

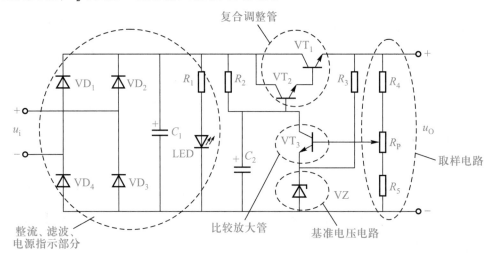

图 4-17-1　三极管串联型稳压电路原理图

三极管串联型稳压电路各部分的作用：

① 复合调整管：VT_1、VT_2 构成复合调整管，复合调整管的管压降是可变的，当输出电压有减小趋势时，管压降会自动变小，维持输出电压不变；当输出电压有增大趋势，管压降会自动变大，维持输出电压不变。由于复合调整管与负载串联，这种稳压电路称为串联稳压。

② 基准电压电路：R_3、VZ 构成基准电压电路，在 VZ 的两端得到一个稳定的直流电压，作为比较放大管发射极的基准电压。

③ 比较放大管:VT_3 为比较放大管,将两个直流电压的大小进行比较,误差放大后送到复合调整管。

④ 取样电路:R_5、R_P、R_4 构成分压式电路,取出输出电压中的纹波量,送入比较放大管基极。

2. 实物图

图 4-17-2 所示为三极管串联型直流稳压电路实物图。

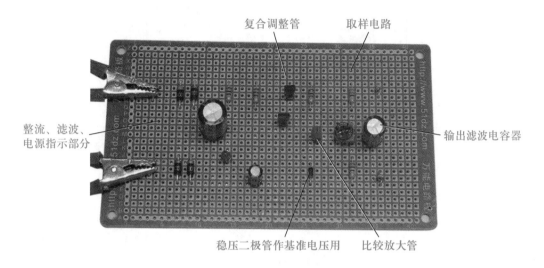

图 4-17-2　三极管串联型稳压电路实物图

任务二　元器件的识别与检测

1. 电路元器件的识别

在电路的制作过程中,元器件的识别与检测是非常重要的一个环节,在制作前可先对照表4-17-1 逐一进行识别。

表 4-17-1　三极管串联型稳压电路元器件识别与检测表

符号	名称	实物图	规格	检测结果
R_1	色环电阻器		2 kΩ	实测值:
R_2、R_5			1 kΩ	实测值:
R_3			330 Ω	实测值:
R_4			510 Ω	实测值:
R_P	微调电位器		500 Ω	实测值: 质量

符号	名称	实物图	规格	检测结果
VD$_1$ ~ VD$_4$	二极管		1N4007	正反向测试：
				质量：
C$_1$	电解电容器		1 000 μF/25 V	正负极性：
				质量：
C$_2$			47 μF/25 V	正负极性：
				质量：
LED	发光二极管		红色,φ3 mm	正反向测试：
				质量：
VZ	稳压二极管		C5V6	正负极性：
				正反向测试：
				稳压值：
VT$_3$	三极管		8050	类型：
				引脚排列：
				质量：
VT$_1$、VT$_2$	三极管		9013	类型：
				引脚排列：
				质量：

2. 电路元器件的检测

对照表 4-17-1 逐一进行检测,同时把检测结果填入表 4-17-1。所有元器件的检测方法均可参考前面相关内容。

① 色环电阻:主要识读其标称阻值,用万用表检测其实际阻值。

② 电解电容器:识别判断其正负极性,并用万用表检测其质量的好坏。

③ 发光二极管:识别判断其正负极性,并用万用表检测其质量的好坏。

④ 二极管:主要判断其正负极性及检测质量的好坏。

⑤ 电位器:主要测量其标称阻值及判别其质量的好坏。

⑥ 稳压二极管:测量其质量的好坏及稳压值。

⑦ 三极管:识别其类型与 3 个引脚的排列,并用万用表进行检测。

任务三　电路制作与调试

1. 电路制作步骤

步骤 1　按电路原理图的结构在图 4-17-3 所示单孔电路板图中,绘制电路元器件排列的布局草图。

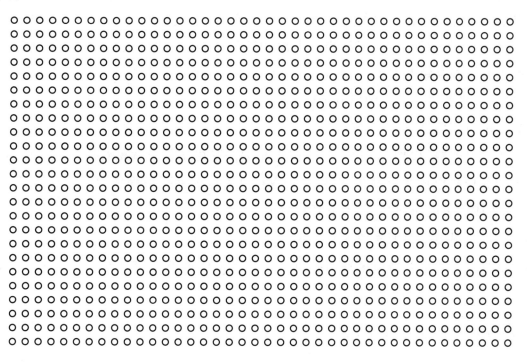

图 4-17-3　单孔电路板图

步骤 2　按工艺要求对元器件的引脚进行成形加工。

步骤 3　按布局图在实验电路板上依次进行元器件的排列、插装。

步骤 4　按焊接工艺要求对元器件进行焊接。

步骤 5　焊接电源输入线或输入端子。

电阻器、普通二极管、稳压二极管均采用水平安装,需贴近印制电路板,电阻器的色标方向应一致。发光二极管采用直立式安装,管底面离印制电路板 6 mm±2 mm。电容器采用直立式安装,底面应尽量贴近印制电路板。电位器安装时,不能倾斜,3 个引脚均要焊牢。

安装与焊接按电子工艺要求进行,但在插装与焊接过程中,应注意电解电容器、二极管、发光二极管的正负极性,同时要正确连接电位器的三个引脚。特别要注意的是稳压二极管在电路中不可接反。

2. 电路调试

接通电源,在输入端输入 12 V 交流电,若电路工作正常,电源指示发光二极管点亮,同时调节电位器 R_P,输出电压可在 8~14 V 之间变化。若电路工作不正常,可能出现的故障情况:

(1)无直流输出电压

此故障可首先测量滤波电容器 C_1 两端电压值,如两端无电压,则故障原因可能是电源整流二极管损坏;如两端电压正常则故障可能在稳压电路,可测量 VT_1、VT_2、VT_3 和 VZ 的工作电压值,找出是什么原因使 VT_1、VT_2 复合调整管截止,引起无直流输出电压。

(2)输出电压偏低,调不上去

输出电压偏低主要由三种情况引起。一是负载重、电流过大;二是整流管、滤波电容器性能变差,它们的带负载能力差;三是稳压电路中稳压二极管、比较放大管、复合调整管性能不良。先查负载是否有短路现象,如有应先排除,其次是测量 C_1,其漏电也会使电源的带负载能力下降,最后测量整流二极管的导电特性。

(3)输出电压偏高,调不下来

如果滤波电容器两端电压正常时,输出电压偏高是由于复合调整管压降 u_{CE1} 减小引起,此时测量 VT_3 集电极电压是否偏高,然后检查 VT_3、VZ 是否有断路等现象。取样电路中元器件断开,也会造成输出电压偏高、调不下来的故障。

(4)输出直流电压纹波系数大

出现这种故障主要是滤波电容器容量变小或漏电引起的。检查 C_1、C_2 是否漏电,若漏电则更换。

任务四　电路测试与分析

1. 测试

(1)测试 1

用万用表测量滤波电容器 C_1 两端的电压及输出电压 U_0。调节 R_P 为最大或最小,用万用表分别测出 U_{0max} 和 U_{0min},即输出电压 U_0 的可调范围。

(2)测试 2

调节 R_P 的值使输出电压 U_0 为 12 V,用万用表测量三极管 VT_1、VT_2、VT_3 的各极电位。

(3)测试 3

调节 R_P 的值使输出电压 U_0 为 12 V,测量接负载 R_L 与不接负载 R_L 时输出电压的值。

(4)测试 4

调整好示波器的各挡位,测量输入交流电压、整流滤波、稳压输出各点的实际工作波形。并把观察到的波形记录在表 4-17-2 中。

表 4-17-2 三极管串联型稳压电路测试技训表

测量内容	测量电压值	测量内容	测量电压值		
滤波电容器 C_1 两端电压	$U_{C1} =$	VT_3 各极电压值	$U_C =$	$U_B =$	$U_E =$
输出电压 U_0	$U_{Omax} =$	VZ 两端电压值	$U_Z =$		
	$U_{Omin} =$				
VT_1 各极电压值	$U_C =$ $U_B =$ $U_E =$	不接 R_L 时,输出电压值	$U_0 =$		
VT_2 各极电压值	$U_C =$ $U_B =$ $U_E =$	接 R_L 时,输出电压值	$U_0 =$		

测量内容	测量波形
输入交流电压波形	
整流滤波后的电压波形 (电容器 C_1 两端)	
输出电压 U_0 波形 (电容器 C_2 两端)	

2. 分析

（1）分析 1

三极管串联型稳压电路是如何进行稳压的?

图 4-17-4 所示三极管串联型稳压电路分析图中,当输入电压 U_I 或负载 R_L 发生变化时,若引起输出电压 U_0 上升,导致取样电压 U_{B2} 增加,则 VT_2 的 U_{BE2} 增大,集电极电流 I_{C2} 增加,使集电极电压值 $U_{C2} = U_{B1}$ 下降,故 VT_1 的 U_{BE1} 减小,I_{C1} 减小（相当于 c、e 极之间的电压增大）,管压降 U_{CE1} 增大使输出电压 U_0 减小,从而保持 U_0 基本不变。

其稳压过程如图 4-17-5 所示。

反之,当输入电压 U_I 或负载 R_L 发生变化造成输出电压 U_0 下降时,其稳压过程和上面的分析一样,只不过变化趋势相反而已。

（2）分析 2

三极管串联型稳压电路的输出电压 U_0 与哪些参数有关?

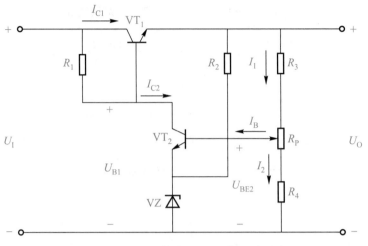

图 4-17-4　三极管串联型稳压电路分析图

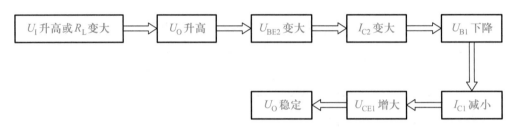

图 4-17-5　三极管串联型稳压电路稳压过程

　　调节 R_P 可以调节输出电压的大小,使其在一定的范围内变化。图 4-17-4 所示,由于三极管电流 I_B 很小,可以认为流过取样电路的电流 $I_1 = I_2$,则有

$$U_{B2} = \frac{R_4 + R_P''}{R_3 + R_4 + R_P} U_O$$

式中,R_P'' 为电位器滑动触点下半部分电阻。根据上式整理可得

$$U_O = \frac{R_3 + R_4 + R_P}{R_4 + R_P''} U_{B2} = \frac{R_3 + R_4 + R_P}{R_4 + R_P''} (U_{BE2} + U_Z)$$

通常 $U_Z \gg U_{BE2}$,输出电压为

$$U_O = \frac{R_3 + R_4 + R_P}{R_4 + R_P''} U_Z$$

　　电位器的作用是把输出电压调整在额定的数值上。电位器滑动触点下移,R_P'' 变小,输出电压 U_O 调高。反之,电位器滑动触点上移,R_P'' 变大,输出电压 U_O 调低。输出电压 U_O 的调节范围是有限的,其最小值不可能调到零,最大值不可能调到输入电压 U_I。

◆　**实训项目评价**

实训项目评价表如表 4-17-3 所示。

184

表 4-17-3 实训项目评价表

班级		姓名		学号		总得分	
项目	考核内容		配分	评分标准			得分
元器件识别与检测	按要求对所有元器件进行识别与检测		10 分	1. 元器件识别错误,每个扣 1 分 2. 元器件检测错误,每个扣 2 分			
元器件成形、插装与排列	1. 元器件按工艺表要求成形 2. 元器件插装符合插装工艺要求 3. 元器件排列整齐、标识方向一致,布局合理		15 分	1. 元器件成形不符合要求,每处扣 1 分 2. 插装位置、极性错误,每处扣 2 分 3. 元器件排列参差不齐,标识方向混乱,布局不合理,扣 3~10 分			
导线连接	1. 导线挺直、紧贴印制电路板 2. 板上的连接线呈直线或直角,且不能相交		10 分	1. 导线弯曲、拱起,每处扣 2 分 2. 板上的连接线弯曲时不呈直角,每处扣 2 分 3. 相交或在正面连线,每处扣 2 分			
焊接质量	1. 焊点均匀、光滑、一致,无毛刺、假焊等现象 2. 焊点上引脚不能过长		15 分	1. 有搭锡、假焊、虚焊、漏焊、焊盘脱落、桥接等现象,每处扣 2 分 2. 出现毛刺、焊锡过多、焊锡过少、焊点不光滑、引脚过长等现象,每处扣 2 分			
电路调试	调节电位器 R_P,使输出电压在 8~14 V 之间变化		20 分	调节电位器 R_P,输出电压可调范围不在 8~14 V 之间变化,扣 10~20 分			
电路测试	1. 正确使用万用表测各电压值 2. 正确使用示波器观察电源变压器二次侧和输出电压波形		20 分	1. 不会正确使用万用表测各电压值,扣 5~10 分 2. 不会正确使用示波器观察电源变压器二次侧、和输出电压波形,扣 5~10 分			
安全文明操作	1. 工作台上工具排放整齐 2. 严格遵守安全文明操作规程		10 分	违反安全文明操作规程,酌情扣 3~10 分			
合计			100 分				
教师签名:							

> 知识链接 复 合 管

把两个或两个以上三极管的电极适当地连接起来,等效一个管子使用,即为复合管,如图 4-17-6 所示。

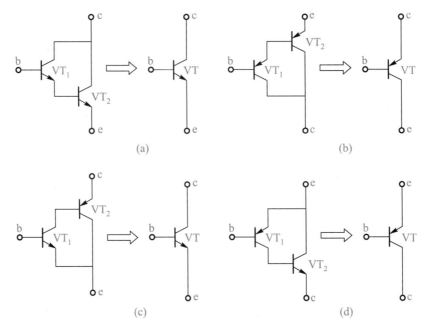

图 4-17-6　四种常见复合管形式

连接成复合管的原则有两点:第一,保证参与复合的每只管子三个电极的电流按各自的正确方向流动。第二,前管的 c、e 极只能与后管的 c、b 极连接,而不能与后管的 b、e 连接,否则前管的 U_{CE} 电压会受到后管的 U_B 的钳制,无法使两管有合适的工作电压。

复合管的主要特点有三点:第一,复合管的电流放大倍数 β 近似为 VT_1 与 VT_2 管的 β 值之积,即 $\beta = \beta_1 \cdot \beta_2$。第二,复合管是 NPN 型还是 PNP 型决定于前一只管子的类型。第三,前一只管子的基极作为复合管的基极,依据前一只管子的发射极与集电极来确定复合管的发射极与集电极。

复习与思考题

1. 三极管串联型稳压电路由哪几部分组成,各部分起什么作用?

2. 三极管串联型稳压电路是如何进行稳压的?

3. 试分析图 4-17-1 电路中,将 R_5 和 R_4 对换一下,稳压电路输出电压将会有什么改变?

4. 试分析图 4-17-1 电路中,若出现 VZ 击穿,VT_1 集电极与发射极短路,微调电位器中心抽头接触不良等故障,会产生什么故障现象?

实训项目十八　三端集成稳压电路

任务一　认识电路

1. 电路工作原理

图 4-18-1 所示为三端集成稳压电路原理图。

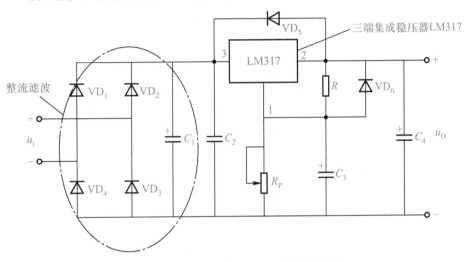

图 4-18-1　三端集成稳压电路原理图

在输入端送入低压 16 V 交流电,经过整流二极管 $VD_1 \sim VD_4$ 整流,电容器 C_1 与 C_2 滤波后,变成 23~25 V 的直流电压。此直流电压加在三端集成稳压器 LM317 的输入端 3 脚,从输出端 2 脚输出稳定的直流电压。改变电位器 R_P 的阻值,可改变输出电压的大小,输出电压为 1.25~21 V。C_3、C_4 为滤波电容器,VD_5、VD_6 为保护二极管。

2. 实物图

图 4-18-2 所示为三端集成稳压电路实物图。

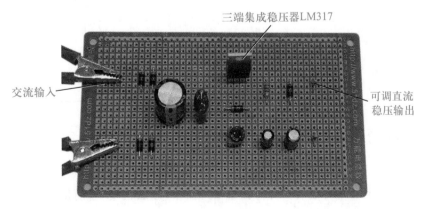

图 4-18-2　三端集成稳压电路实物图

任务二 元器件的识别与检测

1. 电路元器件的识别

三端集成稳压电路的元器件并不多,制作前可对照图4-18-1和表4-18-1逐一进行识别。

表 4-18-1　三端集成稳压电路元器件识别与检测表

符号	名称	实物图	规格	检测结果
R	色环电阻器		120 Ω	实测值:
R_P	微调电位器		5 kΩ	实测标称值: 质量:
$VD_1 \sim VD_6$	二极管		1N4007	正反向测试: 质量:
C_2	涤纶电容器		0.22 μF	标称容量的识读: 质量:
C_1	电解电容器		2 200 μF/25 V	正负极性: 质量:
C_3			10 μF/25 V	正负极性: 质量:
C_4			100 μF/25 V	正负极性: 质量:
LM317	三端集成 稳压器		LM317	引脚排列: 质量:

2. 电路元器件的检测

对照表4-18-1逐一进行检测,同时把检测结果填入表4-18-1。

（1）色环电阻器、电位器、电容器、二极管的检测（方法可参考前面相关内容）

① 色环电阻:主要识读其标称阻值,用万用表检测其实际阻值。

188

② 电解电容器:判断其正负极性,并用万用表检测其质量的好坏。

③ 涤纶电容器:会识读电容器的容量,并用万用表检测其质量的好坏。

④ 二极管:主要判断其正负极性及检测质量的好坏。

⑤ 电位器:主要测量其标称阻值及判别其质量的好坏。

(2)LM317三端稳压器的识别与检测

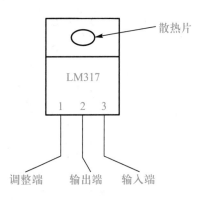

图 4-18-3　LM317 三端稳压器引脚排列图

① LM317 三端稳压器引脚的识别。将 LM317 引脚朝下,把标记有"LM317"的一面正对自己,从左边引脚开始依次是调整端、输出端和输入端,如图 4-18-3 所示。

② LM317 三端稳压器的检测。判断 LM317 三端稳压器好坏的检测方法如图 4-18-4 所示。

将万用表拨至 2 kΩ 挡,红表笔接散热片(带小圆孔子),黑表笔依次接 1、3 脚,检测的正确结果如表 4-18-2 所示。

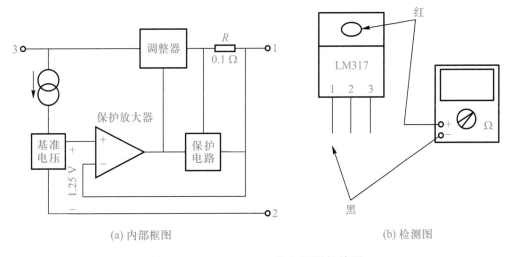

(a) 内部框图　　　　　　　　　(b) 检测图

图 4-18-4　LM317 三端稳压器的检测

表 4-18-2　LM317 引脚参数

引脚	阻值	说明
1	24 kΩ	调整端
2	0	输出端
3	4 kΩ	输入端

任务三　电路制作与调试

1. 电路制作步骤

步骤 1　按电路原理图的结构在图 4-18-5 所示单孔电路板图中,绘制电路元器件排列的布局草图(如熟练此步可省去)。

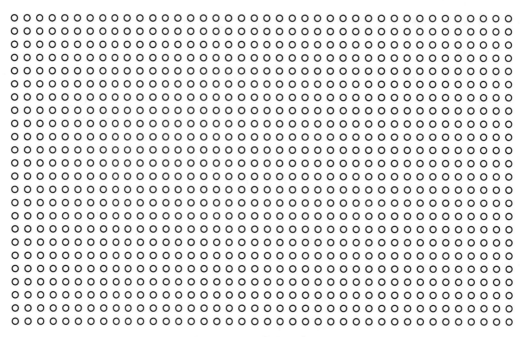

图 4-18-5 单孔电路板图

步骤 2 按工艺要求对元器件的引脚进行成形加工。

步骤 3 按布局图在实验电路板上依次进行元器件的排列、插装。

步骤 4 按焊接工艺要求对元器件进行焊接。

步骤 5 焊接电源输入线或输入端子。

元器件的排列与布局以合理、美观为标准。电阻器、普通二极管,采用水平安装,需贴近印制电路板。电容器采用直立式安装,电解电容器底面应尽量贴近印制电路板。电位器、三端稳压器采用立式安装,安装时,不能倾斜,三个引脚均要焊牢。

安装与焊接按电子工艺要求进行,但在插装与焊接过程中,应注意电解电容器、二极管正负极性,同时要正确连接电位器的三个端。特别要注意的是三端稳压器的三个引脚不可接错。

2. 电路调试

电路检查正确无误后,在输入端输入 16 V 交流电,可进行如下调试:

① 将万用表置于直流电压挡,红表笔接地,黑表笔接 LM317 的 1 脚,测试 LM317 的 1 脚电位的同时,用螺丝刀调节电位器 R_P 的阻值,1 脚电位应均匀地升高或降低。

② 将万用表置于直流电压挡,红表笔接地,黑表笔接 LM317 的 2 脚,测试 LM317 的 2 脚电位的同时,用螺丝刀调节电位器 R_P 的阻值,2 脚输出电压应在 1.25 ~ 21 V 之间变化。

3. 故障调试

如果上述条件满足,说明三端稳压器制作成功。可能出现的故障情况:

① 三端稳压器输出端无电压。可断电检查 LM317 的好坏。

② 三端稳压器输出端电压调整范围很小。此故障由于电阻器 R_1 变质或电位器 R_P 变质，使调压电路的分压比达不到要求。

③ 三端稳压器输出端电压只有 2 V，并且不可调，则电阻器 R_1 开路。

④ 三端稳压器输出端电压为最大值 21 V，并且不可调，原因可能有两种：LM317 的 3 脚虚焊或电位器 R_P 开路。

⑤ 输出端电压为最小值 1.25 V，并且不可调。此故障出现在调压电路，即电位器 R_P 被短路。

任务四　电路测试与分析

1. 测试

（1）测试 1

在输入端输入 16 V 交流电后，用万用表测量整流滤波后输入 LM317 的 3 脚电位。

（2）测试 2

调节电位器 R_P 的阻值，用万用表测 LM317 的 1 脚电位的变化。

（3）测试 3

调节电位器 R_P 的阻值，用万用表测 LM317 的 2 脚电位的变化。

测试结果填入表 4-18-3。

表 4-18-3　三端集成稳压电路测试技训表

测试项目	测量值/V
LM317 的 3 脚电位	
调节电位器 R_P 的阻值，LM317 的 1 脚电位的变化	
调节电位器 R_P 的阻值，LM317 的 2 脚电位的变化	

2. 分析

（1）分析 1

送入 LM317 的 3 脚的电压为什么比输入端的 16 V 交流电压高？

如图 4-18-6 所示，16 V 交流电压从输入端输入后，是通过整流滤波以后再送入 LM317 的 3 脚，从理论上可知，交流电压通过桥式整流电容滤波后，其有效值变为了原来的 1.2 倍。因此，送入 LM317 的 3 脚的电压比输入端的 16 V 要高。

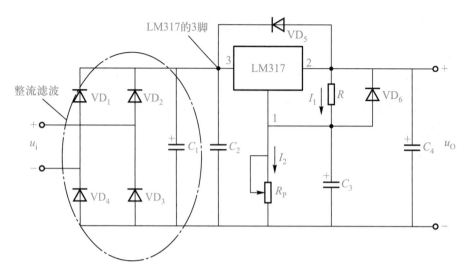

图 4-18-6　三端集成稳压电路分析图

（2）分析 2

调节电位器 R_P 的阻值，LM317 的 2 脚输出电压将发生怎样变化？

由于通过电阻器 R、电位器 R_P 的电流 I_1、I_2 比较接近，可以认为近似相等，那么电阻器 R 与电位器 R_P 可以认为是串联的关系，有 $U_{21}/R = U_O/(R+R_P)$，因此，LM317 的 2 脚输出电压 $U_O = (R+R_P/R)U_{21}$，其中 $U_{21} \approx 1.25 \text{ V}$，则当电位器 R_P 往上调时，LM317 的 2 脚输出电压 U_O 增大，当电位器 R_P 往下调时，LM317 的 2 脚输出电压 U_O 就减小。

◆ **实训项目评价**

实训项目评价表如表 4-18-4 所示。

表 4-18-4　实训项目评价表

班级		姓名		学号		总得分	
项目	考核内容		配分	评分标准			得分
元器件识别与检测	按要求对所有元器件进行识别与检测		10 分	1. 元器件识别错误，每个扣 1 分 2. 元器件检测错误，每个扣 2 分			
元器件成形、插装与排列	1. 元器件按工艺表要求成形 2. 元器件插装符合插装工艺要求 3. 元器件排列整齐、标识方向一致，布局合理		15 分	1. 元器件成形不符合要求，每处扣 1 分 2. 插装位置、极性错误，每处扣 2 分 3. 元器件排列参差不齐，标识方向混乱，布局不合理，扣 3~10 分			
导线连接	1. 导线挺直、紧贴印制电路板 2. 板上的连接线呈直线或直角，且不能相交		10 分	1. 导线弯曲、拱起，每处扣 2 分 2. 板上的连接线弯曲时不呈直角，每处扣 2 分 3. 相交或在正面连线，每处扣 2 分			

项目	考核内容	配分	评分标准	得分
焊接质量	1. 焊点均匀、光滑、一致,无毛刺、假焊等现象 2. 焊点上引脚不能过长	15分	1. 有搭锡、假焊、虚焊、漏焊、焊盘脱落、桥接等现象,每处扣2分 2. 出现毛刺、焊锡过多、焊锡过少、焊点不光滑、引脚过长等现象,每处扣2分	
电路调试	调节电位器 R_P,使 LM317 的 2 脚输出电压在 1.25~21 V 之间变化	20分	调节电位器 R_P,LM317 的 2 脚输出电压不在 1.25~21 V 之间变化,扣 10~20分	
电路测试	正确使用万用表测各电压值	20分	不会正确使用万用表测各电压值,扣5~20分	
安全文明操作	1. 工作台上工具排放整齐 2. 严格遵守安全文明操作规程	10分	违反安全文明操作规程,酌情扣3~10分	
合计		100分		

教师签名:

➤ 知识链接 三端集成稳压器

分立元件稳压电源存在组装麻烦、可靠性差、体积大等缺点。采用集成技术在单片晶体上制成的集成稳压器,具有体积小、外围元件少、性能稳定可靠、使用调整方便和价廉等优点,近年来已得到广泛的应用,尤其中小功率的稳压电源以三端串联集成稳压器应用最为广泛。

1. 三端固定式稳压器

集成稳压器只有三个接线端,即输入端、输出端及公共端。这种三端稳压器属于串联型,除了取样、基准、比较放大和调整等环节外,还有较完整的保护电路。三端固定式稳压器分为正电压输出和负电压输出两类。CW78××系列是正电压输出,引脚排列图如图 4-18-7(a)所示,1 脚为输入端,2 脚为公共端,3 脚为输出端,通常是在整流滤波电路之后接上三端稳压器,电路接法如图4-18-8(a)所示。输入电压接 1、2 端,3、2 端输出稳定电压。在输入端并联一个电容器 C_1 以旁路高频干扰信号,输出端的电容器 C_2 用来改善暂态响应,并具有消振作用。三端稳压器输出的电压有 5 V、6 V、8 V、12 V、15 V、18 V 和 24 V 等系列,输出电压值由型号中的后 2 位表示,如 CW7805 表示输出电压为 +5 V,使用时根据输出电压的要求选择相应的稳压器。

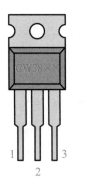
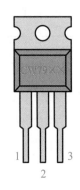

(a) CW78×× 系列引脚排列图　　　　　(b) CW79×× 系列引脚排列图

图 4-18-7　三端固定式稳压器引脚排列图

而 CW79×× 系列是负电压输出,外形与 CW78×× 系列相同,但引脚的排列不同,如图 4-18-7(b)所示,2 脚为输入端,1 脚为公共端,3 脚为输出端。输出电压值由型号中的后 2 位表示,如 CW7912 表示输出电压为-12 V,电路接法如图 4-18-8(b)所示。

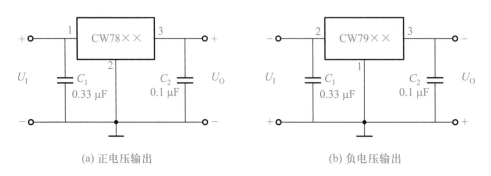

(a) 正电压输出　　　　　　　　　　　(b) 负电压输出

图 4-18-8　三端固定式稳压器电路接法

2. 可调式三端稳压器

该稳压器不仅输出电压可调,且稳压性能优于固定式,被称为第二代三端集成稳压器。同样也分为正电压输出和负电压输出两类。

LM317 系列是正电压输出,引脚排列图如图 4-18-9(a)所示,1 脚为公共端,2 脚为输出端,3 脚为输入端,电路接法如图 4-18-10(a)所示。电位器 R_P 和电阻器 R_1 组成取样电阻分压器,接稳压器的公共端 1 脚,改变 R_P 可调节输出电压 U_O 的大小,输出电压在 1.2 ~ 37 V 范围内连续可调。输入电压接 3 脚,2 脚输出稳定电压。在输入端并联电容器 C_1 以旁路整流电路输出的高频干扰信号,电容器 C_2 可消除纹波电压,使取样电压稳定,电容器 C_3 起消振作用。

LM337 系列是负电压输出,引脚排列图如图 4-18-9(b)所示,1 脚为公共端,2 脚为输入端,3 脚为输出端,电路接法如图 4-18-10(b)所示。

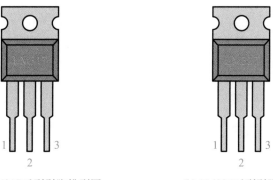

(a) LM317系列引脚排列图　　　　(b) LM337系列引脚排列图

图 4-18-9　可调式三端稳压器引脚排列图

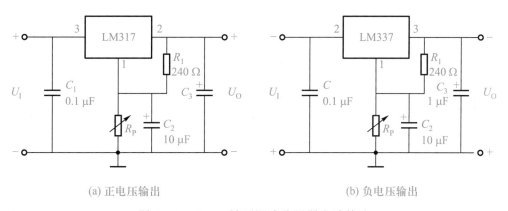

(a) 正电压输出　　　　　　　　(b) 负电压输出

图 4-18-10　三端可调式稳压器电路接法

复习与思考题

1. 要获得+15 V 的直流稳压电源,应选用什么型号的固定式集成稳压器?

2. 试说明 LM317、CW78××系列、CW79××系列三端集成稳压器引脚的识别。

3. 由 LM317 构成的可调式三端集成稳压电源电压的输出范围为多少?

振荡电路

本单元教学目标

技能目标：

■ 掌握 555 集成电路引脚的识别与检测。

■ 掌握三极管多谐振荡器、555 多谐振荡器、RC 移相式振荡电路和 RC 桥式正弦波振荡器的安装、调试和测试。会用示波器观察其振荡波形，并进行周期、频率和幅度的识读。初步具有排除这些电路常见故障的能力。

知识目标：

■ 知道三极管多谐振荡器、555 多谐振荡器、RC 移相式振荡电路和 RC 桥式正弦波振荡器的工作过程以及各元器件的作用。

■ 掌握三极管多谐振荡器、555 多谐振荡器、RC 移相式振荡电路和 RC 桥式正弦波振荡器振荡频率的计算方法。

■ 熟悉 555 集成电路引脚的排列及各引脚的功能。

实训项目十九　三极管多谐振荡器

　　儿童游艺室里有一种电子小玩具:一只可爱的小熊猫睁着两只大大的眼睛,眼睛会不停闪动,好像看着你,非常逗人喜爱。你一定想知道,小熊猫的眼睛为什么会闪动?其实道理很简单,只要动手做一做自然会明白。三极管多谐振荡器就能实现这个功能。

　　多谐振荡器是一种矩形脉冲波形产生电路,这种电路不需外加触发信号,便能产生一定频率和一定宽度的矩形脉冲,常用作脉冲信号源。由于矩形波中含有丰富的多次谐波,故称为多谐振荡器。多谐振荡器工作时,电路的输出在高、低电平间不停地翻转,没有稳定的状态,所以又称为无稳态触发器。

任务一　认识电路

三极管多谐
振荡器工作
原理

1. 电路工作原理

图 5-19-1 所示为三极管多谐振荡器电路原理图。

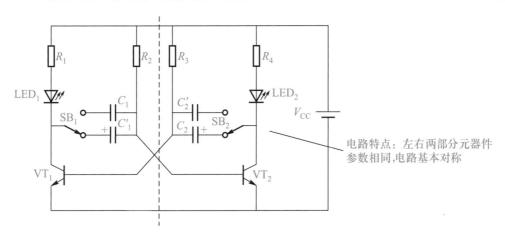

电路特点:左右两部分元器件
参数相同,电路基本对称

图 5-19-1　三极管多谐振荡器电路原理图

　　该电路由完全对称的左右两部分组成。即 2 个三极管 VT_1 和 VT_2、2 个电解电容器 $C_1(C_1')$ 和 $C_2(C_2')$、2 个发光二极管 LED_1 和 LED_2、4 个电阻 $R_1 \sim R_4$ 以及拨动开关 SB_1 和 SB_2 组成。

　　拨动开关 SB_1 和 SB_2 分别与电容器 C_1 和 C_2 或 C_1' 和 C_2' 相接,接通电源,两个三极管中必有一个先导通,假设三极管 VT_1 先导通,则 VT_2 截止,由于电容器 C_1、C_2 的充放电作用,经过一定时间后 VT_2 导通,VT_1 截止,再经过一定时间后,又 VT_1 导通,VT_2 截止……如此循环,电路发生振荡,电路中的两只三极管 VT_1 和 VT_2 轮流导通,我们将看到两个发光二极管 LED_1 和 LED_2 轮流闪亮。

2. 实物图

图 5-19-2 所示为三极管多谐振荡器实物图。

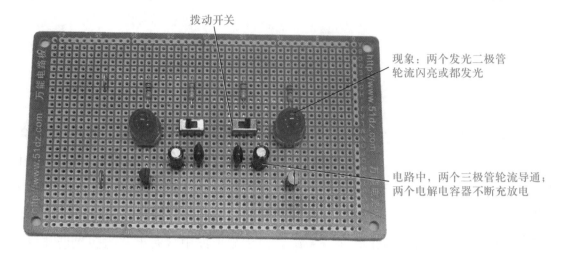

拨动开关

现象：两个发光二极管
轮流闪亮或都发光

电路中，两个三极管轮流导通；
两个电解电容器不断充放电

图 5-19-2　三极管多谐振荡器实物图

电路中，两个三极管用作开关，一个三极管导通时，另一个三极管截止。两个三极管不能同时处于相同工作状态，即电路工作时，两个三极管轮流导通，两个电解电容器也不断地充放电，电路发生振荡。

任务二　元器件的识别与检测

1. 电路元器件的识别

三极管多谐振荡器的元器件并不多，在制作前可对应表 5-19-1 逐一进行识别。

表 5-19-1　三极管多谐振荡器元器件识别与检测表

符号	名称	实物图	规格	检测结果
R_1、R_4	色环电阻器		1 kΩ	实测值：
R_2、R_3			82 kΩ	实测值：
C_1、C_2	电解电容器		47 μF/16 V	正负极性： 质量：
C_1'、C_2'	磁片电容		0.01 μF	正负极性： 质量：

符号	名称	实物图	规格	检测结果
VT_1、VT_2	三极管		9013	类型： 引脚排列： 质量：
LED_1、LED_2	发光二极管	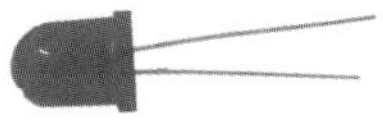	红色，$\phi10$ mm	正负极性： 质量：
SB_1、SB_2	拨动开关			质量：
V_{CC}	直流电源	—	6 V	

2. 电路元器件的检测

对应表 5-19-1 逐一进行检测，同时把检测结果填入表 5-19-1。检测方法可参考前面相关内容。

① 色环电阻器：主要识读其标称阻值，用万用表检测其实际阻值。

② 电容器：电解电容器识别判断其正负极性，并用万用表检测其质量的好坏；磁片电容器主要判断其质量的好坏。

③ 三极管：识别其类型与引脚的排列，并用万用表检测其质量的好坏。

④ 发光二极管：识别判断其正负极性，并用万用表检测其质量的好坏。

⑤ 拨动开关：检测其质量的好坏。

任务三　电路制作与调试

1. 电路制作步骤

步骤 1　按电路原理图的结构在图 5-19-3 所示单孔电路板图中，绘制电路元器件的布局草图。

步骤 2　按工艺要求对元器件的引脚进行成形加工。

步骤 3　按布局图在实验电路板上依次进行元器件的排列、插装。

步骤 4　按焊接工艺要求对元器件进行焊接。

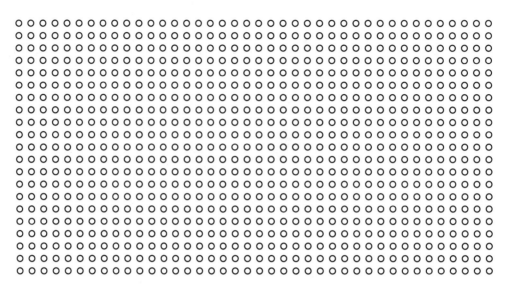

图 5-19-3　单孔电路板图

步骤 5　焊接电源输入线或输入端子。

色环电阻器采用卧式安装,应贴紧印制电路板,色环方向一致;电容器、三极管、发光二极管采用立式安装;拨动开关应紧贴印制电路板进行安装,如图 5-19-2 所示。

元器件的排列与布局以合理、美观为标准,还应充分考虑焊接面不可出现跳线,应尽可能从元器件的跨度中通过。安装与焊接按电子工艺要求进行,但在焊接过程中,应注意电解电容器、发光二极管的正负极性及三极管三个引脚 e、b、c 的排列顺序。

2. 电路调试

接通电源,若将拨动开关 SB_1 和 SB_2 分别与电容器 C_1 和 C_2 相接,现象:两个发光二极管交替闪亮;若将拨动开关 SB_1 和 SB_2 分别与电容器 C_1' 和 C_2' 相接,现象:两个发光二极管都亮。若电路工作不正常,可能出现的故障情况:

① 两个发光二极管都不亮。故障原因分析:LED_1、LED_2 极性接错;R_2、R_3 脱焊或断路;电源接入处有断路或虚焊。

② 只有一个发光二极管亮。故障原因分析:LED_1 或 LED_2 极性可能接错;R_2 或 R_3 脱焊或断路;C_1 或 C_2 断路或虚焊。

③ 开关 SB_1 和 SB_2 分别与电容器 C_1 和 C_2 相接时两个发光二极管都点亮。可能的故障原因是 C_1 和 C_2 断路或虚焊。

该电路成功率高,只要元器件焊接技能过关,一般情况下都能一次成功。

任务四　电路测试与分析

1. 测试

(1) 测试 1

拨动开关分别与 C_1、C_2 相接,用万用表测量三极管 VT_1 和 VT_2 的各极电位,并用示波器观

察三极管 VT_1 和 VT_2 的基极、集电极电位。

（2）测试 2

拨动开关分别与 C_1'、C_2' 相接，用万用表测量三极管 VT_1 和 VT_2 的各极电位，并用示波器观察三极管 VT_1 和 VT_2 的基极、集电极电位。

测试结果填入表 5-19-2。

表 5-19-2　多谐振荡器测试技训表

测试项目			电位/V	测试项目			电位/V
开关分别与 C_1、C_2 相接	VT_1	V_B		开关分别与 C_1'、C_2' 相接	VT_1	V_B	
		V_C				V_C	
		V_E				V_E	
	VT_2	V_B			VT_2	V_B	
		V_C				V_C	
		V_E				V_E	
测试中用示波器观察到的 VT_1 或 VT_2 的集电极、基极电位波形情况							

2. 分析

（1）分析 1

发光二极管 LED_1 点亮时，试分析三极管 VT_1 的集电极电位及工作状态。

当发光二极管 LED_1 点亮时，三极管 VT_1 导通，其集电极电位为低电位；此时发光二极管 LED_2 熄灭，三极管 VT_2 截止，其集电极电位为高电位。反之，当发光二极管 LED_1 熄灭时，情况正好相反。因此，当电路正常工作时，两三极管 VT_1 和 VT_2 轮流导通。如果从 VT_1 或 VT_2 的集电极输出，可获得一定频率的方波。三极管及发光二极管工作状态如图 5-19-4 所示。

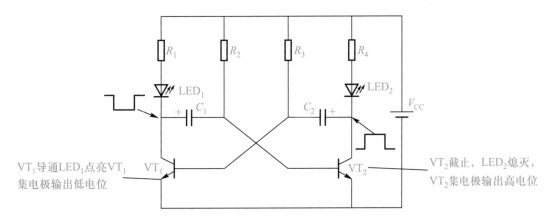

图 5-19-4　三极管及发光二极管工作状态

（2）分析2

电路正常工作时，试分析电容器 C_1、C_2 的充放电过程。

当三极管 VT_1 导通，VT_2 截止时，电容器 C_1 先通过 R_2 及 VT_1 放电，后反向充电，当充电到 VT_2 的发射结导通电压时，VT_2 导通，VT_1 截止，此时，电容器 C_2 也在通过 VT_1 充电，如图 5-19-5（a）所示。

同理，当三极管 VT_2 导通，VT_1 截止时，电容器 C_2 先通过 R_3 及 VT_2 放电，后反向充电，当充电到 VT_1 的发射结导通电压时，VT_1 导通，VT_2 截止，电容器 C_1 也在通过 VT_2 充电，其充放电过程如图 5-19-5（b）所示。以后重复以上过程。

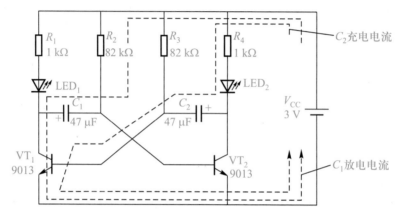

(a) VT_1 导通，VT_2 截止

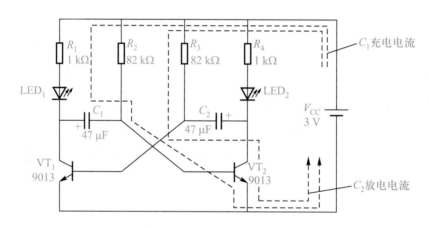

(b) VT_2 导通，VT_1 截止

图 5-19-5　电容器 C_1、C_2 充放电过程

◆ **实训项目评价**

实训项目评价表如表 5-19-3 所示。

表 5-19-3 实训项目评价表

班级		姓名		学号		总得分	
项目	考核内容		配分	评分标准			得分
元器件识别与检测	按要求对所有元器件进行识别与检测		10 分	1. 元器件识别错误,每个扣 1 分 2. 元器件检测错误,每个扣 2 分			
元器件成形、插装与排列	1. 元器件按工艺表要求成形 2. 元器件插装符合插装工艺要求 3. 元器件排列整齐、标识方向一致,布局合理		15 分	1. 元器件成形不符合要求,每处扣 1 分 2. 插装位置、极性错误,每处扣 2 分 3. 元器件排列参差不齐,标识方向混乱,布局不合理,扣 3~10 分			
导线连接	1. 导线挺直、紧贴印制电路板 2. 板上的连接线呈直线或直角,且不能相交		10 分	1. 导线弯曲、拱起,每处扣 2 分 2. 板上连接线弯曲时不呈直角,每处扣 2 分 3. 相交或在正面连线,每处扣 2 分			
焊接质量	1. 焊点均匀、光滑、一致,无毛刺、假焊等现象 2. 焊点上引脚不能过长		15 分	1. 有搭锡、假焊、虚焊、漏焊、焊盘脱落、桥接等现象,每处扣 2 分 2. 出现毛刺、焊锡过多、焊锡过少、焊点不光滑、引脚过长等现象,每处扣 2 分			
电路调试	1. 拨动开关 SB_1 和 SB_2 分别与电容器 C_1 和 C_2 相接,两个发光二极管交替闪亮 2. 拨动开关 SB_1 和 SB_2 分别与电容器 C_1' 和 C_2' 相接,两个发光二极管都亮		20 分	1. 不按要求进行调试,扣 1~5 分 2. 调试结果不正常,扣 5~20 分			
电路测试	1. 正确使用万用表测各电压值 2. 正确使用示波器观察三极管 VT_1 或 VT_2 集电极输出电压波形		20 分	1. 不会正确使用万用表测各电压值,扣 5~10 分 2. 不会正确使用示波器观察三极管 VT_1 或 VT_2 集电极输出电压波形,扣 5~10 分			
安全文明操作	1. 工作台上工具排放整齐 2. 严格遵守安全文明操作规程		10 分	违反安全文明操作规程,酌情扣 3~10 分			
合计			100 分				
教师签名:							

➤ 知识链接一　三极管多谐振荡器的周期和频率

1. 周期和频率的估算

从图 5-19-1 所示电路的 VT₁ 或 VT₂ 集电极输出,可得到如图 5-19-6 所示的方波。其振荡周期 T 可按下式计算,即

$$T=0.7\times(R_2\cdot C_1+R_3\cdot C_2)$$

式中,R_2 和 R_3 的单位为 Ω ,C_1 和 C_2 的单位为 F,T 的单位为 s。若图5-19-1所示电路中的 C_1 和 C_2 都选用 47 μF,R_2 和 R_3 都选用 82 kΩ,因此,周期 $T=0.7\times2\times(47\times10^{-6}\times82\times10^3)$ s≈5.4 s。因为 $R_2C_1=R_3C_2$,所以方波的占空比为 50%,如图 5-19-6 所示。

图 5-19-6　输出方波

频率 $f=1/T=1/(5.4$ s$)\approx0.2$ Hz。

2. 周期和频率的改变

根据周期的表达式可知,改变 R 或 C 的值就可以改变周期和频率。减小 R 或 C 的值就可以减小周期,提高频率。不过改变电阻器阻值会影响三极管的直流工作状态,所以建议采用改变电容器容量的方法。在图 5-19-1 所示电路中,把 C_1、C_2 改成 C_1'、C_2',即减小电容量,就可以减小振荡器的周期,提高其振荡频率。

➤ 知识链接二　振荡频率与示波器

观察波形一般用示波器,但如果振荡频率过低,不便用普通示波器进行观测。若想用示波器观测到方波,就要提高振荡的频率(加快发光二极管亮灭的速度)。

当拨动开关与电容器 C_1、C_2 相接时组成的三极管多谐振荡器,其振荡频率较低,将看到两个发光二极管轮流闪亮,电路发生振荡,但此时用示波器观察不到方波,只看到电位上、下跳动。

当拨动开关与电容器 C_1'、C_2' 相接时组成的三极管多谐振荡器,其振荡频率较高,将看到两个发光二极管始终点亮,这说明当振荡频率比较高时,人眼看不出发光二极管交替亮灭的情况,看上去好像两个发光二极管始终点亮,此时用示波器就可以观察到方波,即当发光二极管高速亮灭时,可用示波器观察这种情况。

◇ 知识拓展　振荡电路

多谐振荡器是一种振荡电路,由电阻组合成两个放大电路,相互施加正反馈而成。它分为三种类型:无稳态多谐振荡器、单稳态多谐振荡器和双稳态多谐振荡器。

① 无稳态多谐振荡器是产生连续方波的电路,即使没有触发信号,振荡仍能持续下去。

② 单稳态多谐振荡器是仅在输入触发脉冲的作用下输出方波的电路,也就是说,对于单稳态多谐振荡器,在一个输入触发脉冲的作用下,三极管的导通截止状态瞬时改变,经过一定时间又返回到原来的状态,并且稳定在这种工作状态。

③ 双稳态多谐振荡器有两个稳定状态,在外加触发脉冲的作用下,从一个稳定状态翻转到另一个稳定状态,双稳态多谐振荡器又称为触发器。

复习与思考题

1. 说明三极管多谐振荡器的工作过程。三极管多谐振荡器能产生什么波形?
2. 三极管多谐振荡器的振荡频率与哪些参数有关?
3. 试查找一个由其他电路构成的多谐振荡器并说明其工作过程。

实训项目二十　555 多谐振荡器

555 集成电路也称为 555 时基电路,是一种中规模集成电路。它具有功能强、使用灵活、适用范围宽的特点。通常只需外接少量阻容元件,就可以组成各种不同用途的脉冲电路,可以用于脉冲波的产生和整形,也可用于定时或延时控制,广泛地应用在各种自动控制电路中。利用一块 555 集成电路和少量外围元件就可做成一个既会打节拍又会闪光的多谐振荡器,称为 555 多谐振荡器。

任务一　认识电路

1. 电路工作原理

图 5-20-1 所示为 555 多谐振荡器电路原理图。

555 多谐振荡器工作原理

本电路的核心器件是 555 集成电路,它接成典型的无稳态工作方式,1 脚接地,4 脚、8 脚接电源,5 脚通过一个 0.01 μF 的电容器接地,2 脚、6 脚、7 脚的典型接法如图5-20-1所示,3 脚为输出端。

接通电源后,555 集成电路的输出端(3 脚)电平不断地出现高低变化。当 3 脚为高电平时,LED_1 熄灭、LED_2 点亮,同时电容器 C_2 充电,扬声器 SP 中有一个充电冲击电流通过,从而发出“嗒”响声。3 脚为低电平时,LED_1 点亮、LED_2 熄灭,C_2 通过 SP 向 555 集成电路 3 脚、1 脚间放电,SP 又发出一声“嗒”响声。所以发光二极管 LED_1、LED_2 交替点亮,扬声器 SP 就发出“嗒嗒”节拍声。

2. 实物图

图 5-20-2 所示为 555 多谐振荡器实物图。

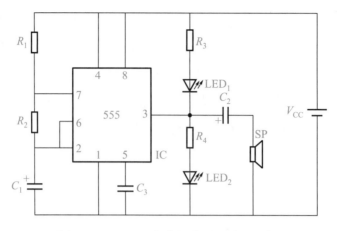

图 5-20-1　555 多谐振荡器电路原理图

现象：接通电源，发光二极管LED₁、LED₂
交替点亮，扬声器SP发出"嗒嗒"节拍声

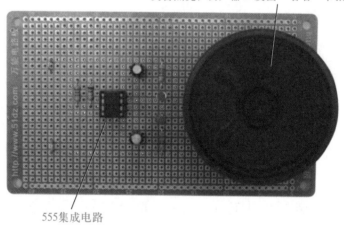

555集成电路

图 5-20-2　555 多谐振荡器实物图

任务二　元器件的识别与检测

1. 电路元器件的识别

555 多谐振荡器的元器件不多，对应表 5-20-1 逐一进行识别。

表 5-20-1　555 多谐振荡器元器件识别与检测表

符号	名称	实物图	规格	检测结果
R_1	色环电阻器		2 kΩ	实测值：
R_2			100 kΩ	实测值：
R_3、R_4			200 Ω	实测值：

符号	名称	实物图	规格	检测结果
C_1	电解电容器		4.7 μF/16 V	正负极性： 质量：
C_2	电解电容器		10 μF/50 V	正负极性： 质量：
C_3	涤纶电容器		0.01 μF	质量：
IC	集成电路		NE555	引脚排列： 引脚识别：
—	集成电路插座		8 脚	
LED_1、LED_2	发光二极管		红色,ϕ10 mm	正负极性： 质量：
SP	扬声器		8 Ω/0.5 W	极性： 质量：
V_{CC}	直流电源	—	6 V	

2. 电路元器件的检测

对应表 5-20-1 逐一进行检测,同时把检测结果填入表 5-20-1。

（1）色环电阻器、磁片电容器、电解电容器、发光二极管、扬声器的检测(方法可参考前面

相关内容）

①色环电阻器：主要识读其标称阻值，并用万用表检测其实际阻值。

②电解电容器：识别判断其正负极性，并用万用表检测其质量的好坏。

③磁片电容器：识别其容量并用万用表检测其质量的好坏。

④发光二极管：识别判断其正负极性，并用万用表检测其质量的好坏。

⑤扬声器：识别正负极性并检测质量的好坏。

（2）555集成电路引脚的识别

555集成电路表面缺口朝左，逆时针方向依次为1脚~8脚，如图5-20-3所示。

图5-20-3 555集成电路引脚排列图

任务三 电路制作与调试

1. 电路制作步骤

步骤1 按电路原理图的结构在图5-20-4所示单孔电路板图中，绘制电路元器件排列的布局草图。

步骤2 按工艺要求对元器件的引脚进行成形加工。

步骤3 按布局图在实验电路板上依次进行元器件的排列、插装。

步骤4 按焊接工艺要求对元器件进行焊接。

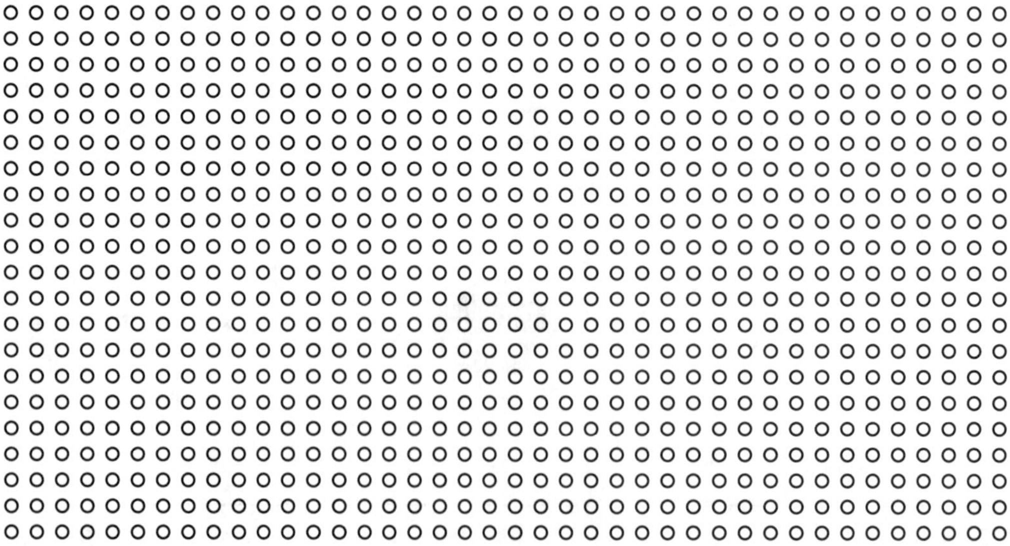

图5-20-4 单孔电路板图

步骤5 焊接电源输入线或输入端子。

元器件的排列与布局以合理、美观为标准。其中,电阻器采用卧式安装,电解电容器、磁片电容器、发光二极管采用立式安装。扬声器紧贴印制电路板安装,555集成电路采用底座安装。

安装与焊接按电子工艺要求进行,但在插装与焊接过程中,应注意电解电容器、发光二极管及扬声器的正负极性,同时要会正确识别555集成电路的8个引脚的排列。

特别要注意555集成电路引脚在连接过程中应避免跳线。

2. 电路调试

接通6 V直流电源,若电路工作正常,发光二极管LED_1、LED_2交替发光,扬声器SP发出"嗒嗒"节拍声。可能出现的故障情况:

① 发光二极管LED_1发光,LED_2不发光,扬声器不发声。故障原因可能是555集成电路的4脚错接地或7脚未能正确连接。

② 发光二极管LED_1不发光,LED_2发光,扬声器发声。故障原因可能是555集成电路的2脚错接地或电容器C_1已短路。

③ 发光二极管LED_1、LED_2交替发光,扬声器不发声。故障原因可能是扬声器损坏。

任务四 电路测试与分析

1. 测试

(1) 测试1

用万用表测量555集成电路各引脚的电位,并观察万用表显示数值的变化情况。

(2) 测试2

用示波器观察555集成电路2脚(或6脚)、3脚的电位,并画出波形。

测试结果填入表5-20-2。

表5-20-2 555多谐振荡器测试技训表

测试项目	555集成电路各引脚							
	1脚	2脚	3脚	4脚	5脚	6脚	7脚	8脚
电位/V								
测试项目	2脚或6脚				3脚			
观察并画出波形								

2. 分析

（1）分析 1

555 集成电路的输出端 3 脚的电位为什么会出现高低变化？

接通电源的瞬间，电容器 C_1 还未开始充电，555 集成电路的 2 脚电位为零，3 脚输出为高电平。接着电源立即经电阻器 R_1、R_2 对电容器 C_1 进行充电，充电回路如图 5-20-5 所示，随着电容器 C_1 充电，555 集成电路 6 脚的电位不断升高，一段时间后，6 脚（或 2 脚）的电位达到 $\frac{2}{3}V_{CC}$，此时，3 脚输出为低电平。

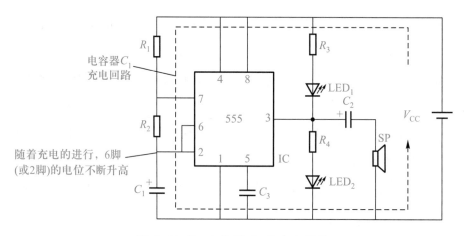

图 5-20-5　电容器 C_1 的充电回路

555 集成电路的 3 脚一旦为低电平，电容器 C_1 就通过电阻 R_2、555 集成电路的 7 脚开始放电，放电回路如图 5-20-6 所示。

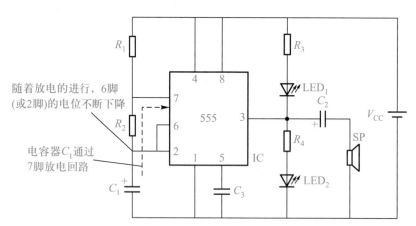

图 5-20-6　电容器 C_1 的放电回路

随着放电的进行，电容器 C_1 两端的电压不断下降，即 2 脚（或 6 脚）的电位不断下降，一旦下降到 $\frac{1}{3}V_{CC}$ 时，3 脚输出又为高电平。此时，电容器 C_1 通过 7 脚放电结束，又开始充电，如此循环，电路发生振荡，555 集成电路的输出端 3 脚的电位出现高低变化，即产生一矩形脉冲。

210

（2）分析 2

555 多谐振荡器的振荡频率与哪些参数有关？

555 多谐振荡器的振荡频率与电容器 C_1 的充放电回路中的时间常数有关。其振荡周期等于电容器 C_1 的充电时间常数 $\tau_{充}$ 和放电时间常数 $\tau_{放}$ 之和，即 $T = \tau_{充} + \tau_{放}$

$$\tau_{充} \approx 1.1(R_1 + R_2)C_1$$

$$\tau_{放} \approx 1.1R_2C_1$$

$$T \approx 1.1(R_1 + 2R_2)C_1$$

说明 555 多谐振荡器的振荡频率与 R_1、R_2 和 C_1 有关，改变 R_1、R_2 和 C_1 的值，就可以改变 555 多谐振荡器的振荡频率和脉冲宽度。

◆ 实训项目评价

实训项目评价表如表 5-20-3 所示。

表 5-20-3　实训项目评价表

班级		姓名		学号		总得分	
项目	考核内容		配分	评分标准			得分
元器件识别与检测	按要求对所有元器件进行识别与检测		10 分	1. 元器件识别错误，每个扣 1 分 2. 元器件检测错误，每个扣 2 分			
元器件成形、插装与排列	1. 元器件按工艺表要求成形 2. 元器件插装符合插装工艺要求 3. 元器件排列整齐、标识方向一致，布局合理		15 分	1. 元器件成形不符合要求，每处扣 1 分 2. 插装位置、极性错误，每处扣 2 分 3. 元器件排列参差不齐，标识方向混乱，布局不合理，扣 3~10 分			
导线连接	1. 导线挺直、紧贴印制电路板 2. 板上的连接线呈直线或直角，且不能相交		10 分	1. 导线弯曲、拱起，每处扣 2 分 2. 板上的连接线弯曲时不呈直角，每处扣 2 分 3. 相交或在正面连线，每处扣 2 分			
焊接质量	1. 焊点均匀、光滑、一致，无毛刺、假焊等现象 2. 焊点上引脚不能过长		15 分	1. 有搭锡、假焊、虚焊、漏焊、焊盘脱落、桥接等现象，每处扣 2 分 2. 出现毛刺、焊锡过多、焊锡过少、焊点不光滑、引脚过长等现象，每处扣 2 分			
电路调试	接通电源，两个发光二极管轮流闪亮，扬声器 SP 发出"嗒嗒"节拍声		20 分	1. 不按要求进行调试，扣 1~5 分 2. 调试结果不正常，扣 5~20 分			

项目	考核内容	配分	评分标准	得分
电路测试	1. 正确使用万用表测量 555 集成电路各引脚电压值 2. 正确使用示波器观察 555 集成电路 3 脚和 6 脚电压波形	20分	1. 不会正确使用万用表测量各引脚电压值,扣 5~10 分 2. 不会正确使用示波器观察 3 脚和 6 脚电压波形,扣 5~10 分	
安全文明操作	1. 工作台上工具排放整齐 2. 严格遵守安全文明操作规程	10分	违反安全文明操作规程,酌情扣 3~10 分	
合计		100 分		
教师签名:				

> ▶ 知识链接一　555 定时器

555 集成电路按图 5-20-7 所示的接法,可独立构成一个定时器。555 集成电路的 1 脚、4 脚、5 脚、8 脚的接法与 555 多谐振荡器的接法一样,1 脚接地,4 脚、8 脚接电源,5 脚通过一个 0.01 μF 电容器接地。只是低触发端 2 脚通过一个按钮接地,6 脚、7 脚连在了一起。

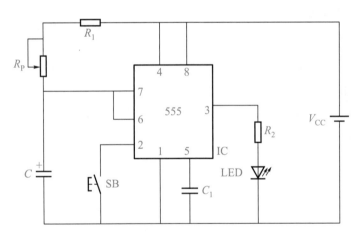

图 5-20-7　555 定时器电路

接通电源,按下定时器开关 SB,低触发端 2 脚就输入了一个小于 $\frac{1}{3}V_{CC}$ 的负脉冲,输出端 3 脚输出为高电平,发光二极管 LED 点亮。而定时器中的放电管则截止,电源 V_{CC} 通过 R_1 和 R_P 对电容器 C 充电。当电容器 C 上的电压升高到 $\frac{2}{3}V_{CC}$ 时,定时器翻转,3 脚输出为低电平,LED 熄灭,表示定时结束。调节 R_P 可使电路定时时间改变。发光二极管 LED 的亮灭显示定时过程的开始和结束。

▶ 知识链接二　555集成电路的名称含义与特点

1. 555集成电路的名称含义

555集成电路的3个5有具体的含义,它们代表基准电压电路是由3个5 kΩ电阻组成的,且要求它们严格相等。

2. 555集成电路的特点

① 555集成电路在电路结构上由模拟电路和数字电路组合而成。它将模拟功能与逻辑功能兼容为一体,能够产生精确的时间延迟和振荡,拓宽了模拟集成电路的应用范围。

② 555集成电路采用单电源供电。双极型555集成电路的电压范围为4.5~15 V,CMOS 555集成电路的电压范围为3~18 V。这样,它可以与模拟运算放大器和TTL或CMOS数字电路共用一个电源。

③ 555集成电路可独立构成一个定时器,且定时精度高。

④ 555集成电路的最大输出电流达200mA,带负载能力强,可直接驱动小电机、扬声器、继电器等负载。

复习与思考题

1. 说一说555多谐振荡器的工作过程。

2. 555多谐振荡器的振荡频率与占空比与哪些参数有关?

3. 举几个555集成电路的其他应用电路,并说明工作过程。

实训项目二十一　RC 移相式正弦波振荡器

能够产生正弦波的振荡电路称为正弦波振荡器。正弦波振荡器一般由放大电路、选频网络和反馈网络三部分所组成,按结构分,正弦波振荡器主要有 RC 型、LC 型和石英晶体型三大类。一般振荡频率较低的正弦波振荡采用 RC 振荡器。RC 振荡器有移相式和电桥式两种,RC 移相式振荡器调节频率比较困难,但构造简单,一般应用于轻便的测试设备与遥测系统中。

任务一　认识电路

1. 电路工作原理

图5-21-1所示为 RC 移相式正弦波振荡器电路原理图。

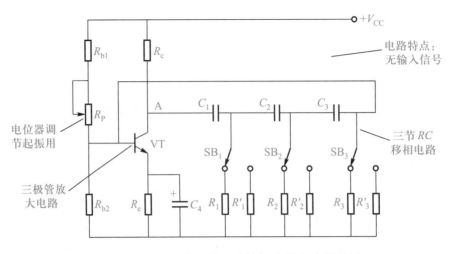

图 5-21-1　RC 移相式正弦波振荡器电路原理图

无论什么振荡器,要产生和维持自激振荡,必须具备相位平衡和幅值平衡两个条件。相位平衡是指反馈信号与输入信号要同相位,即必须是正反馈;幅值平衡是指在维持稳定输出的条件下,反馈信号必须满足输入信号的幅值要求,因此电路要有足够的增益。

由图 5-21-1 可知,它由三节 RC 移相电路和一级放大电路组成。三节 RC 移相电路由 $C_1 \sim C_3$、$R_1 \sim R_3$ 组成。集电极输出信号经三节 RC 网络移相 180° 之后反馈到基极,满足了正反馈(同相位)的条件。选用 β 较高的三极管以满足幅值平衡条件。RC 移相式正弦波振荡器振荡频率为

$$f_0 = \frac{1}{2\pi RC}$$

2. 实物图

图 5-21-2 所示为 RC 移相式正弦波振荡器实物图。

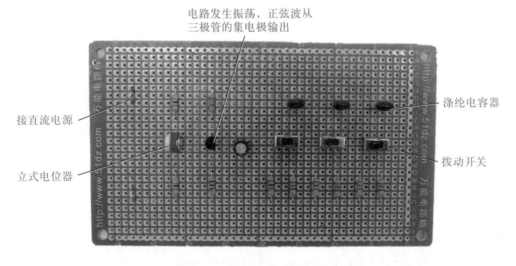

图 5-21-2　RC 移相式正弦波振荡器实物图

214

任务二 元器件的识别与检测

1. 电路元器件的识别

对应表 5-21-1 逐一进行识别。

表 5-21-1 *RC* 移相式正弦波振荡器元器件识别与检测表

符号	名称	实物图	规格	检测结果
R_1、R_2、R_3	色环电阻器		10 kΩ	实测值：
R_1'、R_2'、R_3'			5.1 kΩ	实测值：
R_{b1}、R_{b2}			47 kΩ	实测值：
R_c			6.8 kΩ	实测值：
R_e			1 kΩ	实测值：
R_P			50 kΩ	实测值： 质量：
C_4	电解电容器		10 μF	正负极性： 质量：
C_1、C_2、C_3	涤纶电容器		0.01 μF	容量识读： 质量：
VT	三极管		9014	类型： 引脚排列： 质量：

符号	名称	实物图	规格	检测结果
SB_1、SB_2、SB_3	拨动开关		—	动合端、动断端检测： 质量：
V_{CC}	直流电源	—	6 V	

2. 电路元器件的检测

对应表 5-21-1 逐一进行检测,同时把检测结果填入表 5-21-1。检测方法可参考前面相关内容。

① 色环电阻器:主要识读其标称阻值,用万用表检测其实际阻值。

② 电解电容器:识别判断其正负极性,并用万用表检测其质量的好坏。

③ 涤纶电容器:会正确识读其标称容量并用万用表进行质量的检测。

④ 电位器:主要测量其标称阻值及判别其质量的好坏。

⑤ 三极管:识别其类型与三个引脚的排列,并用万用表进行质量检测。

⑥ 拨动开关:主要进行动合端、动断端与质量的检测。

注意

三极管的电流放大系数 β 的值理论上必须大于 34 才能起振,实际上可根据具体情况决定。另外,电容器的选择误差要小。

任务三　电路制作与调试

1. 电路制作步骤

步骤 1　按电路原理图的结构在图 5-21-3 所示单孔电路板图中,绘制电路元器件排列的布局草图。

步骤 2　按工艺要求对元器件的引脚进行成形加工。

步骤 3　按布局图在实验电路板上依次进行元器件的排列、插装。

步骤 4　按焊接工艺要求对元器件进行焊接。

步骤 5　焊接电源输入线或输入端子。

元器件的排列与布局以合理、美观为标准。电阻器采用卧式安装,电解电容器、涤纶电容器、三极管采用立式安装。电位器、拨动开关紧贴印制电路板安装。

安装与焊接按电子工艺要求进行,应注意电解电容器的正负极性,电位器、三极管三个引脚的排序,拨动开关的动合端与动断端。

图 5-21-3 单孔电路板图

特别要注意电路的布局连接过程中,避免跳线。

2. 电路调试

将拨动开关 SB_1、SB_2、SB_3 分别与电阻器 R_1、R_2、R_3 接通。接通电源,用示波器在三极管的集电极与地端间观察振荡器是否起振,波形有无失真,并调节电位器 R_P,使电路起振,调至输出波形幅度最大。可能出现的故障情况:

① 电路不起振,无波形输出。故障原因可能是三极管电流放大系数 β 不够大,或三节移相电路中的某一节出现问题。

② 电路起振,但波形失真。故障原因可能是放大电路的静态偏置不合适,重新调整电位器 R_P 的阻值,使三极管工作在放大状态。

任务四　电路测试与分析

1. 测试

(1)测试 1

将拨动开关 SB_1、SB_2、SB_3 分别与电阻器 R_1、R_2、R_3 接通,用示波器观察三极管 VT 的集电极与地端间的波形,并估算其周期与频率。

(2)测试 2

将拨动开关 SB_1、SB_2、SB_3 分别与电阻器 R_1'、R_2'、R_3' 接通,用示波器观察三极管 VT 的集电极与地端间的波形,并估算其周期与频率。

（3）测试 3

用数字示波器显示移相波形。在双踪显示时要将显示方式开关置于"交替""内触发""位置"，"拉 Y_B"开关置于拉出位置。用 Y_A 探头与三极管集电极相接，Y_B 探头分别与 SB_1、SB_2、SB_3 相接，观察 SB_1、SB_2、SB_3 处波形与 A 点波形的移相情况。在表 5-21-2 中绘制相关波形。

表 5-21-2　RC 移相式正弦波振荡电路测试技训表

条件	实测频率值/Hz	计算频率值/Hz	误差/Hz
SB_1、SB_2、SB_3 与 R_1、R_2、R_3 接通			
SB_1、SB_2、SB_3 与 R'_1、R'_2、R'_3 接通			
条件	波形		
A 点处波形			
SB_1 处波形			
SB_2 处波形			
SB_3 处波形			

注:绘制各点波形时,要注意相位关系。

2. 分析

（1）分析 1

分析 RC 移相式正弦波振荡器的相位平衡条件和振幅平衡条件。

图 5-21-4 所示为 RC 移相式正弦波振荡器分析图,假设三极管 VT 基极的瞬时极性为"+",则其集电极的瞬时极性为"-",即相位相差 180°,再经过三节 RC 移相电路移相 180°之后反馈到基极,满足了正反馈(同相位)的条件。

前一级共射放大电路的电压放大倍数只要等于三节 RC 移相电路的衰减就可以使整个振荡电路满足振幅平衡条件。

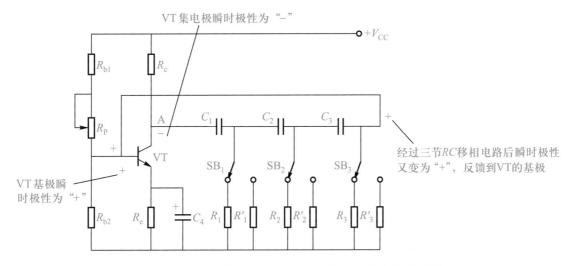

图 5-21-4　RC 移相式正弦波振荡电路相位条件分析图

（2）分析 2

分析 A 点处波形与 SB₁、SB₂、SB₃ 处的波形相移情况。

从理论上分析，A 点处的波形与 SB₃ 处的波形正好相差 180°，即正好反相，才能满足振荡器的相位平衡条件。从示波器上也可以观察到这一现象，A 点处的波形与 SB₁ 处的波形相移为 60°左右，与 SB₂ 处的波形相移为 120°左右，与 SB₃ 处的波形相差 180°左右。

◆ **实训项目评价**

实训项目评价表如表 5-21-3 所示。

表 5-21-3　实训项目评价表

班级		姓名		学号		总得分	
项目	考核内容		配分	评分标准			得分
元器件识别与检测	按要求对所有元器件进行识别与检测		10 分	1. 元器件识别错误，每个扣 1 分 2. 元器件检测错误，每个扣 2 分			
元器件成形、插装与排列	1. 元器件按工艺表要求成形 2. 元器件插装符合工艺要求 3. 元器件排列整齐、标识方向一致，布局合理		15 分	1. 元器件成形不符合要求，每处扣 1 分 2. 插装位置、极性错误，每处扣 2 分 3. 元器件排列参差不齐，标识方向混乱，布局不合理，扣 3~10 分			
导线连接	1. 导线挺直、紧贴印制电路板 2. 板上的连接线呈直线或直角，且不能相交		10 分	1. 导线弯曲、拱起，每处扣 2 分 2. 板上连接线弯曲时不呈直角，每处扣 2 分 3. 相交或在正面连线，每处扣 2 分			

项目	考核内容	配分	评分标准	得分
焊接质量	1. 焊点均匀、光滑、一致,无毛刺、假焊等现象 2. 焊点上引脚不能过长	15分	1. 有搭锡、假焊、虚焊、漏焊、焊盘脱落、桥接等现象,每处扣2分 2. 出现毛刺、焊锡过多、焊锡过少、焊点不光滑、引脚过长等现象,每处扣2分	
电路调试	将拨动开关 SB_1、SB_2、SB_3 分别与电阻器 R_1、R_2、R_3 接通,调节 R_P 使电路发生振荡,三极管集电极输出正弦波	20分	1. 不按要求进行调试,扣1~5分 2. 调试结果不正常,扣5~20分	
电路测试	正确使用示波器观察各电压波形,并会识读周期和幅值	20分	1. 不会正确使用示波器观察各电压波形,扣5~10分 2. 不会正确识读周期和幅值,扣5~10分	
安全文明操作	1. 工作台上工具摆放整齐 2. 严格遵守安全文明操作规程	10分	违反安全文明操作规程,酌情扣3~10分	
合计		100分		
教师签名:				

➤ 知识链接一　RC 移相式正弦波振荡器的振荡频率

图 5-21-5(a)所示为一节 RC 移相电路,输出电压 u_o 对于输入电压 u_i 有超前相位角,最大为 90°,二节 RC 移相电路虽然最大移相可达到 180°,但接近 180°移相所对应的频率的输出电压又接近于零,不能满足振荡的振幅条件,所以实际上至少要用三节 RC 移相电路来移相 180°,这样可以保证在某一个频率上移相 180°,信号传输时衰减也不太大,所以只有特定频率能满足振荡平衡条件。这个电路的频率为 $f_0 = \dfrac{1}{2\pi RC}$。

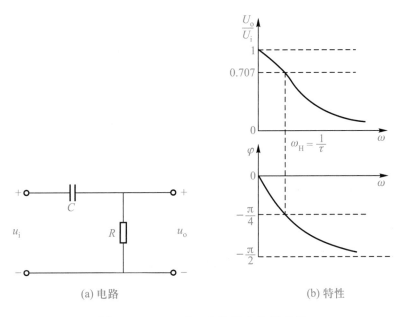

(a) 电路   (b) 特性

图 5-21-5 一节 RC 移相电路及特性

➤ **知识链接二 自激振荡的条件**

振荡电路要产生自激振荡必须同时满足下列两个条件:

1. 相位平衡条件

反馈电压的相位与输入电压的相位同相,即为正反馈,定义式为

$$\varphi = 2n\pi \quad (n = 0, 1, 2, \cdots)$$

式中,φ 为反馈信号 u_f 与输入信号 u_i 的相位差。

2. 振幅平衡条件

反馈电压的幅度与输入电压的幅度相等,这是电路维持稳幅振荡的振幅条件。假定输入电压 u_i 通过放大器放大后增大了 A_u 倍,此时输出电压 $u_o = A_u u_i$,反馈电压 $u_f = F u_o = F A_u u_i$,为保证满足 $u_f \geqslant u_i$,则

$$A_u F \geqslant 1$$

满足此式即可满足振荡电路的振幅平衡条件。

复习与思考题

1. 说明 RC 移相式正弦波振荡电路的工作过程及各元器件的作用。

2. 说明 RC 移相式正弦波振荡电路的相位平衡条件和振幅平衡条件,并说明其振荡频率与哪些参数有关?

实训项目二十二 RC 桥式正弦波振荡器

RC 桥式正弦波振荡器的振荡频率调节方便,信号波形失真小,是应用最广泛的 RC 正弦波振荡器。

任务一 认识电路

1. 电路工作原理

图 5-22-1 所示为 RC 桥式正弦波振荡电路原理图。

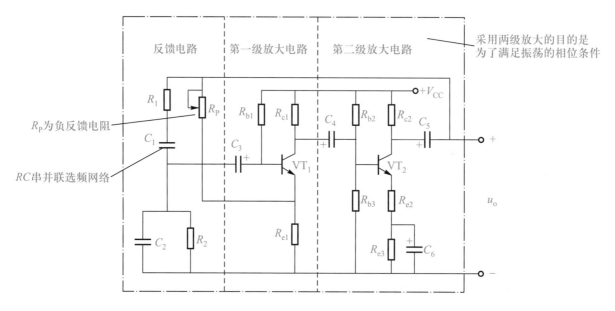

图 5-22-1　RC 桥式正弦波振荡器电路原理图

该电路由 VT_1、VT_2 组成两级阻容耦合共射极同相放大器,通过具有选频作用的 RC 串并联负反馈网络(RC 串并联选频网络),将输出信号反馈到 VT_1 输入端,若 RC 串并联电路选频频率为 f_0,则只有频率为 f_0 的电压反馈到输入端,RC 选频网络对它的相移为零,才满足自激振荡的相位条件。从幅度来看,此时得到的反馈电压最大。只要放大器有合适的放大倍数(大于 3 倍),就能满足振幅条件而产生振荡。为减小振荡波形的失真和提高稳定性,电路中引入负反馈电阻 R_P。

2. 实物图

图 5-22-2 所示为 RC 桥式正弦波振荡器实物图。

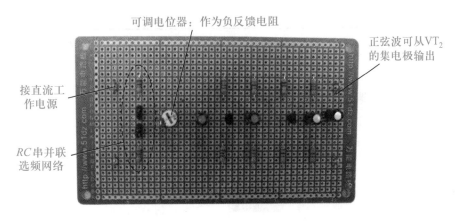

可调电位器：作为负反馈电阻

正弦波可从VT₂
的集电极输出

接直流工
作电源

RC串并联
选频网络

图 5-22-2　RC 桥式正弦波振荡器实物图

任务二　元器件的识别与检测

1. 电路元器件的识别

制作对应表 5-22-1 逐一对元器件进行识别。

表 5-22-1　RC 桥式正弦波振荡器元器件识别与检测表

符号	名称	实物图	规格	检测结果
R_1、R_2	色环电阻器		15 kΩ	实测值：
R_{b1}			1 MΩ	实测值：
R_{c1}			10 kΩ	实测值：
R_{e1}			1 kΩ	实测值：
R_{b2}			12 kΩ	实测值：
R_{b3}			100 kΩ	实测值：
R_{c2}			5.1 kΩ	实测值：
R_{e2}			100 Ω	实测值：
R_{e3}			470 Ω	实测值：
R_P	电位器		10 kΩ	实测值： 质量：

符号	名称	实物图	规格	检测结果
C_1、C_2	涤纶电容器		0.01 μF	容量识读： 质量：
C_3、C_4、C_5	电解电容器		33 μF/25 V	正负极性： 质量：
C_6			47 μF/25 V	正负极性： 质量：
VT_1、VT_2	三极管		9013	类型： 引脚排列： 质量：
V_{CC}	直流电源	—	12 V	

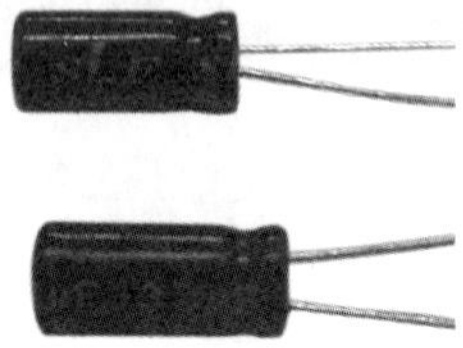

2. 电路元器件的检测

对应表 5-22-1 逐一进行检测,同时把检测结果填入表 5-22-1。检测方法可参考前面相关内容。

① 色环电阻器:主要识读其标称阻值,用万用表检测其实际阻值。

② 电解电容器:识别判断其正负极性,并用万用表检测其质量的好坏。

③ 涤纶电容器:会正确识读其标称容量并用万用表进行质量的检测。

④ 电位器:主要测量其标称阻值及判别其质量的好坏。

⑤ 三极管:识别其类型与三个引脚的排列,并用万用表进行质量检测。

电阻器、电容器、电位器、三极管等元器件都是常用元器件,应熟练掌握其识读与检测方法。

任务三　电路制作与调试

1. 电路制作步骤

步骤 1　按电路原理图的结构在图 5-22-3 所示单孔电路板图中,绘制电路元器件排列的布局草图。

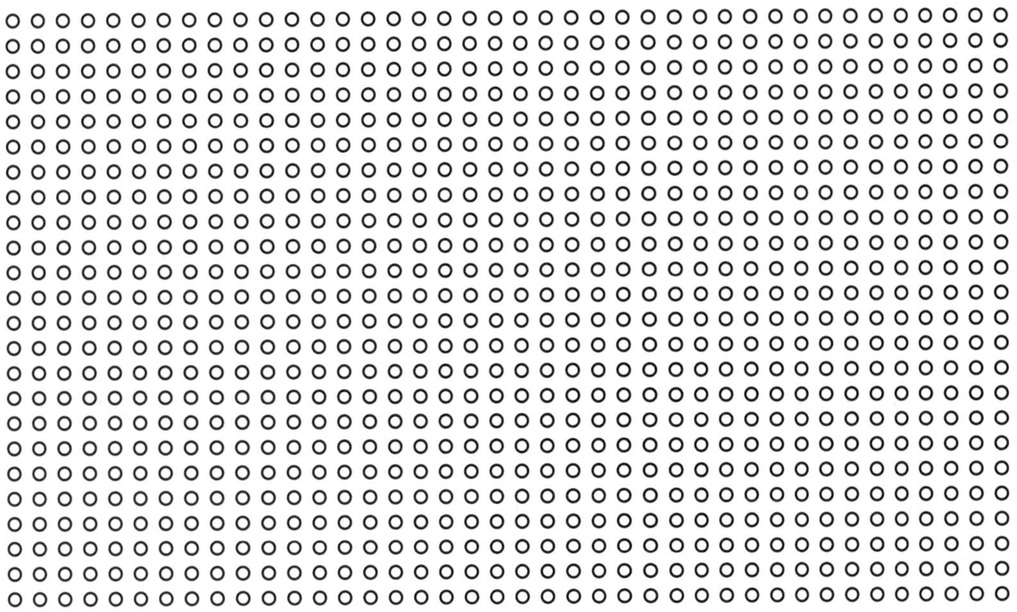

图 5-22-3　单孔电路板图

步骤 2　按工艺要求对元器件的引脚进行成形加工。

步骤 3　按布局图在实验电路板上依次进行元器件的排列、插装。

步骤 4　按焊接工艺要求对元器件进行焊接。

步骤 5　焊接电源输入线或输入端子。

元器件的排列与布局以合理、美观为标准。电阻器采用卧式安装,电解电容器、涤纶电容器、三极管采用立式安装。电位器紧贴印制电路板安装。

安装与焊接按电子工艺要求进行,但在插装与焊接过程中,应注意电解电容器的正负极性,电位器、三极管 3 个引脚的排序。

特别要注意在电路的布局连接过程中避免跳线。

2. 电路调试

接通电源,若电路工作正常,用示波器在三极管 VT_1 或 VT_2 的集电极与地端间观察振荡器是否起振,波形有无失真,并调节电位器 R_p,使电路起振。可能出现的故障情况:

① 电路不起振,无波形输出。首先应用万用表测量放大电路的静态工作点,如果工作点异常,应重点检查放大电路的元器件有无损坏或连接线是否开路;工作点若正常,则要检查反馈是否加上,反馈信号的极性是否正确,反馈深度是否合适。

② 电路起振,但波形失真。首先应调整负反馈电阻 R_p 的值,使波形正常;若还是失真,可能是三极管的放大倍数太大,使三极管处于非线性失真状态,应更换放大倍数小的三极管。

任务四　电路测试与分析

1. 测试

（1）测试1

调节 R_P，使电路起振，并使波形不失真，此时用示波器分别观察三极管 VT_1 和 VT_2 的集电极处波形，并估算其周期与频率。

（2）测试2

振荡电路正常工作时，用万用表测量三极管 VT_1 和 VT_2 的基极与发射极电位。

（3）测试3

用示波器同时观察 VT_1 和 VT_2 的集电极处波形，试分析两个波形的相位关系。

测试结果填入表5-22-2。

表5-22-2　RC 桥式正弦波振荡电路测试技训表

测量项目1	读取频率值	读取周期值
根据 VT_1 集电极处波形		
根据 VT_2 集电极处波形（振荡波形）		
测量项目2	基极电位 V_B	发射极电位 V_E
对于 VT_1 进行测量	V_{B1}：	V_{E1}：
对于 VT_2 进行测量	V_{B2}：	V_{E2}：
VT_1、VT_2集电极处波形（要求在同一坐标系中绘制）		

注：绘制各点波形时，要注意相位关系。

2. 分析

（1）分析1

分析 RC 桥式正弦波振荡电路中反馈电阻 R_P 的作用。

电路中的反馈电阻 R_P 将输出电压反馈到 VT_1 的发射极，这样虽然减小了放大倍数，却改善了失真和提高了稳定性，而且提高了放大电路的输入电阻并减小了输出电阻，因此减小了放大电路对 RC 串并联选频网络性能的影响，增加了振荡电路带负载能力。调整 R_P 阻值可使振荡电路产生比较稳定且失真小的正弦波信号。

在 RC 桥式正弦波振荡器电路中，R_P 常采用具有负温度系数的热敏电阻器以便顺利起振。当振荡器的输出幅度增大时，流过 R_P 的电流增强，随热敏电阻器的温度上升其电阻变小，使放大电路的增益下降，这将自动调节振荡输出信号趋于稳定。

（2）分析 2

分析三极管 VT_1 和 VT_2 集电极波形的相位关系。

三极管 VT_1 和 VT_2 集电极上的信号波形在相位上正好相差 180°，即反相。因为第一级、第二级放大电路都属于共发射极放大电路，其集电极与基极的信号在相位上正好相差 180°，而三极管 VT_1 的集电极与 VT_2 的基极信号极性相同，则三极管 VT_1 和 VT_2 集电极上的信号波形正好反相。

◆ **实训项目评价**

实训项目评价表如表 5-22-3 所示。

表 5-22-3　实训项目评价表

班级		姓名		学号		总得分	
项目	考核内容		配分	评分标准			得分
元器件识别与检测	按要求对所有元器件进行识别与检测		10 分	1. 元器件识别错误，每处扣 1 分 2. 元器件检测错误，每处扣 2 分			
元器件成形、插装与排列	1. 元器件按工艺表要求成形 2. 元器件插装符合工艺要求 3. 元器件排列整齐、标识方向一致，布局合理		15 分	1. 元器件成形不符合要求，每处扣 1 分 2. 插装位置、极性错误，每处扣 2 分 3. 元器件排列参差不齐，标识方向混乱，布局不合理，扣 3～10 分			
导线连接	1. 导线挺直、紧贴印制电路板 2. 板上的连接线呈直线或直角，且不能相交		10 分	1. 导线弯曲、拱起，每处扣 2 分 2. 板上的连接线弯曲时不呈直角，每处扣 2 分 3. 相交或在正面连线，每处扣 2 分			
焊接质量	1. 焊点均匀、光滑、一致，无毛刺、假焊等现象 2. 焊点上引脚不能过长		15 分	1. 有搭锡、假焊、虚焊、漏焊、焊盘脱落、桥接等现象，每处扣 2 分 2. 出现毛刺、焊锡过多、焊锡过少、焊点不光滑、引脚过长等现象，每处扣 2 分			
电路调试	调节电位器 R_P 使电路发生振荡，输出正弦波稳定		20 分	1. 不按要求进行调试，扣 1～5 分 2. 调试结果不正常，扣 5～20 分			

项目	考核内容	配分	评分标准	得分
电路测试	1. 正确使用万用表测量三极管各极电位值 2. 正确使用示波器观察各电压波形,并会识读周期和幅值	20分	1. 不会正确使用万用表测量三极管各极电位值,扣 1~5 分 2. 不会正确使用示波器观察各电压波形,扣 5~10 分 3. 不会正确识读周期和幅值,扣 1~5 分	
安全文明操作	1. 工作台上工具排放整齐 2. 严格遵守安全文明操作规程	10分	违反安全文明操作规程,酌情扣 3~10 分	
合计		100分		
教师签名:				

> **知识链接一　RC 串并联选频网络**

图 5-22-4 所示为 RC 串并联选频网络,由 R_2、C_2 并联后和 R_1、C_1 串联构成,一般取 $R_1 = R_2 = R$,$C_1 = C_2 = C$,其频率特性如图 5-22-5 所示,输入电压 u_i 的幅度一定时,输入信号频率变化会引起输出电压 u_o 幅度和相位的变化。

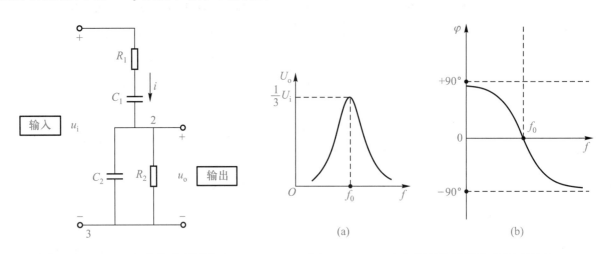

图 5-22-4　RC 串并联选频网络　　　　图 5-22-5　RC 串并联选频网络的频率特性

当输入信号 u_i 频率等于选频频率 f_0 时,输出电压 u_o 幅度最高,为 $u_i/3$,而且相位差为零。选频频率 f_0 取决于选频网络 R、C 元件的数值,计算公式为

$$f_0 = \frac{1}{2\pi RC}$$

输入信号 u_i 的频率高于或低于 f_0 愈多,输出电压 u_o 就愈小,且相移也愈大。

➤ **知识链接二　检测振荡电路是否起振**

振荡电路是否正常工作,常用以下两种方法来检测:一是用示波器观察输出波形是否正常;二是用万用表的直流电压挡测量振荡三极管的 U_{BE} 电压,如果 U_{BE} 出现反偏电压或小于正常放大时的数值,再用电容器将正反馈信号交流短路到地端,若 U_{BE} 电压回升,则可验证振荡电路已经起振。

复习与思考题

1. 说明 RC 桥式正弦波振荡器的工作过程及各元器件的作用。
2. 说明 RC 桥式正弦波振荡器的相位平衡条件和振幅平衡条件,并说明其振荡频率与哪些参数有关?

单元六

放大电路

本单元教学目标

技能目标:

- 掌握分压式偏置放大电路的装接、静态与动态调试的方法和步骤,会用示波器观察信号波形;熟悉截止、饱和失真波形,掌握消除失真的方法;熟悉简单故障的排除方法。
- 能正确识读集成运放 CF741 和集成功放 TDA2030 的引脚。
- 掌握集成运放 CF741 组成的反相和同相比例运算电路、OTL 功率放大电路、OCL 功率放大电路的安装、调试和测试,初步具有排除这些电路常见故障的能力。

知识目标:

- 熟悉分压式偏置放大电路的基本结构,理解稳定静态工作点的基本原理,掌握其静态与动态参数的计算方法。
- 熟悉由集成运放组成的反相比例和同相比例运算电路的结构与特点。
- 掌握 OCL、OTL 功率放大电路的组成形式、工作状态、特点及主要元器件的功能。

230

实训项目二十三　分压式偏置放大电路

任务一　认识电路

分压式偏置
放大电路
工作原理

1. 电路工作原理

图 6-23-1 所示为分压式偏置放大电路原理图。

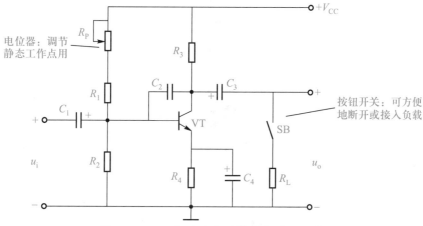

图 6-23-1　分压式偏置放大电路原理图

电路中，R_P、R_1、R_2 和 R_4 组成三极管 VT 的分压式偏置电路。V_{CC} 通过 R_P、R_1、R_2 分压电路使 VT 获得固定的 V_{BQ}，再利用发射极电阻 R_4 的电流负反馈作用，稳定放大器的静态工作点。R_3 为集电极负载电阻，C_1、C_3 为耦合电容，C_2 为消振电容。C_4 为发射极旁路电容，使放大器的放大能力不受 R_4 的影响。R_P 为调节三极管 VT 的静态工作点用。R_L 为负载电阻，可通过按钮开关 SB 方便地接入或断开电路。

2. 实物图

图 6-23-2 所示为分压式偏置放大电路实物图。

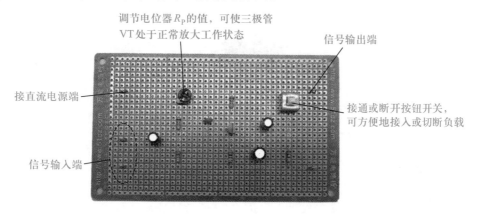

图 6-23-2　分压式偏置放大电路实物图

任务二　元器件的识别与检测

1. 电路元器件的识别

电路元器件的识别与检测是一个非常重要的环节,对应表6-23-1逐一进行识别。

表6-23-1　分压式偏置放大电路元器件识别与检测表

符号	名称	实物图	规格	检测结果
R_1	色环电阻器		12 kΩ	实测值:
R_2			10 kΩ	实测值:
R_3、R_L			2 kΩ	实测值:
R_4			1 kΩ	实测值:
R_P	电位器		100 kΩ	实测值: 质量:
C_1、C_3	电解电容器		10 μF/16 V	正负极性: 质量:
C_4			100 μF/16 V	正负极性: 质量:
C_2	磁片电容器		0.1 μF	标称容量识读: 质量:
VT	三极管		9013	类型: 引脚排列: 质量:
SB	按钮开关		—	动合端、动断端的检测: 质量:
V_{CC}	直流电源	—	12 V	

2. 电路元器件的检测

对应表6-23-1逐一进行检测,同时把检测结果填入表6-23-1。检测方法可参考前面相关内容。

① 色环电阻器:主要识读其标称阻值,并用万用表测量其实际阻值。

② 电容器:电解电容器识别判断其正负极性,并用万用表检测质量的好坏;磁片电容器识读其标称容量,并判断质量的好坏。

③ 三极管:识别其类型与引脚的排列,并用万用表检测其质量的好坏。

④ 按钮开关:检测其动合端、动断端并检测其质量的好坏。

⑤ 电位器:用万用表测量其标称阻值,并检测其质量的好坏。

任务三　电路制作与调试

1. 电路制作步骤

步骤 1　按电路原理图的结构在图 6-23-3 所示单孔电路板图中,绘制电路元器件的布局草图(如熟练此步可省去)。

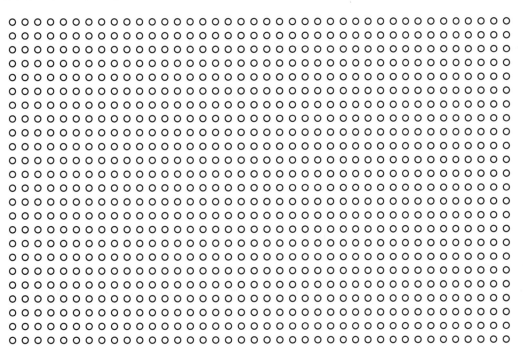

图 6-23-3　单孔电路板图

步骤 2　按工艺要求对元器件的引脚进行成形加工。

步骤 3　按布局图在实验电路板上依次进行元器件的排列、插装。

步骤 4　按焊接工艺要求对元器件进行焊接。

步骤 5　焊接电源输入线(或端子)和信号输入、输出端子。

色环电阻器采用水平安装,应贴紧电路板,色环方向一致;电解电容器采用立式安装,注意极性,电容器底部尽量贴紧印制电路板;三极管采用直排式立式安装。

元器件的排列与布局以合理、美观为标准,同时应充分考虑焊接面不可出现跳线,尽可能从元器件的跨度中通过。安装与焊接按电子工艺要求进行,但在焊接过程中,注意电解电容器的正负极性及三极管三个引脚 e、b、c 的排列顺序。

2. 电路调试

如安装、焊接无误,则可接通 12 V 电源,进行电路调试。

(1)静态工作点的调试

调节电位器 R_P,使三极管 VT 发射极电位为 1.5 V 左右,集电极负载 R_c 两端的电压为 3 V 左右。使三极管 VT 工作在正常放大状态。

(2)动态调试

将低频信号发生器输出的 1 000 Hz、10 mV 正弦信号加在放大器输入端,然后用示波器观察输出信号的波形,看波形是否被不失真地进行放大。可能出现的故障情况:

① 无信号输出故障。首先排除信号源、示波器、探头与连接线的故障;测量放大电路直流供电电压,若不正常,则检查直流供电电源或连线;测量放大管各电极的工作点电压。由测量到的电压值来判断故障部位。

② 输出信号产生非线性失真故障。测量放大管各电极的工作点电压,判断三极管是否工作在放大区,一般可通过调整偏置电阻的阻值或更换三极管来解决;利用示波器观察放大器的输出波形,通过波形来判断非线性失真原因,可主要检查电容器是否漏电等。

任务四　电路测试与分析

1. 测试

(1)测试 1

用万用表测量放大管 VT 各极电位 V_B、V_E 和 V_C,并估算集电极电流 I_C 的值。

(2)测试 2

用示波器分别观察空载和接入负载时输入与输出信号的波形,并估算其振荡频率、周期和电压放大倍数。

测试结果填入表 6-23-2。

表 6-23-2　分压式偏置放大电路测试技训表

测试项目		电压值/V(或波形)	估算项目	
三极管 VT	V_B		$I_C =$	
	V_C			
	V_E			
输入 u_i 与输出 u_o 的波形			空载时	$A_u =$
			接入负载时	$A_u =$
			$T =$	
			$f =$	

注:输入 u_i 与输出 u_o 波形绘制在同一坐标中。

2. 分析

（1）分析1

分析三极管（NPN型）处于放大工作状态下，其各极电位之间的关系。

通过测试，我们发现当NPN型三极管处于放大工作状态时，其基极电位 V_B 高于发射极电位 V_E，而集电极电位 V_C 又高于基极电位 V_B，即有 $V_C > V_B > V_E$。此时，相当于给发射结加了正向偏置电压，集电结加反向偏置电压，满足了NPN型三极管处于放大工作状态时的外部条件。一般可通过调整基极偏置电阻来调整三极管的工作状态。

（2）分析2

分压式偏置放大电路在空载与接负载时电压放大倍数是否有变化？

分压式放大电路的电压放大倍数的计算公式为

$$A_u = -\frac{\beta R'_L}{r_{be}}$$

其中，$R'_L = R_C \ // \ R_L$，当接入负载 R_L 以后，R'_L 变小，因此，接负载时的电压放大倍数要比空载时小。

◆ **实训项目评价**

实训项目评价表如表6-23-3所示。

表6-23-3　实训项目评价表

班级		姓名		学号		总得分	
项目	考核内容		配分	评分标准			得分
元器件识别与检测	按要求对所有元器件进行识别与检测		10分	1. 元器件识别错误，每个扣1分 2. 元器件检测错误，每个扣2分			
元器件成形、插装与排列	1. 元器件按工艺表要求成形 2. 元器件插装符合插装工艺要求 3. 元器件排列整齐、标识方向一致，布局合理		15分	1. 元器件成形不符合要求，每处扣1分 2. 插装位置、极性错误，每处扣2分 3. 元器件排列参差不齐，标识方向混乱，布局不合理，扣3~10分			
导线连接	1. 导线挺直、紧贴印制电路板 2. 板上的连接线呈直线或直角，且不能相交		10分	1. 导线弯曲、拱起，每处扣2分 2. 板上的连接线弯曲时不呈直角，每处扣2分 3. 相交或在正面连线，每处扣2分			

项目	考核内容	配分	评分标准	得分
焊接质量	1. 焊点均匀、光滑、一致,无毛刺、假焊等现象 2. 焊点上引脚不能过长	15分	1. 有搭锡、假焊、虚焊、漏焊、焊盘脱落、桥接等现象,每处扣2分 2. 出现毛刺、焊锡过多、焊锡过少、焊点不光滑、引脚过长等现象,每处扣2分	
电路调试	1. 静态工作点的调试 2. 动态调试。将低频信号发生器输出的 1 000 Hz、10 mV 正弦信号加在放大器输入端,用双踪示波器观察输出信号被不失真地进行放大	20分	1. 不按要求进行调试,扣1~5分 2. 调试结果不正常,扣5~20分	
电路测试	1. 正确使用万用表测量三极管各极电位值 2. 正确使用示波器观察输入和输出波形,并会识读波形的周期和幅值	20分	1. 不会正确使用万用表测量三极管各极电位值,扣1~5分 2. 不会正确使用示波器观察各电压波形,扣5~10分 3. 不会正确识读周期和幅值,扣1~5分	
安全文明操作	1. 工作台上工具排放整齐 2. 严格遵守安全文明操作规程	10分	违反安全文明操作规程,酌情扣3~10分	
合计		100分		

教师签名:

➤ 知识链接一　静态工作点的估算

分压式偏置放大电路如图 6-23-4 所示,其直流通路如图 6-23-5 所示。

根据直流通路可推导出下列静态工作点的估算公式:

$$V_{BQ} = \frac{R_{b2}}{R_{b1}+R_{b2}} V_{CC}$$

$$I_{CQ} \approx I_{EQ} = \frac{V_{BQ}-U_{BEQ}}{R_e}$$

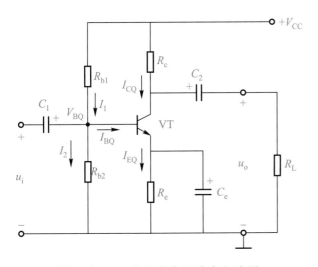

图 6-23-4　分压式偏置放大电路图

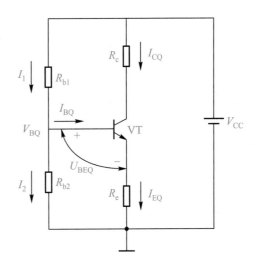

图 6-23-5　分压式偏置放大电路直流通路

$$I_{BQ} = \dfrac{I_{CQ}}{\beta}$$

$$U_{CEQ} = V_{CC} - I_{CQ}(R_c + R_e)$$

➤ 知识链接二　动态参数的估算

分压式偏置放大电路交流通路如图 6-23-6 所示,与固定偏置电路相比,两者交流通路基本相同。

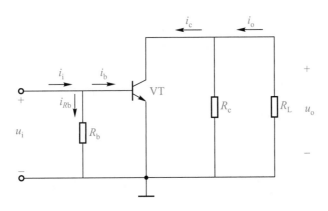

图 6-23-6　分压式偏置放大电路交流通路

1. 三极管输入电阻 r_{be} 的估算

三极管的 b 极与 e 极之间存在一个等效电阻,称为三极管的输入电阻 r_{be}。对于小功率三极管的共发射极接法,常用下式近似估算。

$$r_{be} \approx 300~\Omega + (1+\beta)\frac{26~mV}{I_E}$$

2. 放大电路输入电阻 r_i 的估算

从图 6-23-6 可看出放大电路的输入电阻应为 r_{be} 与 R_b 的并联,即

$$r_i = R_b \mathbin{/\mkern-5mu/} r_{be}$$

一般 $R_b \gg r_{be}$,上式可近似为

$$r_i \approx r_{be}$$

3. 估算放大电路输出电阻

将图 6-23-6 交流通路的外接负载 R_L 断开,从放大电路的输出端看进去的等效电阻为

$$r_o \approx R_c$$

4. 电压放大倍数的估算

从图 6-23-6 的交流通路来看,输出信号 u_o 与输入信号 u_i 的比为电压放大倍数。即

$$A_u = -\frac{\beta R'_L}{r_{be}}$$

复习与思考题

1. 说明分压式偏置放大电路的静态测试与动态测试的一般方法和步骤。
2. 试述直流电源在信号放大电路中起什么作用?

实训项目二十四　集成运算放大器

集成运算放大器(简称集成运放)是一种高增益的直流放大器,是目前应用最广泛的集成放大器。早期用于模拟计算机,对信号进行模拟计算,并由此而得名。随着微电子技术的发展和价格的降低,集成运算放大器已作为一种通用的高性能放大器件来使用,在各种放大器、比较器、振荡器、信号运算电路中得到了广泛应用。下面以反相比例运算电路和同相比

例运算电路的制作为例来进行学习。

任务一　认识电路

1. 电路工作原理

图 6-24-1 所示为反相比例运算电路图。

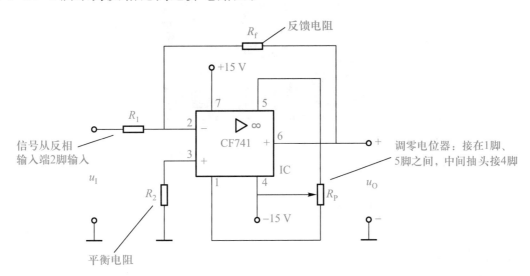

图 6-24-1　反相比例运算电路图

集成运放 CF741 有 8 个引脚,其中 7 脚为正电源端,4 脚为负电源端,2 脚为反相输入端,3 脚为同相输入端,1 脚、5 脚为调零端,8 脚为空脚。集成运放 CF741 在正常工作时,输入、输出端按要求接好后,还必须在 7 脚和 4 脚接上正负电源,在 1 脚、5 脚之间接上调零电位器。其中,调零电位器的作用是当输入信号为零时,若输出不为零,那么可通过调节调零电位器使输出信号也为零。

反相比例运算电路输入信号从反相输入端输入,经过放大 R_f/R_1 倍以后从输出端输出,且输出信号与输入信号反相,即 $u_O = -(R_f/R_1)u_I$。

因此,只要合理设置 R_f、R_1 的值,就能满足实际要求,设计出所需要的反相比例运算电路。

2. 实物图

图 6-24-2 所示为反相比例运算电路实物图。

在制作过程中集成电路可采用插座的形式。

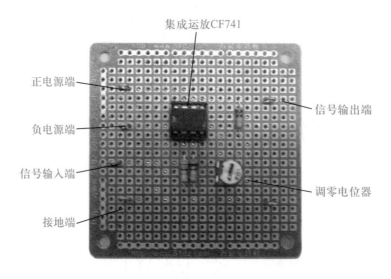

图 6-24-2　反相比例运算电路实物图

任务二　元器件的识别与检测

1. 电路元器件的识别

电路元器件规格如表 6-24-1 所示,可对应表 6-24-1 逐一进行识别。

表 6-24-1　反相比例运算电路元器件识别与检测表

符号	名称	实物图	规格	检测结果
R_1	色环电阻器		10 kΩ	实测值:
R_2、R_f			100 kΩ	实测值:
R_P	电位器		10 kΩ	实测值: 质量:
IC	集成电路		CF741	引脚排列与功能:
—	插座		8 脚	
V_{CC}	直流电源	—	±15 V	

2. 电路元器件的检测

对应表 6-24-1 逐一进行检测,同时把检测结果填入表 6-24-1。

(1)色环电阻器和电位器的检测(方法可参考前面相关内容)

① 色环电阻器:主要识读其标称阻值,用万用表检测其实际阻值。

② 电位器:主要测量其标称阻值并判别其质量的好坏。

(2)集成运放 CF741 的检测

正确识别集成运放 CF741 的引脚排列并熟悉引脚功能。

集成运放 CF741 的引脚排列如图 6-24-3 所示,引脚功能如表 6-24-2 所示。

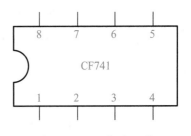

图 6-24-3　集成运放 CF741 的引脚排列

表 6-24-2　集成运放 CF741 的引脚功能

1 脚	2 脚	3 脚	4 脚	5 脚	6 脚	7 脚	8 脚
调零	反相输入	同相输入	负电源	调零	输出	正电源	空脚

任务三　电路制作与调试

1. 电路制作

步骤 1　按电路原理图的结构在图 6-24-4 所示单孔印制电路板图中,绘制电路元器件的布局草图(如熟练此步可省去)。

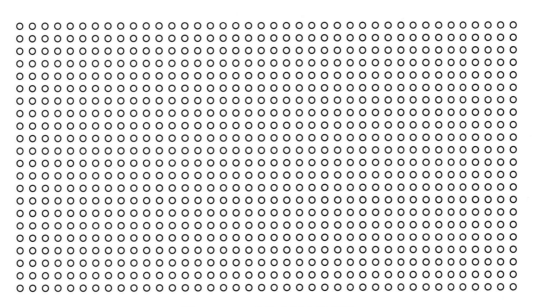

图 6-24-4　单孔印制电路板图

步骤 2　按工艺要求对元器件的引脚进行成形加工。

步骤 3　按布局图在实验印制电路板上依次进行元器件的排列、插装。

步骤 4　按焊接工艺要求对元器件进行焊接。

步骤 5　焊接电源输入线(或端子)和信号输入、输出端子。

色环电阻器采用水平安装,应贴紧印制电路板,色环方向一致;电位器采用立式安装,安装要牢固;集成电路采用插座安装,插座贴紧印制电路板。

2. 电路调试

如安装、焊接无误,则可接通 ±15 V 电源,进行电路调试。

① 调零。将集成运放 CF741 的 2 脚、3 脚两个输入引脚用导线对地短路,用万用表测量或用示波器观测集成运放 CF741 的输出 6 脚的输出电压,若不为零,通过电位器 R_p 进行调零(即调整 R_p 使输出电压 $U_0 = 0$)。

② 将集成运放 CF741 2 脚、3 脚两个输入引脚的对地短路线去除。

③ 在反相输入端加入一定大小(如 20 mV)的交流信号电压,通过万用表或示波器观察输出信号有无放大,若放大,说明电路工作正常。

任务四　电路测试与分析

1. 测试

(1) 测试 1

在反相输入端加入交流信号电压 u_i,依次为 20 mV、40 mV、60 mV,用示波器依次观察每次对应的输出电压 u_o,记录在表 6-24-3 中,并与应用公式计算的结果进行比较。

表 6-24-3　反相比例运算电路测试技训表

输入交流信号		20 mV	40 mV	60 mV
输出交流信号	计算值			
	实测值			
输入直流信号		0.2 V	0.4 V	0.6 V
输出直流信号	计算值			
	实测值			

(2) 测试 2

在反相输入端加入直流信号电压 U_I,依次为 0.2 V、0.4 V、0.6 V,用万用表依次测量出每次对应的输出电压 U_0,记录在表 6-24-3 中,并与应用公式计算的结果进行比较。

2. 分析

（1）分析 1

集成运算放大器属于什么性质的放大器？为什么既能放大直流信号,同时又能放大交流信号？

集成运算放大器内部主要由输入级、中间级、输出级及辅助电源组成,其中输入级采用差分输入,中间级采用电压放大,输出级采用互补对称式功率放大。其级与级之间采用直接耦合的方式,因此,它是一种高电压放大倍数的多级直接耦合放大器,因为是直接耦合,所以既能放大直流信号,同时又能放大交流信号。

（2）分析 2

集成运算放大器为什么要调零？调零时为什么要将输入端对地短路？

集成运算放大器调零主要是为了克服零点漂移所带来的误差。因为零点漂移往往是由集成运算放大器的第一级差分放大电路产生的,第一级所产生的误差即使很小,经过中间级的放大后,到了最后输出级误差也会很大,所以集成运算放大器一般要调零。

调零主要是使输入信号为零时,输出也为零。当集成运算放大器的输入端对地短路时,输入信号为零,因此调零时要将输入端对地短路。

任务五　同相比例运算电路的制作与测试

1. 电路原理图

图 6-24-5 所示为同相比例运算电路原理图。

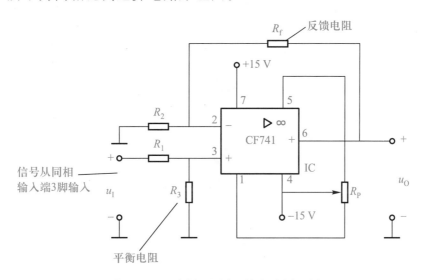

图 6-24-5　同相比例运算电路原理图

2. 实物图

图 6-24-6 所示为同相比例运算电路实物图。

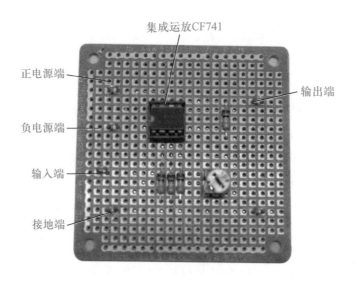

集成运放CF741

正电源端

负电源端

输入端

接地端

输出端

图 6-24-6　同相比例运算电路实物图

3. 电路元器件的识别与检测

电路元器件规格如表 6-24-4 所示,对应表 6-24-4 逐一进行识别。

表 6-24-4　同相比例运算电路元器件识别与检测表

符号	名称	实物图	规格	检测结果
R_1、R_2、R_3、R_f	色环电阻器		100 kΩ	实测值: 实测值: 实测值: 实测值:
R_P	电位器		10 kΩ	实测值: 质量:
IC	集成电路		CF741	引脚排列与功能:
—	插座		8 脚	
V_{CC}	直流电源	—	±15 V	

4. 电路的制作与测试

电路制作方法与反相比例运算电路相同。电路正常工作后,按表 6-24-5 完成电路的测试,并把测试结果填入表 6-24-5。

244

表 6-24-5　同相比例运算电路测试技训表

输入交流信号		20 mV	40 mV	60 mV
输出交流信号	计算值			
	实测值			
输入直流信号		0.2 V	0.4 V	0.6 V
输出直流信号	计算值			
	实测值			

◆ **实训项目评价**

实训项目评价表如表 6-24-6 所示。

表 6-24-6　实训项目评价表

班级			姓名			学号		总得分	
项目	考核内容			配分		评分标准			得分
元器件识别与检测	按要求对所有元器件进行识别与检测			10 分		1. 元器件识别错误,每个扣 1 分 2. 元器件检测错误,每个扣 2 分			
元器件成形、插装与排列	1. 元器件按工艺表要求成形 2. 元器件插装符合插装工艺要求 3. 元器件排列整齐、标识方向一致,布局合理			15 分		1. 元器件成形不符合要求,每处扣 1 分 2. 插装位置、极性错误,每处扣 2 分 3. 元器件排列参差不齐,标识方向混乱,布局不合理,扣 3~10 分			
导线连接	1. 导线挺直、紧贴印制电路板 2. 板上的连接线呈直线或直角,且不能相交			10 分		1. 导线弯曲、拱起,每处扣 2 分 2. 板上的连接线弯曲时不呈直角,每处扣 2 分 3. 相交或在正面连线,每处扣 2 分			
焊接质量	1. 焊点均匀、光滑、一致,无毛刺、假焊等现象 2. 焊点上引脚不能过长			15 分		1. 有搭锡、假焊、虚焊、漏焊、焊盘脱落、桥接等现象,每处扣 2 分 2. 出现毛刺、焊锡过多、焊锡过少、焊点不光滑、引脚过长等现象,每处扣 2 分			
电路调试	1. 反相比例运算电路的调试 2. 同相比例运算电路的调试			20 分		1. 不按要求进行调试,扣 5~10 分 2. 调试结果不正确,扣 5~10 分			
电路测试	正确使用万用表测量各电压值			20 分		不会正确使用万用表测量各电压值,扣 5~20 分			

项目	考核内容	配分	评分标准	得分
安全文明操作	1. 工作台上工具排放整齐 2. 严格遵守安全文明操作规程	10分	违反安全文明操作规程,酌情扣 3 ~ 10 分	
合计		100分		
教师签名:				

➤ 知识链接一　集成运放的理想特性

为了便于对集成运放组成的电路进行分析,通常将集成运放等效为理想运放,如图 6-24-7 所示,具备以下理想特性:

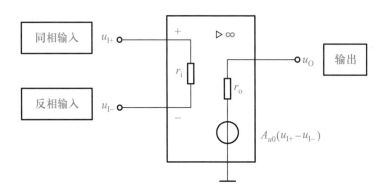

图 6-24-7　理想运放

① 开环电压放大倍数 $A_{u0} = \infty$。

② 输入电阻 $r_i = \infty$。

③ 输出电阻 $r_o = 0$。

④ 频带宽度 $BW = \infty$。

由以上理想特性可以推导出两个重要结论。

1. 同相输入端电位等于反相输入端电位,即"虚短"

集成运放工作在线性区,其输出电压 u_O 是有限值,在理想状态下,开环电压放大倍数 $A_{u0} = \infty$,则 $u_I = u_{I+} - u_{I-} = u_O/A_{u0} = 0$

即

$$u_{I+} = u_{I-}$$

当有一个输入端接地时,另一个输入端非常接近地电位,称为"虚地"。

2. 输入电流等于零,即"虚断"

在理想状态下,集成运放的输入电阻 $r_i = \infty$,这样,同相、反相输入端不取用电流,即

246

$$i_{I+} = i_{I-} = 0$$

➤ 知识链接二　集成运放的问题解决办法

用集成运放组成放大电路时,有可能出现一些实际的问题,下面介绍解决的办法。

1. 不能调零

故障现象为:将两输入端对地短路,调整调零电位器,输出电压无法为零。在无反馈时,由于 A_u 很大,微小的失调电压经放大后,有可能造成输出电压接近正电源或负电源电压,属正常现象。若已引入较强的负反馈,在调整调零电位器时,输出电压不产生变化,其原因可能是接线错误、电路虚焊或集成运放损坏。

2. "堵塞"现象

"堵塞"现象是指反馈电路突然工作不正常,输出电压接近正电源或负电源电压。引起"堵塞"现象的原因是输入信号过强或受强干扰信号的影响,使集成运放内部某些管子进入饱和状态,从而使负反馈变成正反馈。解决的方法是切断电源,重新接通,或把两个输入端短路一下,就可使电路恢复正常工作。

3. 工作时产生"自激"

产生原因可能是集成运放的 RC 补偿元件参数选择不合适、电源滤波不良或输出端有电容性负载。为了消除"自激",应重新调整 RC 补偿元件参数,加强对正、负电源的滤波,调整电路板的布线结构,避免接线过长。

复习与思考题

1. 如何改变反相比例运算电路和同相比例运算电路的比例关系?
2. 在集成运算放大器中接入负反馈的作用是什么?
3. 集成运算放大器为什么要调零? 调零时为什么要将输入端对地短路?

实训项目二十五　OTL 功率放大电路(分立元件)

OCL 功率放大电路具有线路简单、频响特性好、效率高等特点,但要使用正、负两组电源供电,给使用电池供电的便携式设备带来不便,同时对电路的静态工作点的稳定度也提出较高的要求,因此目前用得更为广泛的是单电源供电的互补对称式功率放大电路,该电路输出管采用共集电极接法,输出电阻小,能与低阻抗负载较好匹配,无需变压器进行阻抗匹配,所以该电路又称 OTL(Output Transformerless)电路,表示该功率放大电路没有使用输出变压器。

任务一 认识电路

1. 电路工作原理

图 6-25-1 所示为 OTL 功率放大电路原理图。

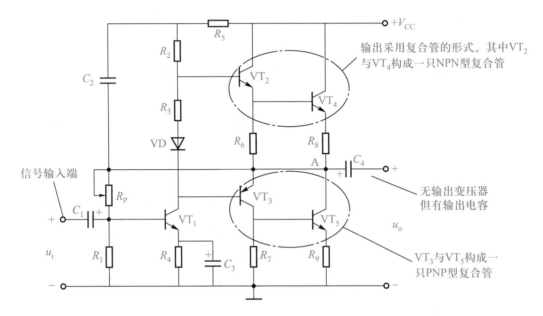

图 6-25-1 OTL 功率放大电路原理图

该电路由激励放大级和功率放大输出级组成。

（1）激励放大级

激励放大级主要由 VT_1、R_P、R_1、R_2、R_3、R_4、C_3 等元器件组成,采用工作点稳定的分压式偏置放大电路。

① R_P 为上偏置电阻,R_1 为下偏置电阻,A 点的电压为 $V_{CC}/2$,通过 R_P 与 R_1 分压为前置放大管 VT_1 提供基极电压。R_P 一端连接输出端,另一端连接输入端,因此还起了电压并联负反馈的作用,可以稳定静态工作点和提高输出信号电压的稳定度。

② R_4 为 VT_1 的发射极电阻,起稳定静态电流的作用,C_3 并联在 R_4 上起交流旁路的作用,这样 R_4 只起直流负反馈作用,而无交流负反馈,使放大倍数不会因 R_4 而降低。

③ R_2 为 VT_1 的集电极电阻,可将放大的电流转换为信号电压,一端加至输出管 VT_2 和 VT_3 的基极,另一端通过 C_2 加至 VT_2 和 VT_3 的发射极,它为功率放大输出级提供足够的推动信号。

（2）功率放大输出级

功率放大输出级的互补管是 VT_2、VT_4 组成的复合管和 VT_3、VT_5 组成的复合管,与激励放大级采用直接耦合方式。输入信号 u_i 经 VT_1 放大后,在 R_2 上获得反相的放大信号,该信号加到输出管的输入端。为了克服交越失真,在两个互补管的基极之间串接二极管 VD 和电阻 R_3,以提供输出管发射结所需的正向偏压。

248

为了改善输出波形,OTL 电路增加了 R_5、C_2 组成的自举电路。在输出端电压向 V_{CC} 接近时,VT$_2$ 的基极电流较大,在偏置电阻 R_2 上产生压降,使 VT$_2$ 的基极电压低于电源电压 V_{CC},因而限制了其发射极输出电压的幅度,使输出信号顶部出现平顶失真,接入较大电容量的电容 C_2 后,C_2 上充有上正下负的电压,可看为一个电源。当输出端 A 点电位升高时,C_2 上端电压随之升高,使 VT$_2$ 的基极电位升高,基极可获得高于 V_{CC} 的自举电压,即可克服输出电压顶部失真的问题。R_5 将电源与 C_2 隔开,使 VT$_2$ 的基极可获得高于电源电压 V_{CC} 的自举电压。

2. 实物图

图 6-25-2 所示为 OTL 功率放大电路实物图。

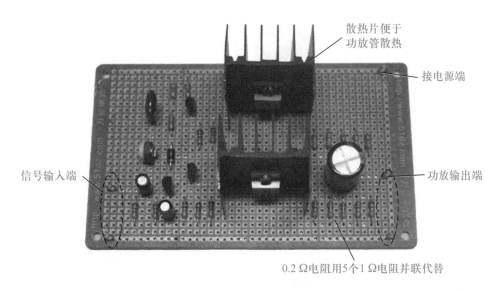

图 6-25-2　OTL 功率放大电路实物图

任务二　元器件的识别与检测

1. 电路元器件的识别

电路元器件规格的选择如表 6-25-1 所示,对应表 6-25-1 逐一进行识别。

表 6-25-1　OTL 功率放大电路元器件识别与检测表

符号	名称	实物图	规格	检测结果
R_1			1 kΩ	实测值:
R_2			1.5 kΩ	实测值:
R_3			390 Ω	实测值:
R_4	色环电阻器		100 Ω	实测值:
R_5			2 kΩ	实测值:
R_6、R_7			300 Ω	实测值:
R_8、R_9			1 Ω	实测值:

符号	名称	实物图	规格	检测结果
R_P	电位器		50 kΩ	实测值：
				质量：
C_2	涤纶电容器		0.1 μF	容量识读：
				质量：
C_4			2 200 μF/25 V	极性：
				质量：
C_3	电解电容器		47 μF/25 V	极性：
				质量：
C_1			10 μF/50 V	极性：
				质量：
VT_1			9011	类型：
				引脚排列：
				质量：
VT_2			9013	类型：
				引脚排列：
	三极管			质量：
VT_3			9012	类型：
				引脚排列：
				质量：
VT_4、VT_5			TIP41C	类型：
				引脚排列：
				质量：
VD	二极管		1N4007	正负极性：
				正反向测试：

符号	名称	实物图	规格	检测结果
SP	扬声器		8 Ω/0.5 W	正负极性： 质量：
—	散热片		50 mm×30 mm	
V_{cc}	直流电源	—	30 V	

2. 电路元器件的检测

对应表 6-25-1 逐一进行检测,同时把检测结果填入表 6-25-1。色环电阻器、电位器、电容器、二极管、三极管、扬声器的检测方法可参考前面相关内容。

① 色环电阻器:主要识读其标称阻值,用万用表检测其实际阻值。

② 电容器:电解电容器识别判断其正负极性,并用万用表检测其质量的好坏;涤纶电容器主要识读其电容量并会判断其质量的好坏。

③ 三极管:识别其类型与引脚的排列,并用万用表检测其质量的好坏。

④ 二极管:识别其正负极性并检测其质量的好坏。

⑤ 电位器:主要识别其质量的好坏。

⑥ 扬声器:识别其正负极性和质量的好坏。

任务三　电路制作与调试

1. 电路制作步骤

步骤 1　按电路原理图的结构在图 6-25-3 所示单孔电路板图中,绘制电路元器件的布局图(如熟练此步可省去)。

步骤 2　按工艺要求对元器件的引脚进行成形加工。

步骤 3　按布局图在实验电路板上依次进行元器件的排列、插装。

步骤 4　按焊接工艺要求对元器件进行焊接。

步骤 5　焊接电源输入线(或端子)和信号输入、输出端子。

色环电阻器采用水平安装,应贴紧印制电路板,色环方向一致;电解电容器采用立式安装,注意极性,电容器底部尽量贴紧印制电路板;三极管立式安装,VT₄、VT₅ 两个功放管要安装散热片。

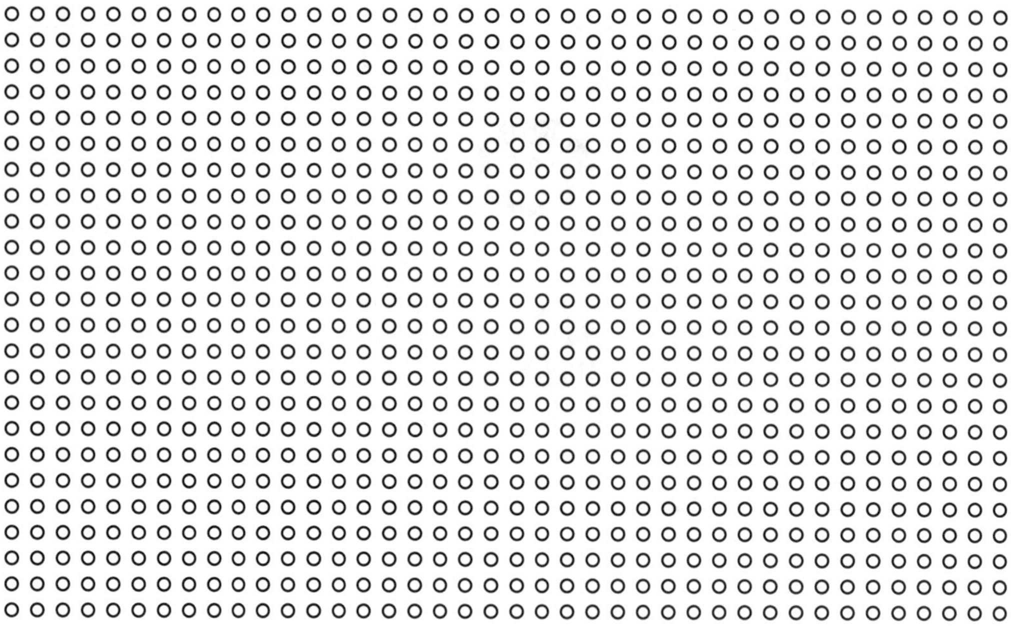

图 6-25-3　单孔电路板图

2. 电路调试

如安装、焊接无误,则可接通 30 V 电源,进行电路调试。OTL 功率放大电路的前后级直流工作点存在相互联系,因此调整静态工作点比较困难,一般的步骤是:

步骤 1　静态工作点的调试。用万用表测量输出端 A 点的电位,调节微调电位器 R_P 使 $V_A = \dfrac{1}{2} V_{CC}$。

步骤 2　动态调试。用镊子碰触 C_1 负极(放大器信号输入端),听扬声器是否随镊子的碰触发出"咕咕"声。或用音频信号送入放大器,试听扬声器发出的声音。

可能出现的故障情况:

① 无声。首先用万用表检查扬声器是否损坏,可用万用表 2kΩ 挡,红表笔接地,黑表笔先点触扬声器,此时扬声器应发出"喀啦""喀啦"的声音,如无此声,那么故障在扬声器;如有此声,再检查其他相关部分。

② 输出信号失真。失真的原因很多,如扬声器纸盒破损,集成电路性能不良,元器件性能指标下降等都会引起失真。

注意

在调试过程中,一定要注意 R_4 不能断开,R_4 断开就会使推挽管的发射结正向偏压很高,容易使 VT_2、VT_3 因电流过大而损坏。

任务四　电路测试与分析

1. 测试

（1）测试1

用万用表测量输出端 A 点的电位。

（2）测试2

输入正弦信号（1 kHz、20 mV），用示波器分别观察二极管 VD 接入和短接后输出信号的波形情况。

（3）测试3

输入一音频信号，试听二极管 VD 接入和短接后声音失真情况。

将测试结果填入表 6-25-2。

表 6-25-2　OTL 功率放大电路测试技训表

测试项目	测试结果		
输出端 A 点静态电位/V			
测试项目	波形图		是否失真
输入正弦信号 （1 kHz、20 mV）			
输出信号波形	VD 接入		
	VD 短接后		

2. 分析

（1）分析1

在 OTL 功率放大电路的偏置电路中，VD 接入与 VD 短接后的波形为何不同？

当 VD 接入后，输出波形无失真现象；当 VD 短接后，输出波形会出现交越失真现象。在图 6-25-4 所示交越失真分析图中，在两个功放管基极间串入二极管 VD 和电阻 R_3，利用二极管和电阻两端的压降为 VT_2、VT_3 的发射结提供正向偏置电压，使管子处于微导通状态，即工作在甲乙类状态，此时负载 R_L 上输出的正弦波就不会出现图 6-25-4 所示的交越失真。当 VD 短接后，VT_2、VT_3 不能处于微导通状态，因此，会出现交越失真。

（2）分析2

功放管为什么要进行散热？怎样散热比较好？

在功率放大电路中，功放管的工作电流较大，使集电结温度升高，如果不把这些热量迅速散发掉，以降低结温，很容易使管子过热损坏。

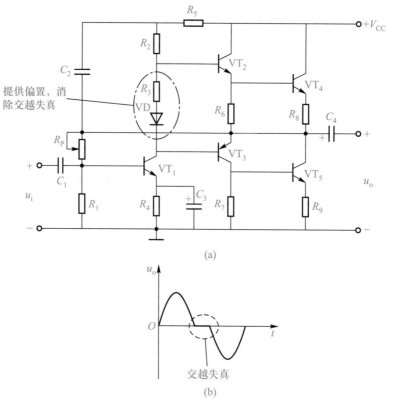

(a)

(b)

图 6-25-4　交越失真分析图

降低功放管集电结温度的常见措施是安装散热板,散热板应该用具有良好导热性能的金属材料制成。因为铝材料经济且轻便,所以通常用它制成铝型材散热片。散热的效果与散热片的面积及表面颜色有关。一般情况下,面积愈大,散热效果越好,黑色物体比白色物体散热效果好。在安装散热器时,要做到功放管的管壳与散热片之间贴紧靠牢,固定螺钉要旋紧。在电气绝缘允许的情况下,可以把功放管直接安装在金属机箱或金属底板上。

◆ **实训项目评价**

实训项目评价表如表 6-25-3 所示。

表 6-25-3　实训项目评价表

班级		姓名		学号		总得分	
项目	考核内容		配分	评分标准			得分
元器件识别与检测	按要求对所有元器件进行识别与检测		10 分	1. 元器件识别错误,每个扣 1 分 2. 元器件检测错误,每个扣 2 分			
元器件成形、插装与排列	1. 元器件按工艺表要求成形 2. 元器件插装符合插装工艺要求 3. 元器件排列整齐、标识方向一致,布局合理		15 分	1. 元器件成形不符合要求,每处扣 1 分 2. 插装位置、极性错误,每处扣 2 分 3. 元器件排列参差不齐,标识方向混乱,布局不合理,扣 3~10 分			

项目	考核内容	配分	评分标准	得分
导线连接	1. 导线挺直、紧贴印制电路板 2. 板上的连接线呈直线或直角,且不能相交	10分	1. 导线弯曲、拱起,每处扣2分 2. 板上的连接线弯曲时不呈直角,每处扣2分 3. 相交或在正面连线,每处扣2分	
焊接质量	1. 焊点均匀、光滑、一致,无毛刺、假焊等现象 2. 焊点上引脚不能过长	15分	1. 有搭锡、假焊、虚焊、漏焊、焊盘脱落、桥接等现象,每处扣2分 2. 出现毛刺、焊锡过多、焊锡过少、焊点不光滑、引脚过长等现象,每处扣2分	
电路调试	1. 静态工作点的调试。调节微调电位器 R_P 使 $V_A = \frac{1}{2}V_{CC}$ 2. 动态调试。用镊子碰触 C_1 负极,扬声器发出“咕咕”声	20分	1. 不按要求进行调试,扣1~5分 2. 调试结果不正确,扣5~15分	
电路测试	1. 正确使用万用表测量各电压值 2. 正确使用示波器观察VD接入与不接入时的波形	20分	1. 不会正确使用万用表测量各电压值,扣5~10分 2. 不会正确使用示波器观察VD接入与不接入时的波形,扣5~10分	
安全文明操作	1. 工作台上工具排放整齐 2. 严格遵守安全文明操作规程	10分	违反安全文明操作规程,酌情扣3~10分	
合计		100分		
教师签名:				

> ➤ 知识链接一　OTL 基本电路

1. OTL 基本电路

图 6-25-5 所示为 OTL 基本电路(OTL 功率放大电路的基本电路),VT_1 与 VT_2 是一对导电类型不同,特性对称的配对管。从电路连接方式上看两管均接成射极输出电路,工作于乙类状态。与 OCL 基本电路不同之处有两点:第一,由双电源供电改为单电源供电;第二,输出端与负载 R_L 的连接由直接耦合改为电容耦合。

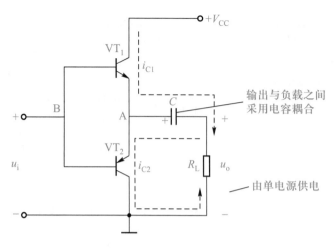

图 6-25-5 OTL 基本电路

2. 工作原理

静态时,由于两管参数一致,所以 A 点及 B 点电压均为电源电压的一半,此时 VT_1 与 VT_2 的发射结电压 $U_{BE} = V_B - V_A$,两管都截止。

输入交流信号 u_i 为正半周时,由于电压 u_B 升高,使 NPN 型的 VT_1 导通,PNP 型的 VT_2 截止,电源 V_{CC} 通过 VT_1 向耦合电容器 C 充电,并在负载 R_L 上输出正半周波形。

输入交流信号 u_i 为负半周时,由于 V_B 电压下降,VT_1 截止,VT_2 导通,耦合电容器 C 放电,向 VT_2 提供电源,并在负载 R_L 上输出负半周波形。必须注意的是,在 u_i 负半周时,VT_1 截止,使电源 V_{CC} 无法继续向 VT_2 供电,此时耦合电容器 C 利用其所充的电能代替电源向 VT_2 供电。虽然耦合电容器 C 有时充电,有时放电,但因容量足够大,所以两端电压基本上维持在 $\frac{1}{2}V_{CC}$。

综上所述可知,VT_1 放大信号的正半周,VT_2 放大信号的负半周,两管工作性能对称,在负载 R_L 上获得正、负半周完整的波形。

> 知识链接二 OTL 功率放大电路输出功率和效率

OTL 功率放大电路中,负载 R_L 上输出电压的最大值为

$$U_{Om} = \frac{1}{2}V_{CC} - U_{CES} \approx \frac{1}{2}V_{CC}$$

负载电流的最大值 I_{Om} 为

$$I_{Om} = \left(\frac{1}{2}V_{CC}\right)/R_L$$

负载可能获得的最大功率 P_{Om} 为

$$P_{Om} = \frac{U_{Om}}{\sqrt{2}} \cdot \frac{I_{Om}}{\sqrt{2}} = \frac{V_{CC}}{2\sqrt{2}} \cdot \frac{V_{CC}}{2\sqrt{2}R_L}$$

即

$$P_{Om} = \frac{V_{CC}^2}{8R_L}$$

若电源消耗的功率用 P_{DC} 表示,可以证明 OTL 功率放大电路的理想效率为

$$\eta = \frac{P_{Om}}{P_{DC}} = 78.5\%$$

复习与思考题

1. 说明 OTL 功率放大电路静态与动态的调试方法。

2. 什么是交越失真?在 OTL 功率放大电路中如何克服交越失真?

3. 在互补对称式 OTL 功率放大电路中,要求向阻抗为 16 Ω 的负载提供的最大不失真输出功率为 2 W,则电源电压应为多少?

实训项目二十六　OCL 集成功率放大电路

OCL(Output Capacitorless)是指无输出电容。

任务一　认识电路

1. 电路工作原理

图 6-26-1 所示为 OCL 集成功率放大电路原理图。

该电路由双电源电路和集成功率放大电路两部分组成。

(1)双电源电路

由变压器提供±12 V 交流电通过 $VD_1 \sim VD_4$ 双全波整流、电容滤波以后,在 A、B 两端可得到一组正、负直流双电源,作为集成功放 TDA2030 的工作电源。C_3、C_4 为旁路电容。

(2)集成功率放大电路

集成功率放大电路的核心器件是 TDA2030,信号从输入端输入,通过耦合电容 C_5,送入集成运放 TDA2030 的同相输入端 1 脚,经过放大后从集成运放 TDA2030 的输出端 4 脚输出。R_P 为调节输入信号大小用。

OCL 集成功率放大电路的特点是没有输出电容,采用双电源供电(DC±15 V)。电路正常工作时,输出端的静态电位应为零。

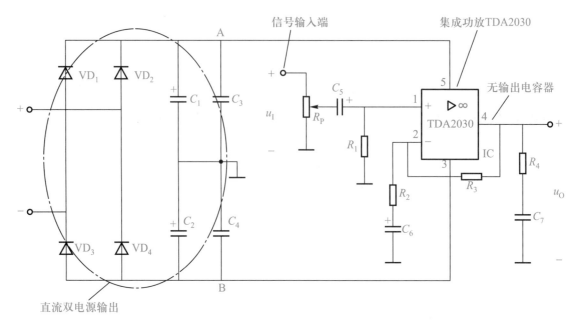

图 6-26-1　OCL 集成功率放大电路原理图

2. 电路实物图

图 6-26-2 所示为 OCL 集成功率放大电路实物图。

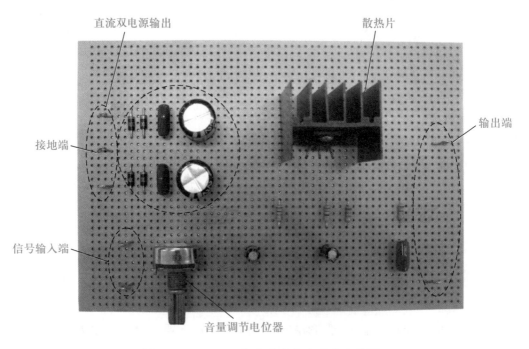

图 6-26-2　OCL 集成功率放大电路实物图

任务二　元器件的识别与检测

1. 电路元器件的识别

电路元器件的识别与检测是一个非常重要的环节,对应表6-26-1逐一进行识别。

表6-26-1　OCL集成功率放大电路元器件识别与检测表

符号	名称	实物图	规格	检测结果
R_4	色环电阻器		1 Ω	实测值:
R_2			560 kΩ	实测值:
R_1			10 kΩ	实测值:
R_3			33 kΩ	实测值:
R_P	电位器		20 kΩ	实测值: 质量:
C_1、C_2	电解电容器		2 200 μF/25 V	正负极性: 质量:
C_5、C_6			2.2 μF/50 V	正负极性: 质量:
C_3、C_4、C_7	聚苯烯电容器		0.1 μF/250 V	容量识读: 质量:
$VD_1 \sim VD_4$	二极管		1N4007	正、反向测试: 极性判断:
IC	集成芯片		TDA2030	引脚的识别:
—	散热片		50 mm×30 mm	
AC	交流电源	—	±12 V	

259

2. 电路元器件的检测

对应表 6-26-1 逐一进行检测,同时把检测结果填入表 6-26-1。

(1)色环电阻器、电位器、电容器、二极管的检测(方法可参考前面内容)

① 色环电阻器:主要识读其标称阻值,用万用表检测其实际阻值。

② 电容器:电解电容器识别判断其正负极性,并用万用表检测其质量的好坏;聚苯烯电容器主要识读其电容量并会判断其质量的好坏。

③ 二极管:识别其正负极性并检测其质量的好坏。

④ 电位器:用万用表检测其质量的好坏。

(2)TDA2030 引脚的识别

图 6-26-3 所示为 TDA2030 外形与引脚排列图。

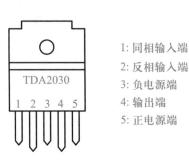

1:同相输入端
2:反相输入端
3:负电源端
4:输出端
5:正电源端

图 6-26-3　TDA2030 外形与
引脚排列图

任务三　电路制作与调试

1. 电路制作步骤

步骤 1　按电路原理图的结构在图 6-26-4 所示单孔印制电路板图中,绘制电路元器件的布局图(如熟练此步可省去)。

步骤 2　按工艺要求对元器件的引脚进行成形加工。

步骤 3　按布局图在实验印制电路板上依次进行元器件的排列、插装。

步骤 4　按焊接工艺要求对元器件进行焊接。

步骤 5　焊接电源输入线(或端子)和信号输入、输出端子。

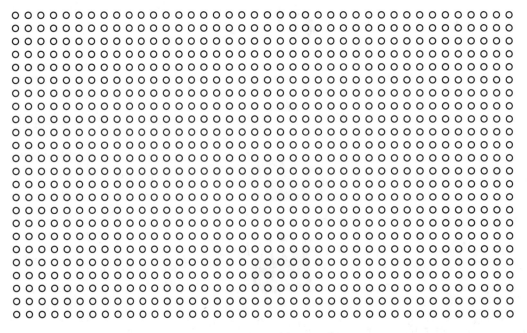

图 6-26-4　单孔印制电路板图

色环电阻器、二极管采用水平安装,应贴紧印制电路板,电阻色环方向、二极管标志方向应一致;电解电容器采用立式安装,注意极性,底部尽量贴紧印制电路板;电位器采用立式安装,底部尽量贴紧印制电路板;TDA2030 集成芯片要安装散热片。

2. 电路调试

TDA2030 组成的集成功率放大电路比较简单,调试也很方便,一般情况下,只要装配无误,就能一次成功。

步骤 1 安装完毕,首先检查装配情况,如确定无误,就可通电。

步骤 2 测 TDA2030 的 4 脚电位 $V_4 = 0$。

步骤 3 用镊子触碰 C_5 负极(放大器信号输入端),听扬声器是否随镊子的碰触发出"咕咕"声。

步骤 4 用音频信号送入放大器,试听扬声器发出的声音。

任务四 电路测试与分析

1. 测试

(1)测试 1

用万用表测量输出端 4 脚的电位。

(2)测试 2

在输入端输入正弦信号(1 kHz、20 mV),用示波器观察输出信号的波形情况。

(3)测试 3

在输入端输入一音频信号,试听输出端声音情况。

将测试结果填入表 6-26-2。

表 6-26-2　OCL 集成功率放大电路测试技训表

测试项目	测试结果
输出端 4 脚静态电位	
测试项目	波形图
输入正弦信号 (1 kHz、20 mV)	
输出信号波形	
调试过程中出现的 问题及解决办法	

2. 分析

为什么在 OCL 集成功率放大电路的输出端不接隔直电容器？

静态时，由于 OCL 集成功率放大电路的内部结构对称，所以 TDA2030 输出端 4 脚的电位为零，没有直流电流通过 R_L，因此输出端不接隔直电容。

◆ 实训项目评价

实训项目评价表如表 6-26-3 所示。

表 6-26-3　实训项目评价表

班级		姓名		学号		总得分	
项目	考核内容		配分	评分标准			得分
元器件识别与检测	按要求对所有元器件进行识别与检测		10 分	1. 元器件识别错误，每个扣 1 分 2. 元器件检测错误，每个扣 2 分			
元器件成形、插装与排列	1. 元器件按工艺表要求成形 2. 元器件插装符合插装工艺要求 3. 元器件排列整齐、标识方向一致，布局合理		15 分	1. 元器件成形不符合要求，每处扣 1 分 2. 插装位置、极性错误，每处扣 2 分 3. 元器件排列参差不齐，标识方向混乱，布局不合理，扣 3~10 分			
导线连接	1. 导线挺直、紧贴印制电路板 2. 板上的连接线呈直线或直角，且不能相交		10 分	1. 导线弯曲、拱起，每处扣 2 分 2. 板上的连接线弯曲时不呈直角，每处扣 2 分 3. 相交或在正面连线，每处扣 2 分			
焊接质量	1. 焊点均匀、光滑、一致，无毛刺、假焊等现象 2. 焊点上引脚不能过长		15 分	1. 有搭锡、假焊、虚焊、漏焊、焊盘脱落、桥接等现象，每处扣 2 分 2. 出现毛刺、焊锡过多、焊锡过少、焊点不光滑、引脚过长等现象，每处扣 2 分			
电路调试	1. 静态工作点的调试，TDA2030 的 4 脚电位为 0 2. 动态调试，用镊子碰触 C_5 负极，扬声器发出"咕咕"声		20 分	1. 不按要求进行调试，扣 1~5 分 2. 调试结果不正确，扣 5~15 分			
电路测试	1. 正确使用万用表测量 TDA2030 的 4 脚电位 2. 正确使用示波器观察输入和输出信号波形		20 分	1. 不会正确使用万用表测量各电压值，扣 1~5 分 2. 不会正确使用示波器观察输入和输出信号波形，扣 5~10 分			

项目	考核内容	配分	评分标准	得分
安全文明 操作	1. 工作台上工具排放整齐 2. 严格遵守安全文明操作规程	10 分	违反安全文明操作规程,酌情扣 3 ~ 10 分	
合计		100 分		
教师签名:				

> ● 知识链接一　集成功放 TDA2030 介绍

集成功放 TDA2030 是音频功率放大器,采用 5 引脚塑料封装。其电路内部设有短路和过热保护。TDA2030 的技术参数如表 6-26-4 所示。其主要特点如下。

表 6-26-4　TDA2030 技术参数

电源电 压范围	最高电 源电压	输出功率 典型值	开环电 压增益	总谐波 失真率	频响	输入电阻
V_{cc} /V	U_{sm} /V	P_o /W	G_{VO} /dB	THD	BW /Hz	R_i /kΩ
±6 ~ ±20	±22	12(R_L = 8 Ω) 18(R_L = 4 Ω) (V_{cc}均为±16 V)	80	0.8% (P_o = 2 W)	10 ~ 15 000	500

① 内部为甲乙类功率放大电路,效率高。

② 内部具有输出短路保护、过热自动闭锁等电路。当发生短路时,电路可自动限制自身的功耗,使输出晶体管保护在安全工作点上。

③ 输出驱动电流大,输出峰值电流 I_p = 3.5 A。

④ 谐波失真低。

⑤ 交流失真小。

> ● 知识链接二　OCL 基本电路

1. 电路结构

OCL 基本电路结构如图 6-26-5 所示。图中 VT$_1$ 为 NPN 型三极管,VT$_2$ 为 PNP 型三极管。由+V_{cc}、VT$_1$ 和 R_L 组成 NPN 型管射极输出电路,由-V_{cc}、VT$_2$ 和 R_L 组成 PNP 型管射极输出电路。VT$_1$ 和 VT$_2$ 的基极连在一起作为信号输入端,VT$_1$ 和 VT$_2$ 的发射极也连在一起作为信号输出端,直接与负载相连接。要求 VT$_1$ 和 VT$_2$ 的特性参数要基本相同,特别是电流放大倍数 β 要一致,否则放大后信号正负半周的幅度将出现差异。

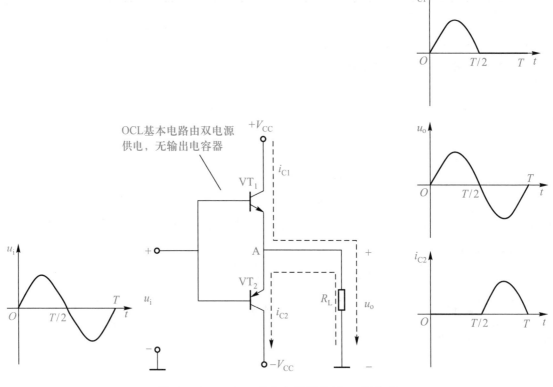

图 6-26-5　OCL 基本电路结构及工作波形

2. 电路工作原理

静态时,输出端 A 点的电位为零,没有直流电流通过 R_L。

当输入信号 u_i 为正半周时,VT_1 管发射结正偏而导通,VT_2 管发射结反偏而截止,产生电流 i_{C1} 流经负载 R_L 形成输出电压 u_o 的正半周。

当输入信号 u_i 为负半周时,VT_1 的发射结反偏而截止,VT_2 的发射结正偏而导通,产生电流 i_{C2} 流经负载 R_L 形成输出电压 u_o 的负半周。

综上所述,VT_1 与 VT_2 交替导通,分别放大信号的正、负半周,由于工作特性对称,互补了对方的工作局限,使之能向负载提供完整的输出信号,如图 6-26-5 所示,这种电路通常又称为互补对称功率放大电路。

3. 输出功率和效率

OCL 基本电路中,负载 R_L 上输出电压的最大值为

$$U_{Om} = V_{CC} - U_{CES} \approx V_{CC}$$

负载电流的最大值为

$$I_{Om} = \frac{U_{Om}}{R} \approx \frac{V_{CC}}{R}$$

负载可能获得的最大功率 P_{Om} 为

$$P_{\text{Om}} = \frac{U_{\text{Om}}}{\sqrt{2}} \cdot \frac{I_{\text{Om}}}{\sqrt{2}} = \frac{V_{\text{CC}}}{\sqrt{2}} \cdot \frac{V_{\text{CC}}}{\sqrt{2}\,R_{\text{L}}}$$

即

$$P_{\text{Om}} = \frac{V_{\text{CC}}^2}{2R_{\text{L}}}$$

若电源消耗的功率用 P_{DC} 表示，可以证明 OCL 基本电路的理想效率为

$$\eta = \frac{P_{\text{Om}}}{P_{\text{DC}}} = 78.5\%$$

复习与思考题

1. 说明 OCL 集成功率放大电路静态与动态调试的方法和步骤。

2. 什么是 OCL 集成功率放大电路？OCL 集成功率放大电路是如何工作的？

3. 在 OCL 集成功率放大电路中，要求向阻抗为 16 Ω 的负载提供的最大不失真输出功率是 2 W，则电源电压应为多少？

综合实训

实训项目二十七　简易函数波形发生器

简易函数波形发生器能够产生简单的正弦波、三角波和方波信号,是一个典型的运放振荡电路。

任务一　认识电路

1. 电路工作原理

图 7-27-1 所示为简易函数波形发生器电路原理图。

该电路由双电源电路、方波三角波发生器和正弦波转换电路三部分组成。

（1）双电源电路

由变压器提供±12 V 交流电通过 VD_1、VD_2 双半波整流、电容滤波以后,通过固定三端稳压器 LM7812、LM7912 得到一组正、负 12 V 直流双电源,作为集成双运放 LM358 电路和正弦波转换电路的供电电源。

（2）方波三角波发生器

方波三角波发生器的核心是集成双运放 LM358,第一级 U3A 组成迟滞电压比较器,在 T_3 点输出信号对称的方波信号。第二级 U3B 组成积分器,在 T_4 点输出信号为三角波信号。

调节反馈电阻 R_3/R_4 的比值,可改变方波、三角波的周期或频率,同时影响三角波输出电压的幅度,但不影响方波输出电压的幅度;改变 R_5、C_1,可改变频率,而不影响输出电压的幅度。

（3）正弦波转换电路

正弦波转换电路主要由 R_7、R_8、C_{10}、C_{11} 组成的滤波电路和三极管 VT_1、VT_2、VT_3、VT_4 组成的差分放大电路两部分组成,其中 VT_3、VT_4 为差分电路的恒流源。

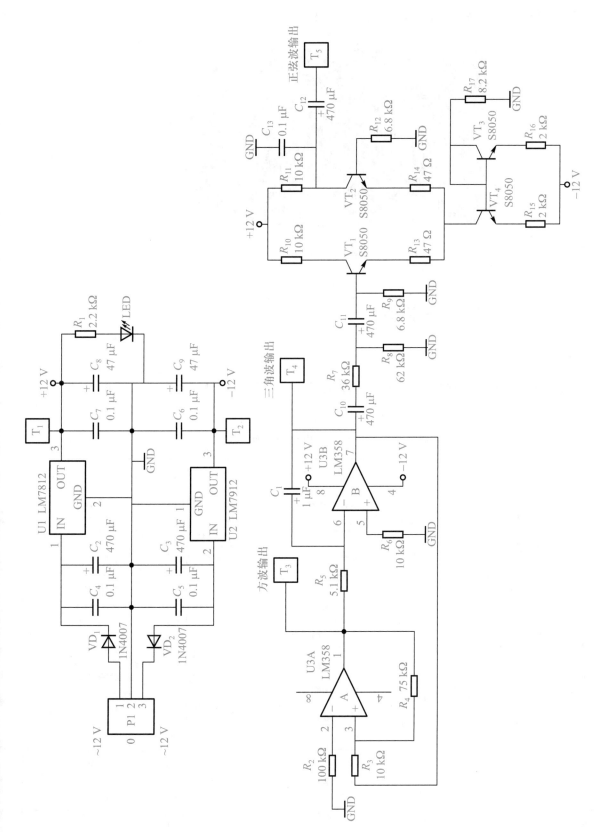

图 7-27-1 简易函数波形发生器电路原理图

2. 实物图

图 7-27-2 所示为简易函数波形发生器实物图。

图 7-27-2　简易函数波形发生器实物图

任务二　元器件的识别与检测

1. 元器件识别

电路元器件的识别与检测是一个非常重要的环节,对应表 7-27-1 逐一进行识别。

表 7-27-1　简易函数波形发生器电路元器件识别与检测表

符号	名称	实物图	规格	检测结果
R_2			100 kΩ	实测值:
R_1			2.2 kΩ	实测值:
R_3			10 kΩ	实测值:
R_6			10 kΩ	实测值:
R_{10}			10 kΩ	实测值:
R_{11}	色环电阻器		10 kΩ	实测值:
R_4			75 kΩ	实测值:
R_5			5.1 kΩ	实测值:
R_7			36 kΩ	实测值:
R_8			62 kΩ	实测值:
R_9			6.8 kΩ	实测值:
R_{12}			6.8 kΩ	实测值:
R_{13}			47 Ω	实测值:

符号	名称	实物图	规格	检测结果
R_{14}	色环电阻器		47 Ω	实测值：
R_{15}			2 kΩ	实测值：
R_{16}			2 kΩ	实测值：
R_{17}			8.2 kΩ	实测值：
C_2、C_3、C_{10}、C_{11}、C_{12}	电解电容器		470 μF/25 V	正负极性： 质量：
C_8、C_9	电解电容器		47 μF/35 V	正负极性： 质量：
C_1	电解电容器		1 μF/50 V	正负极性： 质量：
C_4、C_5、C_6、C_7、C_{13}	瓷片电容器		0.1 μF/63 V	容量识读： 质量：
VD_1、VD_2	二极管		1N4007	正、反向电阻： 极性判断：
LED	发光二极管		φ3 mm	引脚的识别：
VT_1、VT_2、VT_3、VT_4、	三极管		S8050	引脚排列：
U1	固定三端稳压器		LM7812	引脚排列：
U2	固定三端稳压器		LM7912	引脚排列：
U3	集成双运放		LM358	引脚排列：
P1	接口		—	质量：

2. 元器件检测

对应表7-27-1逐一进行检测,同时把检测结果填入表7-27-1。

(1)色环电阻器、电容器、二极管、发光二极管、三极管、IC的检测(方法可参考前面相关内容)

① 色环电阻器:识读其标称阻值,用万用表检测其实际阻值。

② 电容器:电解电容器识别判断其正负极性,并用万用表检测其质量的好坏;瓷片电容器识读其电容量并会判断其质量的好坏。

③ 二极管:识别其正负极性并检测其质量的好坏。

④ 发光二极管:识别其正负极性并检测其质量的好坏。

⑤ 三极管:识别三极管极性和引脚排列顺序。

⑥ 三端稳压器:识别引脚排列顺序。

(2)LM358引脚的识别

图7-27-3所示为LM358引脚排列图。

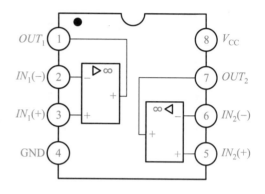

图7-27-3　LM358引脚排列图

任务三　电路制作与调试

1. 电路制作步骤

步骤1　按电路原理图的结构在PCB中,进行元器件安装与焊接。安装与焊接的顺序为从低到高、从里到外。

步骤2　进行电阻器引脚成形加工、安装和焊接,要注意符合安装规范。

步骤3　安装焊接二极管工艺要求与电阻器相同。

步骤4　安装焊接瓷片电容和发光二极管,要求高度一致、符合规范。

步骤5　安装IC座,要求贴底安装、符合规范。

步骤6　安装三极管,要求高度一致、符合规范。

步骤7　安装电解电容器,要求高度一致、符合规范。

步骤8　安装固定三端稳压器,要求螺钉固定之后再焊接。

步骤9　焊接电源输入线(或端子)和信号输入、输出端子。

色环电阻器、二极管采用水平安装,应贴紧电路板,电阻器色环方向、二极管标志方向应一致;电解电容器采用立式安装,注意极性,电容器底部尽量贴紧电路板。

2. 电路调试

简易函数波形发生器电路结构简单,调试也很方便,一般情况下,只要装配无误,就能一次成功。调试步骤如下:

步骤1　检查装配情况,如确定无误,方可通电。

步骤2　通电后首先用万用表直流电压挡测量 T_1、T_2 测试点电位是否正常。

步骤3　用示波器观测 T_3、T_4、T_5 测试点的输出电压波形,是否为正常方波、三角波、正弦波。

任务四　电路测试与分析

1. 测试

（1）测试 1

用万用表测量 LM7812 输出对地电压（即 T_1 测试点对地电压）＿＿＿＿＿＿＿＿,LM7912 输出对地电压（即 T_2 测试点对地电压）＿＿＿＿＿＿＿＿。

（2）测试 2

用万用表测量发光二极管 LED 导通电压＿＿＿＿＿＿＿＿。

（3）测试 3

用示波器观测 T_3、T_4、T_5 测试点输出电压波形,并在表 7-27-2～表 7-27-4 中绘制相应波形,填写相应数据。

表 7-27-2　T_3 测试点电压波形及参数

T_3 测试点电压波形	测量值记录	
	幅度挡位	
	时间挡位	
	波形的周期	
	波形的频率	
	占空比	

表 7-27-3　T_4 点电压波形及参数

T_4 点电压波形	测量值记录	
	幅度挡位	
	时间挡位	
	波形的周期	
	波形的频率	
	波形的幅度	

表 7-27-4　T₅ 点电压波形及参数

T₅ 点电压波形	测量值记录	
	幅度挡位	
	时间挡位	
	波形的周期	
	波形的频率	
	波形的频度	
调试过程中出现的问题 及解决办法		

2. 分析

正弦波转换电路中 VT_1、VT_2 构成差分放大电路，VT_3、VT_4 构成差分放大电路的恒流源，那么这个恒流源在差分放大电路中作用是什么？

恒流源代替发射极共模反馈电阻 R_e，可以大大提高差分放大电路共模抑制比（理论上恒流源阻抗无穷大，实际也非常大）。另外它还提供了稳定的差分放大电路静态电流，使静态电流不会受供电电压波动影响，确保电路稳定。

◆ 实训项目评价

实训项目评价表如表 7-27-5 所示。

表 7-27-5　实训项目评价表

班级		姓名		学号		总得分	
项目	考核内容		配分	评分标准			得分
元器件识别与检测	按要求对所有元器件进行识别与检测		10 分	1. 元器件识别错误，每个扣 1 分 2. 元器件检测错误，每个扣 2 分			
元器件成形、插装与排列	1. 元器件按工艺表要求成形 2. 元器件插装符合插装工艺要求 3. 元器件排列整齐、标识方向一致，布局合理		15 分	1. 元器件成形不符合要求，每处扣 1 分 2. 插装位置、极性错误，每处扣 2 分 3. 元器件排列参差不齐，标识方向混乱，布局不合理，扣 3~10 分			

项目	考核内容	配分	评分标准	得分
导线连接	1. 导线挺直、紧贴印制电路板 2. 板上的连接线呈直线或直角,且不能相交	10分	1. 导线弯曲、拱起,每处扣2分 2. 板上的连接线弯曲时不呈直角,每处扣2分 3. 相交或在正面连线,每处扣2分	
焊接质量	1. 焊点均匀、光滑、一致,无毛刺、假焊等现象 2. 焊点上引脚不能过长	15分	1. 有搭锡、假焊、虚焊、漏焊、焊盘脱落、桥焊等现象,每处扣2分 2. 出现毛刺、焊锡过多、焊锡过少、焊点不光滑、引脚过长等现象,每处扣2分	
电路调试	1. 静态工作点的调试,测量 T_1、T_2 的电位 2. 动态调试,测量 T_3、T_4、T_5 的波形	20分	1. 不按要求进行调试,扣1~5分 2. 调试结果不正常,扣5~15分	
电路测试	1. 正确使用万用表测量 T_1、T_2 的电位 2. 正确使用示波器观察输入和输出信号波形	20分	1. 不会正确使用万用表测量各电压值,扣1~5分 2. 不会正确使用示波器观察输入和输出信号波形,扣5~10分	
安全文明操作	1. 工作台上工具排放整齐 2. 严格遵守安全文明操作规程	10分	违反安全文明操作规程,酌情扣3分~10分	
合计		100分		

教师签名:

➤ 知识链接　方波三角波发生器

1. 方波发生器和三角波发生器

由集成运放构成的方波发生器和三角波发生器,一般包括比较器和 RC 积分器两大部分。图 7-27-4 所示为由滞回比较器及简单 RC 积分电路组成的方波三角波发生器电路图。它的特点是线路简单,但三角波的线性度较差,可用于对三角波要求不高的场合。

电路振荡频率

$$f_0 = \frac{1}{2R_f C_f \ln\left(1+\dfrac{2R_2}{R_1}\right)}$$

式中，$R_1 = R_1' + R_P'$，$R_2 = R_2' + R_P''$。

方波输出幅值

$$U_{Om} = \pm U_Z$$

三角波输出幅值

$$U_{Cm} = \frac{R_2}{R_1+R_2}U_Z$$

调节电位器 R_P（即改变 R_2/R_1），可以改变振荡频率，但三角波的幅值也随之变化。如要互不影响，则可通过改变 R_f（或 C_f）来实现振荡频率的调节。

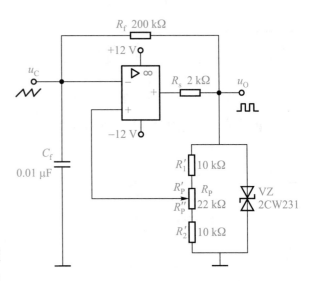

图 7-27-4　由滞回比较器及简单 RC 积分电路组成的方波三角波发生器电路图

2. 方波三角波发生器

如把滞回比较器和积分电路首尾相接形成正反馈闭环系统（如图 7-27-5 所示），则滞回比较器 A_1 输出的方波经积分电路积分可得到三角波，三角波又触发滞回比较器自动翻转形成方波，这样即可构成方波三角波发生器。图 7-27-6 为方波三角波发生器输出波形图。由于采用运放组成积分电路，因此可实现恒流充电，使三角波线性大大改善。

电路振荡频率

$$f_0 = \frac{R_2}{4R_1(R_f+R_P)C_f}$$

方波幅值

$$U_{Om} = \pm U_Z$$

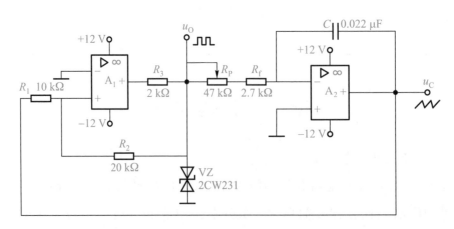

图 7-27-5　带有正反馈的方波三角波发生器电路图

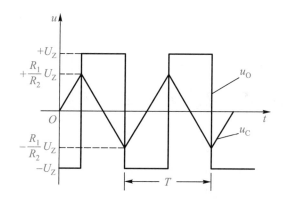

图 7-27-6　方波三角波发生器输出波形图

三角波幅值

$$U_{Cm} = \frac{R_1}{R_2} U_Z$$

调节 R_P 可以改变振荡频率，改变比值 $\dfrac{R_1}{R_2}$ 可调节三角波的幅值。

复习与思考题

1. 说一说简易函数波形发生器除了方波、三角波、正弦波以外还可以输出什么波形？

2. 图 7-27-1 所示电路中 R_3、R_4 回路组成的反馈类型是什么？分别有什么作用？

3. 说一说差分放大电路与基本放大电路相比有什么优点？

实训项目二十八　光控流水灯电路

流水灯简易轻巧、外貌美观，能呈现多彩的颜色。在现实生活中被广泛应用。在人来人往的大街上，闪烁的流水灯吸引过路人的眼球，在自动门上安装的自动流水灯，告诉人们时间和日期。本项目学习和制作光控流水灯电路。

任务一　认识电路

1. 电路工作原理

图 7-28-1 所示为光控流水灯电路原理图。

该电路由电源电路、光线检测电路、振荡电路和流水灯电路四部分组成。

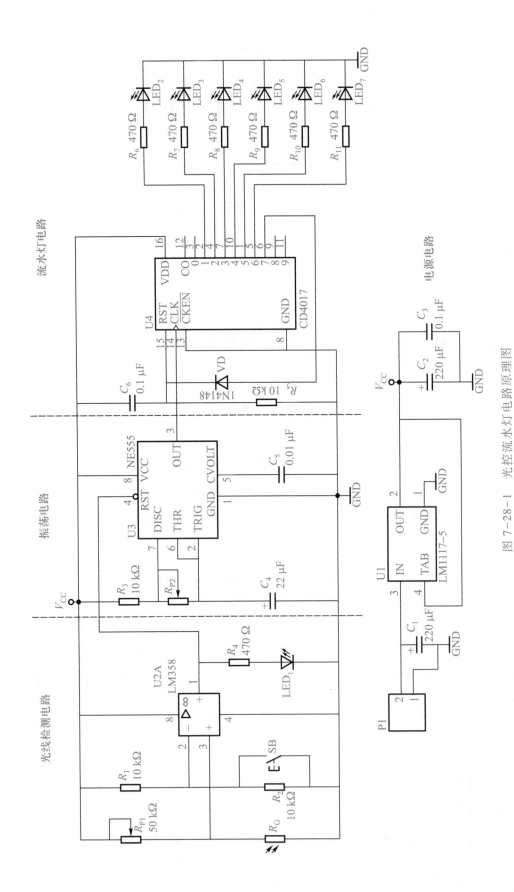

图 7-28-1　光控流水灯电路原理图

（1）电源电路

电源电路主要由固定三端稳压器 LM1117-5 输出 5V 直流电压,为后面光线检测电路、振荡电路、流水灯电路供电。固定三端稳压器性能稳定、使用方便,但种类也非常多,各种型号的芯片输出电压基本一样,但性能参数不同,应该根据不同电路要求进行选择。

（2）光线检测电路

光线检测电路是由集成运放 LM358、光敏电阻以及外围电阻组成。当光线较暗时,光敏电阻的阻值较大,分得的电压较高,使集成运放 3 脚对地电压高于 2 脚对地电压,集成运放输出为高电平,LED_1 点亮的同时控制振荡电路启振。改变可调电阻 R_{P1} 阻值可以改变光敏电阻检测亮度。

（3）振荡电路

振荡电路由 NE555 和外围电阻器电容器组成,为后面流水灯电路提供时钟脉冲信号,改变可调电阻 R_{P2} 的大小,可以调节输出方波的频率以控制流水灯闪烁的快慢。

（4）流水灯电路

NE555 的 3 脚输出时钟脉冲信号,提供给十进制计数器 CD4017,使其计数循环驱动点亮 $LED_2 \sim LED_7$ 进行流水灯工作。

2. 实物图

图 7-28-2 所示为光控流水灯电路实物图。

图 7-28-2　光控流水灯电路实物图

任务二　元器件的识别与检测

1. 电路元器件识别

电路元器件的规格如表 7-28-1 所示,对应表 7-28-1 逐一进行识别。

表 7-28-1　光控流水灯电路元器件识别与检测表

符号	名称	实物图	规格	检测结果
R_1	直插电阻器		10 kΩ	实测值：
R_2			10 kΩ	实测值：
R_3			10 kΩ	实测值：
R_5			10 kΩ	实测值：
R_4	贴片电阻器		470 Ω	实测值：
R_6			470 Ω	实测值：
R_7			470 Ω	实测值：
R_8			470 Ω	实测值：
R_9			470 Ω	实测值：
R_{10}			470 Ω	实测值：
R_{11}			470 Ω	实测值：
R_{P1}	电位器		50 kΩ	实测值： 质量：
R_{P2}	电位器		100 kΩ	实测值： 质量：
C_3、C_6	贴片电容器		0.1 μF	质量：
C_5	贴片电容器		0.01 μF	质量：
C_1、C_2	电解电容器		220 μF/25 V	极性： 质量：
C_4	电解电容器		22 μF/25 V	极性： 质量：
VD	贴片二极管		1N4148	类型： 质量：

符号	名称	实物图	规格	检测结果
BM	光敏电阻器		—	质量：
LED₁	发光二极管		红色	导通压降：
				质量：
LED₂~LED₇	发光二极管		绿色	导通压降：
				质量：
U1	三端稳压器		LM1117-5	质量：
U2	集成双运放		LM358	质量：
U3	555 集成电路		NE555	质量：
U4	计数器		CD4017	质量：
SB	按钮开关		—	质量：
P1	二位接口		—	质量：

2. 电路元器件的检测

对应表 7-28-1 逐一进行检测,同时把检测结果填入表 7-28-1。检测方法可参考前面相关内容。

① 色环电阻器:主要识读其标称阻值,并用万用表测量其实际阻值。

② 电容器:电解电容器识别判断其正负极性,并用万用表检测其质量的好坏;贴片电容器识读其标称容量,并判断其质量的好坏。

③ 发光二极管:识别其引脚正负极性,并用万用表测量导通电压。

④ 二极管:识别其正负极性并检测其质量的好坏。

⑤ 电位器:主要识别其质量的好坏。

⑥ 集成电路:主要识别引脚。

⑦ 按钮开关:主要识别其质量的好坏。

任务三　电路制作与调试

1. 电路制作步骤和要求

① 按电路原理图的结构,在 PCB 中进行元器件安装与焊接。安装原则顺序为从低到高、从里到外。

② 贴片元件焊接:根据贴片元件的焊接原则进行焊接,注意对准焊盘不要歪斜。先焊接贴片电阻器和电容器,然后焊接贴片二极管,最后焊接贴片集成电路。

③ 电阻器插装焊接:插装电阻器时要核对阻值,不要插错,色环朝向一致,紧贴电路板插装焊接。

④ 发光二极管插装焊接:垂直插装,可以贴底到电路板,也可以插到限位处,并且注意极性不能接反。

⑤ 电容器插装焊接:垂直插装,电解电容器紧贴电路板插装焊接,并且注意极性不能接反。

⑥ 电位器插装焊接:插装时注意分清引脚的排列顺序,紧贴电路板插装。

⑦ 三端集成稳压器插装焊接:垂直插装,插装时要注意分清引脚的排列顺序。

⑧ 光敏电阻器和按钮开关插装焊接:垂直贴底插装。

2. 电路调试

(1)调试前的检查

① 检查元器件安装位置是否正确,电解电容器、二极管、三端集成稳压器等极性元器件引脚是否装错。

② 检查元器件引脚是否存在漏焊、虚焊、连焊,印制电路板是否有断裂、搭线,元器件是否相互碰触。

③ 用万用表测量电路电源输入端电阻,判断电源输入端是否存在短路现象。

④ 通电观察。经过目测和万用表检查后,将 9 V 直流电源接入电路,观察安装电路板,确定有无冒烟、有无异味、元器件是否烫手、电源有无短路等现象,完全正常后方可进行下一步测量和调试。

(2)通电调试

只要安装前元器件检测和安装焊接无误,则电路通电调试非常简单。

步骤 1　用手指按住光敏电阻器 BM,并调节电位器 R_{P1},调至 LED$_2$ 亮起,并且此时 LED$_2$ ~ LED$_7$ 流水灯开始工作。放开光敏电阻器 BM 后,LED$_7$ 熄灭,流水灯停止工作。

步骤 2   调节电位器 R_{P2} 可以改变流水的循环速度。

任务四   电路测试与分析

1. 测试

（1）测试 1

用万用表测量 U1 三端稳压器 2 脚的输出电位_____。

（2）测试 2

用万用表直流电压挡测量流水灯工作与不工作时,集成双运放 U2 的 3 脚对地电位值,并填入表 7-28-2。

表 7-28-2   集成双运放 U2 的 3 脚电位值

测量项目	测量值/V
流水灯不工作时 3 脚电位	
流水灯工作时 3 脚电位	

（3）测试 3

用示波器观测 NE555 的 3 脚输出电压波形,同时调节电位器 R_{P2},使得输出电压波形频率为 1Hz。然后在表 7-28-3 中绘制相应波形,填写相应数据。

表 7-28-3   NE555 的 3 脚输出电压波形及参数

波形	测量值记录	
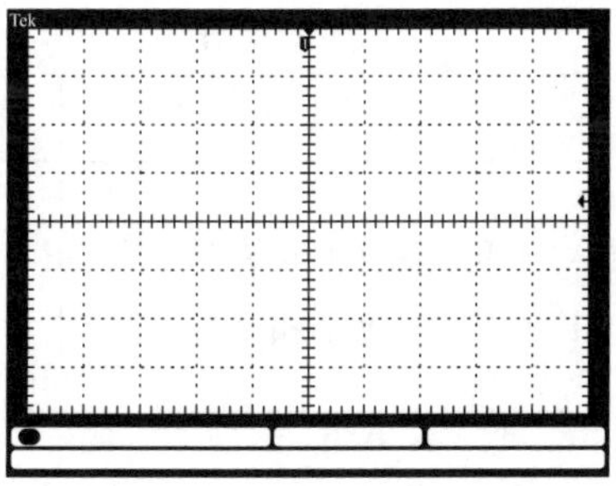	幅度挡位	
	时间挡位	
	波形的周期	
	波形的幅度	
	波形的占空比	

（4）测试 4

用示波器观测 NE555 的 6 脚输出电压波形,然后在表 7-28-4 中绘制相应波形,填写相应数据。

表 7-28-4　NE555 的 6 脚输出电压波形及参数

波形	测量值记录	
	幅度挡位	
	时间挡位	
	波形的周期	
	波形的频率	
	波形峰峰值	

2. 分析

为什么调节电位器 R_{P2},可以改变 NE555 构成的多谐振荡器的输出频率?

调节电位器 R_{P2} 就是调节时基振荡电路的充放电回路的电阻值,从而改变电容器的充放电时间,以改变振荡电路输出波形的频率。

充电时间 $T_1 = 0.7(R_1 + R_2)C_1$

放电时间 $T_2 = 0.7R_2C_1$

振荡周期 $T = T_1 + T_2 = 0.7(R_1 + R_2)C_1 + 0.7R_2C_1 = 0.7(R_1 + 2R_2)C_1$

振荡频率 $f = \dfrac{1}{T}$

◆ 实训项目评价

实训项目评价表如表 7-28-5 所示。

表 7-28-5　实训项目评价表

班级		姓名		学号		总得分	
项目	考核内容		配分	评分标准			得分
元器件识别与检测	按要求对所有元器件进行识别与检测		10分	1. 元器件识别错误,每个扣 1 分 2. 元器件检测错误,每个扣 2 分			
元器件成形、插装与排列	1. 元器件按工艺表要求成形 2. 元器件插装符合插装工艺要求 3. 元器件排列整齐、标识方向一致,布局合理		15分	1. 元器件成形不符合要求,每处扣 1 分 2. 插装位置、极性错误,每处扣 2 分 3. 元器件排列参差不齐,标识方向混乱,布局不合理,扣 3~10 分			

项目	考核内容	配分	评分标准	得分
导线连接	1. 导线挺直、紧贴印制板 2. 板上的连接线呈直线或直角,且不能相交	10 分	1. 导线弯曲、拱起,每处扣 2 分 2. 板上的连接线弯曲时不呈直角,每处扣 2 分 3. 相交或在正面连线,每处扣 2 分	
焊接质量	1. 焊点均匀、光滑、一致,无毛刺、假焊等现象 2. 焊点上引脚不能过长	15 分	1. 有搭锡、假焊、虚焊、漏焊、焊盘脱落、桥焊等现象,每处扣 2 分 2. 出现毛刺、焊锡过多、焊锡过少、焊点不光滑、引脚过长等现象,每处扣 2 分	
电路调试	1. 调节电位器 R_{P1} 使光控流水灯电路工作正常 2. 调节电位器 R_{P2},改变光控流水灯循环速度	20 分	1. 不按要求进行调试,扣 1～5 分 2. 调试结果不正确,扣 5～15 分	
电路测试	1. 正确使用万用表测量各电压值 2. 正确使用示波器观察 NE555 的 3 脚输出波形,并调节电位器 R_{P2},使频率为 1 Hz	20 分	1. 不会正确使用万用表测量各电压值,扣 5～10 分 2. 不会正确使用示波器观察波形,扣 5～10 分 3. 不会调节频率,扣 5～10 分	
安全文明操作	1. 工作台上工具排放整齐 2. 严格遵守安全文明操作规程	10 分	违反安全文明操作规程,酌情扣 3～10 分	
合计		100 分		

教师签名:

> ➤ 知识链接一　光敏电阻器

　　光敏电阻器的工作原理是基于内光电效应。在半导体光敏材料两端装上电极引脚,将其封装在带有透明窗的管壳里就构成光敏电阻器,为了增加灵敏度,两电极常做成梳状,如图 7-28-3 所示。

用于制造光敏电阻器的材料主要是金属的硫化物、硒化物和碲化物等半导体。通常采用涂敷、喷涂、烧结等方法在绝缘衬底上制作很薄的梳状欧姆电极,接出引脚,封装在具有透光镜的密封壳体内,以免受潮影响其灵敏度,如图 7-28-4 所示。

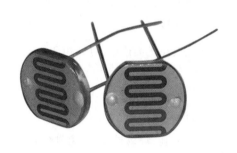

图 7-28-3　光敏电阻器外形

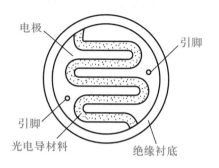

图 7-28-4　光敏电阻器结构

　　在黑暗环境中,光敏电阻器的阻值很高,当受到光照时,只要光子能量大于半导体材料的禁带宽度,则价带中的电子吸收一个光子的能量后可跃迁到导带,并在价带中产生一个带正电荷的空穴,这种由光照产生的电子-空穴对增加了半导体材料中载流子的数目,使其电阻率变小,从而造成光敏电阻器阻值下降。光照愈强,阻值愈低。入射光消失后,由光子激发产生的电子-空穴对将复合,光敏电阻器的阻值也就恢复为原值。在光敏电阻器两端的金属电极加上电压,其中便有电流通过,受到光线照射时,电流就会随光强的变大而变大,从而实现光电转换。光敏电阻器没有极性,使用时既可加直流电压,也加交流电压。半导体的导电能力取决于半导体导带内载流子数目的多少。

➤ 知识链接二　Johnson 计数器 CD4017

　　CD4017 是 5 位 Johnson 计数器(如图 7-28-5 所示),具有 10 个译码输出端 $Y_0 \sim Y_9$。时钟输入端 CP 的施密特触发器具有脉冲整形功能,对输入时钟脉冲上升和下降时间无限制。计数允许端 INH 为低电平时,计数器在时钟上升沿计数;反之,计数功能无效。清零端 CR 为高电平时,计数器清零。

　　Johnson 计数器 CD4017 可以进行快速操作、2 输入译码选通和无毛刺译码输出。防锁选通保证了正确的计数顺序。译码输出一般为低电平,只有在对应时钟周期内保持高电平。在每进行 10 个计数后,进位端 CO 完成 1 次进位,并用作多级计数链的下级时钟。电源端 V_{DD} 和 V_{SS} 输入电压范围为 3~15 V。

　　CD4017 芯片具有 16 引脚多层陶瓷双列直插(D)、熔封陶瓷双列直插(J)、塑料双列直插(P)和陶瓷片状载体(C)4 种封装形式。

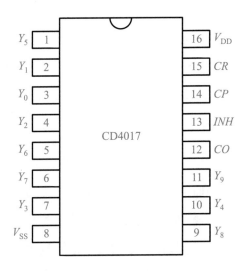

图 7-28-5　CD4017 外形及引脚排列

复习与思考题

1. 说明光线检测电路的工作原理。

2. NE555 除了可以构成多谐振荡电路外还能组成哪些基本电路？

3. 如果 CD4017 组成的光控流水灯电路只有 6 路输出,那么如何再增加 4 路输出？绘制出相应电路图。

参 考 文 献

［1］石小法.电子技能与实训［M］.3 版.北京：高等教育出版社,2011.

［2］陈振源.电子技术基础与技能［M］.3 版.北京：高等教育出版社,2019.

［3］张金华.电子技术基础与技能［M］.3 版.北京：高等教育出版社,2019.

［4］谭克清.电子技能实训——初级篇［M］.2 版.北京：人民邮电出版社,2010.

［5］伍湘彬.电子技术基础与技能［M］.3 版.北京：高等教育出版社,2020.

郑重声明

高等教育出版社依法对本书享有专有出版权。任何未经许可的复制、销售行为均违反《中华人民共和国著作权法》,其行为人将承担相应的民事责任和行政责任;构成犯罪的,将被依法追究刑事责任。为了维护市场秩序,保护读者的合法权益,避免读者误用盗版书造成不良后果,我社将配合行政执法部门和司法机关对违法犯罪的单位和个人进行严厉打击。社会各界人士如发现上述侵权行为,希望及时举报,本社将奖励举报有功人员。

反盗版举报电话　(010)58581999　58582371　58582488
反盗版举报传真　(010)82086060
反盗版举报邮箱　dd@ hep.com.cn
通信地址　北京市西城区德外大街4号
　　　　　高等教育出版社法律事务与版权管理部
邮政编码　100120

防伪查询说明

用户购书后刮开封底防伪涂层,利用手机微信等软件扫描二维码,会跳转至防伪查询网页,获得所购图书详细信息。也可将防伪二维码下的20位密码按从左到右、从上到下的顺序发送短信至106695881280,免费查询所购图书真伪。

反盗版短信举报

编辑短信"JB,图书名称,出版社,购买地点"发送至10669588128

防伪客服电话

(010)58582300

学习卡账号使用说明

一、注册/登录

访问http://abook.hep.com.cn/sve,点击"注册",在注册页面输入用户名、密码及常用的邮箱进行注册。已注册的用户直接输入用户名和密码登录即可进入"我的课程"页面。

二、课程绑定

点击"我的课程"页面右上方"绑定课程",正确输入教材封底防伪标签上的20位密码,点击"确定"完成课程绑定。

三、访问课程

在"正在学习"列表中选择已绑定的课程,点击"进入课程"即可浏览或下载与本书配套的课程资源。刚绑定的课程请在"申请学习"列表中选择相应课程并点击"进入课程"。

如有账号问题,请发邮件至:4a_admin_zz@pub.hep.cn。